A LIBRARY OF
DOCTORAL
DISSERTATIONS
IN SOCIAL SCIENCES IN CHINA

中国
社会科学
博士论文
文库

澜湄流域水资源
多层级治理分析

An Analysis of Multilevel Governance of
Water Resources in the Lancang–Mekong River Basin

邢 伟 著

导师 高祖贵

中国社会科学出版社

图书在版编目（CIP）数据

澜湄流域水资源多层级治理分析 / 邢伟著 . —北京：中国社会科学
出版社，2022.5
（中国社会科学博士论文文库）
ISBN 978 - 7 - 5227 - 0033 - 5

Ⅰ. ①澜… Ⅱ. ①邢… Ⅲ. ①澜沧江—流域—水环境—流域
治理—研究②湄公河—流域—水环境—流域治理—研究
Ⅳ. ①TV213.4②X143

中国版本图书馆 CIP 数据核字（2022）第 060845 号

出 版 人	赵剑英
责任编辑	陈雅慧
责任校对	刘 娟
责任印制	李寡寡

出 版	中国社会科学出版社
社 址	北京鼓楼西大街甲 158 号
邮 编	100720
网 址	http://www.csspw.cn
发 行 部	010 - 84083685
门 市 部	010 - 84029450
经 销	新华书店及其他书店

印 刷	北京明恒达印务有限公司
装 订	廊坊市广阳区广增装订厂
版 次	2022 年 5 月第 1 版
印 次	2022 年 5 月第 1 次印刷

开 本	710×1000 1/16
印 张	15.5
字 数	258 千字
定 价	85.00 元

总　序

　　在胡绳同志倡导和主持下，中国社会科学院组成编委会，从全国每年毕业并通过答辩的社会科学博士论文中遴选优秀者纳入《中国社会科学博士论文文库》，由中国社会科学出版社正式出版，这项工作已持续了 12 年。这 12 年所出版的论文，代表了这一时期中国社会科学各学科博士学位论文水平，较好地实现了本文库编辑出版的初衷。

　　编辑出版博士文库，既是培养社会科学各学科学术带头人的有效举措，又是一种重要的文化积累，很有意义。在到中国社会科学院之前，我就曾饶有兴趣地看过文库中的部分论文，到社科院以后，也一直关注和支持文库的出版。新旧世纪之交，原编委会主任胡绳同志仙逝，社科院希望我主持文库编委会的工作，我同意了。社会科学博士都是青年社会科学研究人员，青年是国家的未来，青年社科学者是我们社会科学的未来，我们有责任支持他们更快地成长。

　　每一个时代总有属于它们自己的问题，"问题就是时代的声音"（马克思语）。坚持理论联系实际，注意研究带全局性的战略问题，是我们党的优良传统。我希望包括博士在内的青年社会科学工作者继承和发扬这一优良传统，密切关注、深入研究 21 世纪初中国面临的重大时代问题。离开了时代性，脱离了社会潮流，社会科学研究的价值就要受到影响。我是鼓励青年人成名成家的，这是党的需要，国家的需要，人民的需要。但问题在于，什么是名呢？名，就是他的价值得到了社会的承认。如果没有得到社会、人民的承认，他的价值又表现在哪里呢？所以说，价值就在于对社会重大问题的回答和解决。一旦回答了时代性的重大问题，就必然会对社会产生巨大而深刻的影响，你也因此而实现了你的价值。在这方面年轻的博士有很大的优势：精力旺盛，思想敏捷，勤于学习，勇于创新。但青年学者要多向老一辈学者学习，博士尤其要很好地向导师学习，在导师的指导下，发挥自己的优势，研究重大问题，就有可能出好的成果，实现自己的价值。过去12年入选文库的论文，也说明了这一点。

什么是当前时代的重大问题呢？纵观当今世界，无外乎两种社会制度，一种是资本主义制度，一种是社会主义制度。所有的世界观问题、政治问题、理论问题都离不开对这两大制度的基本看法。对于社会主义，马克思主义者和资本主义世界的学者都有很多的研究和论述；对于资本主义，马克思主义者和资本主义世界的学者也有过很多研究和论述。面对这些众说纷纭的思潮和学说，我们应该如何认识？从基本倾向看，资本主义国家的学者、政治家论证的是资本主义的合理性和长期存在的"必然性"；中国的马克思主义者，中国的社会科学工作者，当然要向世界、向社会讲清楚，中国坚持走自己的路一定能实现现代化，中华民族一定能通过社会主义来实现全面的振兴。中国的问题只能由中国人用自己的理论来解决，让外国人来解决中国的问题，是行不通的。也许有的同志会说，马克思主义也是外来的。但是，要知道，马克思主义只是在中国化了以后才解决中国的问题的。如果没有马克思主义的普遍原理与中国革命和建设的实际相结合而形成的毛泽东思想、邓小平理论，马克思主义同样不能解决中国的问题。教条主义是不行的，东教条不行，西教条也不行，什么教条都不行。把学问、理论当教条，本身就是反科学的。

在21世纪，人类所面对的最重大的问题仍然是两大制度问题：这两大制度的前途、命运如何？资本主义会如何变化？社会主义怎么发展？中国特色的社会主义怎么发展？中国学者无论是研究资本主义，还是研究社会主义，最终总是要落脚到解决中国的现实与未来问题。我看中国的未来就是如何保持长期的稳定和发展。只要能长期稳定，就能长期发展；只要能长期发展，中国的社会主义现代化就能实现。

什么是21世纪的重大理论问题？我看还是马克思主义的发展问

题。我们的理论是为中国的发展服务的，绝不是相反。解决中国问题的关键，取决于我们能否更好地坚持和发展马克思主义，特别是发展马克思主义。不能发展马克思主义也就不能坚持马克思主义。一切不发展的、僵化的东西都是坚持不住的，也不可能坚持住。坚持马克思主义，就是要随着实践，随着社会、经济各方面的发展，不断地发展马克思主义。马克思主义没有穷尽真理，也没有包揽一切答案。它所提供给我们的，更多的是认识世界、改造世界的世界观、方法论、价值观，是立场，是方法。我们必须学会运用科学的世界观来认识社会的发展，在实践中不断地丰富和发展马克思主义，只有发展马克思主义才能真正坚持马克思主义。我们年轻的社会科学博士们要以坚持和发展马克思主义为己任，在这方面多出精品力作。我们将优先出版这种成果。

2001 年 8 月 8 日于北戴河

摘　　要

澜沧江—湄公河（以下简称澜湄）流经中国、缅甸、老挝、泰国、柬埔寨、越南六国，是中国与东南亚陆地国家联系的重要纽带。随着中国与湄公河国家合作的深化与发展，澜湄流域的水资源形势面临着越发严峻的挑战。

从多层级治理的角度观察，澜湄流域水资源治理分析包括澜湄流域水资源问题及成因，国家、区域以及全球层面澜湄水资源治理的内容与效应等。澜湄水资源多层级治理相比一般的水资源管理，其涉及的主体多元，包括国家、政府间国际组织、非国家行为体等方面，各个独立的行为体具有相互依存的性质，治理对象不仅仅是水资源，还包括使用水资源的行为体；水资源多层级治理采取可持续发展理念，通过协商合作等方式就流域水资源治理做出有效的制度安排。

澜湄流域具有独特的水资源特点。该地区具有较特殊的环境特点，而且澜湄国家利用水资源的方式也存在不同，流域国家由于利益存在差异，各国在多方面都需要以合作的态度开展水资源治理。由于国际河流水资源跨境流动的特点，水权的分配就很难在流域国家间达成共识。同时，多重原因也导致了澜湄水资源问题的产生。全球气候变化加剧了水资源风险的程度和合作治理的难度。澜湄流域开发利用水资源仍缺乏有序协调，而且流域国家间的互信程度仍有待提升。域外大国对东南亚地区的介入也是影响澜湄水资源治理的因素。

澜湄各国在国家和双边层面开展了水资源治理的相关工作。中国对于合理利用水资源，与周边国家合作开发、保护跨境水资源持积极态度。中国与湄公河国家一直在积极推动合作治理水资源问题。湄公河国家对于跨境水资源治理的态度总体上是积极的，各国通过了相关法律，认同可持续发展的路径，但是其国内政策实施缺乏与流域其他国家的有效沟通。

设立澜湄水资源治理机制并对其进行规范非常必要，因为这样可以促进次区域水资源合作，协调水资源冲突，并且培育水资源合作文化。湄公河委员会专注于地区水资源治理，大湄公河次区域经济合作、东盟等都包含有水资源治理的内容，中国和湄公河国家近年来共同建立的澜湄合作机制的作用更为显著。从治理效果方面看，澜湄合作机制保证了流域水资源治理的可持续性，而且流域六国通过机制化的合作取得了积极的治理效果。湄公河委员会、大湄公河次区域经济合作等治理机制的主导方是域外国家或组织，加之某些合作机制的涵盖国家不全面，多重机制的存在导致治理碎片化，因此澜湄次区域水资源合作还需要进一步推进治理机制安排的完善。

澜湄流域水资源治理中，全球治理的影响不容忽视。政府间国际组织倡导《联合国2030年可持续发展议程》，以及遵循相关国际法律规范和治理理念。政府间国际组织在治理主体方面体现了多元参与，重视水资源与能源、粮食等因素的联系和综合治理，在参与澜湄水资源治理中，通过国际合作的平台效应积极促进各相关方以可持续发展作为治理的目标。另外，国际非政府组织在跨境水资源治理活动中推崇可持续发展方式，并积极倡导合作参与意识，着力宣传保护跨境水资源，研究分析跨境水资源治理，举办相关学术活动增加其影响力，并通过各种方式参与影响修建水利设施的活动中。全球治理视域下的澜湄流域水资源治理，一方面拓展了可持续发展的平台效应，通过促进社会参与加强治理效果；另一方面也显示了政府间国际组织与国家和次区域的结合不够，而且国际非政府组织的有序性有待提升。

通过学术分析，本项研究的结论如下：第一，澜湄流域水资源治理具有多层级治理的特点。澜湄水资源治理涉及的行为体、利益相关方较多，因而各方面的利益诉求影响了治理效果。国家是水资源治理的基本载体，澜湄国家对于跨境水资源合作的态度总体上是积极的。域外行为体出于各自利益的考虑，纷纷积极介入次区域水资源治理。澜湄合作机制通过多层次、网络化的联系，促进了各行为体和治理机制等方面的合作。第二，澜湄水资源治理涉及的机制众多，容易引起多重制度层面的竞争，在一定程度上影响了水资源治理效果与国家间信任的构建。在多重治理机制存在的情况下，各机制在合作、整合等方面的需求也就更加迫切。第三，澜湄合作机制的成立有利于拓展澜湄水资源治理的正向外溢效应。水资源合作作为澜湄合作机制的一个优先领域，跨境河流作为联系澜湄六国的天然纽带，合理利用水资源可以促进各国的经济发展。第四，中国近年来更加重视周边外交与安全，推动与湄公河国家进行水资源合作治理。以跨境水资源治理和澜湄合作为抓手，地区秩序会向着有利于中国国家利益的方向发展。

从根本上说，澜湄流域水资源治理问题是人类的治理缺位造成的。中国在未来仍需要与地区国家、区域和全球治理机制进行合作，以人类命运共同体的视角开展澜湄水资源多层级治理，对水资源治理的国内与跨境因素等同重视，促进澜湄合作机制与既有地区机制共同发展，强化技术性合作，秉持正确的义利观，并重视公共外交的作用，以促进流域国家间互信水平的提升，从而增强治理效果。

关键词： 水资源；多层级治理；澜湄合作；命运共同体

Abstract

The Lancang – Mekong River, which runs through China, Myanmar, the Laos, Thailand, Cambodia, and Vietnam, is the vital link between China and Southeast Asia. Whereas the cooperation between China and the Mekong countries deepens, human beings face more severe challenges concerning the Lancang – Mekong water resources situation in the 21st century.

The analysis of the multilevel governance of water resources in the Lancang – Mekong River Basin includes the problems of the Lancang – Mekong water resources and the problems' contributing factors, as well as the contents and effects of water resources governance in the country, regional and global level. Compared with water management, the Lancang – Mekong water resources governance has diversified actors, including countries, international organizations, as well as international non – governmental organizations. Each independent actor is also interdependent with each other. The governance objects include not only water resources, but also the actors which use water resources. With sustainable development ideology, the multilevel governance of water resources facilitates useful institutional arrangements via negotiation and cooperation.

The Lancang – MekongRiver Basin has its own water resources feature compared with other regions in the world. The environmental conditions are relatively unique in the region. And the six countries along the river have different ways of utilizing water resource as well as focuses on national interests. However, the riparian countries, which are all developing countries, should conduct the water governance in the view of cooperation. Due to the flow of the water resources, the riparian countries have difficulty in distributing the water rights.

And diversified factors contribute the water resources problems. Climate change increases the risk of water resources as well as difficulty of cooperative governance. The conflicts of interest distribution between the riparian countries, improper coordination of the riparian development, absence of mutual trust, and big powers' intervention are all the influential factors of the Lancang – Mekong water resources governance.

Each riparian country has conducted the water governance individually and bilaterally. China has been promoting the water resources cooperation with the neighbouring countries. And the Mekong countries have been positive in transboundary water governance, passed laws to deal with relevant problems, and agreed on sustainable development. However, the Mekong countries lack in effective communication with other riparian countries. Though the riparian countries have gained some progress via conducting the water governance individually, regional and international cooperation is also needed.

To build and regulate the Lancang – Mekong water governance regimes is necessary; thus regional water resources cooperation can be promoted, water resources conflicts can be coordinated, and water resources culture can be cultivated. The Mekong River Commission (MRC) is the specific water resources governance mechanism. And transboundary water governance is one of the working areas of the Greater Mekong Subregion (GMS) and ASEAN. The LMC mechanism, founded by all of the six riparian countries, has gained much progress via cooperation. The LMC mechanism also makes the water resources governance more sustainable. In the meantime, some deficits of the regional regimes also exist. For instance, the MRC and GMS have most of their donation from overseas actors; the MRC cannot cover all the six riparian countries; the fragmentation of the subregional governance regimes exists. Thus, the Lancang – Mekong water resources cooperation still needs to be enhanced.

Global governance has its key influential factors. International organizations advocate the implementation of the United Nations' *2030 Agenda for Sustainable Development* as well as relevant international law and governance ideology. International organizations promote the participation of diversified actors, and emphasize on the link between water and other factors such as energy and food. International cooperation platforms set by international organizations promote sustainable development. Moreover, international non – governmental organizations also promote sustainable development and advocate cooperative participation. International non – governmental organizations publicize the ideology of protecting water, analyze transboundary water governance, hold some academic activities to enhance the influence, and participate in various activities influencing the construction of water conservancy facilities. On the Lancang – Mekong water resources governance effects from the perspective of global governance, on the one hand, the platform effects of sustainable development are enhanced, and the increasing social participation increases the governance effects; on the other hand, international organizations need to promote the interaction with riparian countries and governance regimes, and international non – governmental organizations need to be more reasonable.

Through academic analysis, the conclusions of this study are as follows: first of all, the Lancang – Mekong water resources governance reflects the features of multilevel governance. Many actors and stakeholders involved in the water resources governance of the Lancang – Mekong River, the different demands of interests influence the governance. The country is the basic actor of water resources governance, and the attitude of the Lancang – Mekong riparian countries towards transboundary water resources cooperation is generally positive. In consideration of their own national interests, big powers outside the region have been actively involved in the Lancang – Mekong water resources governance. The LMC mechanism promotes cooperation among various actors and mechanisms through multilevel and network links. Afterwards, various governance regimes are involved in the Lancang – Mekong water resources governance. Due to the competition among multiple regimes, the effects of water resources governance will be possibly influenced to some extent. With the regime complexity existing, the need of cooperation and integration among various regimes is more urgent. Then, the establishment of the LMC mechanism is good for expanding the positive spillover effect of the Lancang – Mekong water resources governance. Water resources cooperation is a priority area of the LMC mechanism, and the transboundary water is a natural link connecting the riparian countries. The rational use of water resources can promote the economic development of all the related countries. In the end, in recent years, China has paid more attention to the neighborhood diplomacy and security, and promoted the cooperative water resources governance with the Mekong countries. With the impetus of transboundary water governance and LMC mechanism, the regional order will develop beneficially in line with China's national interests.

In essence, human beings' improper governance leads to the Lancang – Mekong water resources problems. In the future, to boost better cooperation and water resources governance, China needs to conduct cooperation with riparian countries as well as regional and global governance regimes, implement multilevel governance towards the Lancang – Mekong Community with a shared future, emphasize on the joint development between the LMC mechanism and other regimes, pay attention to the situation at home and abroad equally, introduce technological cooperation, uphold the correct concept of justice and interests, and promote public diplomacy to enhance mutual trust. Thus, the governance effects will be better developed.

Key Words: water resources, multilevel governance, Lancang – Mekong Cooperation (LMC), a community of shared future

目　　录

Contents

绪　　论

一　问题的提出与研究意义

水资源是人类生存和发展最重要的物质基础。水资源问题是当今人类社会必须面对的重大安全议题。在世界人口急剧增加、气候变化的背景下，伴随着全球发展与合作的理念逐步深化，水资源的稀缺性、重要性和战略性日益突出。澜沧江—湄公河是中国与东南亚陆地国家的重要联结纽带，澜湄流域的水资源也面临着日益严峻的治理困境。在澜湄合作近年来逐渐升温的背景下，从建设周边命运共同体的角度，澜湄流域水资源多层级治理的重要性和研究意义就更加突出。

（一）问题的提出

科学和环境方面的文献显示，水资源在未来将变得更加紧缺，这主要是由于人口增长、生活标准的提高、污染物增加、气候变化等因素的影响。[①] 本书涉及的水资源主要是指淡水资源。洁净的淡水资源可以供人们饮用、种植农作物、进行淡水养殖、开展制造业生产等。人类真正可以利用的淡水资源只相当于全球淡水资源储量的约 0.34%。目前全世界的人口当中有将近 1/3 的人不能获取安全饮用水，地球上有约 34 亿人平均每人每天只能获得 50 升水，有近 70 个国家或地区严重缺水。[②] 水资源是人类和其他生物所必需的自然资源，水资源关系到环境和生态安全，以及国家经济社会的稳定发展等方面。水资源在全世界的时空分布不均匀，有的地区洪涝灾害严重，有的地区则承受着干旱的折磨。有的地区冬季水量充

[①]　Shlomi Dinar and Ariel Dinar, *International Water Scarcity and Variability*: *Managing Resource Use Across Political Boundaries*, Oakland: University of California Press, 2017, p. 1.

[②]　张泽:《国际水资源安全问题研究》，博士学位论文，中共中央党校，2009 年，第 1 页。

沛，夏季却干旱严重；有些国家在某些年份水量富足，甚至有洪涝的风险，但在其他一些年份有可能严重干旱。因此，存在自然、经济、社会、环境等方面限制因素的情况下，对淡水资源的科学治理是对自然资源的合理再分配。水资源治理也会不可避免地涉及不同使用者和用途，这样就会产生竞争性的优先顺序问题。而且，由于水资源通常是跨越国境存在的，对水资源的竞争常会引发流域国家的地区冲突。国际河流、湖泊等具有独特的流动性，它们不是一国所能单独进行控制的。国际河流也不是沿岸国家可以无限制使用的完全意义上的公共产品。①

对于水资源的争夺有着久远的历史。水资源以及供水系统已经成为战争中被攻击的目标。跨境河流取水权也会因政治和军事的原因而受到严重影响，对水资源的不均衡使用已经成为地区和国际矛盾的源头。随着人口数量的急剧增加，人类对水资源的需求也在扩张，因此由于水资源使用而产生的矛盾会继续存在，在某些地区这类矛盾甚至会持续升温。而且国际机制和国际法对国际水资源治理的影响仍需提升。② 在中东等特别缺水的地区，水资源已经成为了地区冲突的起因。因水资源而起的矛盾与国家间政治、经济、军事、社会、文化等方面的差异性密切相关。

澜湄流域联结着中国和中南半岛国家，在污染防治、水量分配、旱涝风险防控、生态保护等方面的安全治理对流域各国意义重大，对于中国推动"一带一路"建设与互联互通、提升与湄公河国家关系、促进与东盟的友好关系等方面有着积极作用。澜沧江发源于中国青海省，流经西藏自治区、云南省后进入缅甸，之后称为湄公河。澜沧江—湄公河全长约4763千米，流域面积约81万平方千米，③ 流域次区域人口达3.26亿人，④ 作为东南亚第一大河，流经中国、缅甸、老挝、泰国、柬埔寨、越南，是沿岸各国人民的母亲河。澜湄流域生物多样性特点明显，多种水生鱼虾和

---

① Eyal Benvenisti, "Collective Action in the Utilization of Shared Freshwater: The Challenges of InternationalWater Resources Law", *The American Journal of International Law*, Vol. 90, No. 3, 1996, p. 384.

② Peter H. Gleick, "Water and Conflict: Fresh Water Resources and International Security", *International Security*, Vol. 18, No. 1, 1993, p. 83.

③ "MRC Secretariat Affirms Mekong Basin Size, Length", MRC, Dec. 18, 2018, http://www.mrcmekong.org/news - and - events/events/mrc - secretariat - affirms - mekong - basin - size - length/.

④ 马勇幼:《澜湄六国合作进入新阶段》,《光明日报》2015 年 11 月 10 日第 12 版。

水豚为珍稀物种。中国—中南半岛经济走廊覆盖了湄公河国家，澜沧江—湄公河在促进次区域经济、社会、人文、生态保护等方面的作用显著。

水资源是各国生存和发展所必需的战略性资源，具有跨境流动性。水资源在东南亚地区的湄公河流域，尚未造成重大的冲突。澜湄流域处于热带和亚热带季风气候区，降水相较世界其他一些地区充沛。但是澜湄流域降水的时空分布不平均，旱季和雨季分明，因此造成的洪涝灾害和干旱情况突出。在全球气候变化的背景下，降水不规律和气温升高的负面效应明显。同时，澜湄流域水能蕴藏量较为充沛，各国争相在湄公河干流和支流修建水电站等水利设施，这也引起了上下游国家之间的矛盾。中国在澜沧江建坝、老挝等国在湄公河干流修筑水电设施，引起了下游部分国家、域外大国、非政府组织等方面的质疑。水能发电与生态环境保护的关系没有能够被正确对待。

水资源关系的核心是安全问题，其内涵包括一国的主权不因水资源问题而受到侵犯和削弱；一国的经济与社会生活的可持续发展不因他国的水资源使用受到威胁。[①] 上游国家如果在河流使用过程中造成污染或对水资源使用量进行调节，会影响下游国家的用水安全。跨境水资源安全治理的理想方式就是开展水资源合作。水资源合作主要是指在国际流域内，流域国将公平、合理、有效地使用水资源以保证未来的可持续发展作为重要的战略考虑，在必要而合理的范围内，联合起来对公平利用水资源法则进行政策、法律和机制上的规定。[②] 联合国在其《国际水道非航行使用法公约》第5条也对水资源合作义务进行了详尽阐述，提出"公平合理地参与国际水道的使用、开发和保护"的义务和"包括利用水道的权利和合作保护及开发水道的义务"。[③] 湄公河国家面临的水资源问题较为突出，美国国家情报委员会认为，由于流域国家对于水资源的开发需求在增加，能够利用的水资源量也在发生较大的变化，加之水中沉淀物的流动发生变化，未来湄公河流域受到的影响会更大，地区粮食（包括渔业）安全水平会降低，对旱涝灾情的适应性会下降，水利开发活动引起的紧张局势会

---

① 李志斐：《水与中国周边关系》，时事出版社2015年版，第44—45页。

② 李志斐：《中国周边水资源安全关系之分析》，《国际安全研究》2015年第3期。

③ 流域组织国际网、全球水伙伴编：《跨界河流、湖泊与含水层流域水资源综合管理手册》，水利部国际经济技术合作交流中心等译，中国水利水电出版社2013年版，第8页。

更加严重，但是湄公河流域国家对流域的管理能力则十分有限。① 由于湄公河国家的水资源安全风险较高，而且地区治理能力较为欠缺，中国在主动塑造周边合作机制的过程中就需要更加积极和科学地应对水资源问题。

澜湄流域存在水资源治理的多重机制，但是在澜湄合作机制建立之前，没有机制能较为全面、准确地代表地区国家的根本利益。中国通过东盟—湄公河流域开发合作（AMBDC）机制直接与东盟就水资源问题开展联系。该机制内中、日、韩三国的作用较强，不利于中国与湄公河相关国家就具体问题展开深层次协商与合作。澜湄水资源合作的参与主体是澜湄六国，中国在该机制中通过巩固共同利益，增强共同安全，进而推进流域国家对命运共同体的归属感。在东盟共同体成立的情况下，从易到难，以点带面，澜湄水资源合作会对中国—东盟共同体的建设产生促进作用。次区域内目前不会出现因水资源而引起的大规模战争冲突，但水资源问题仍是本地区国家面临的现实威胁。澜湄流域国家都属于发展中国家，随着人口增长，各国对水资源的使用会影响到未来地区国家间关系的发展和多层级治理的成效。

澜湄流域水资源治理需要多层级的分析。澜湄流域水资源治理涉及的行为体众多，包括流域国家、地区治理机制、政府间国际组织和非国家行为体。多层级、多中心的网络化治理模式体现了澜湄流域水资源治理和现状以及未来发展趋势。当前，国家仍是澜湄水资源合作的最主要行为体。通过国家—区域/次区域—全球层面的治理路径，多层级治理可以为各方构建满意的决策政治实践。② 澜湄水资源多层级治理可以增强中国的区域影响力。湄公河五国都是东盟成员国，占了东盟成员国数量的一半。中国与东南亚各国之间的关系形成了"双轨机制"，即一方面是各个双边关系，另一方面是与东盟的整体关系。整体区域框架增加了中国与该地区关系的稳定性，扩大了利益的地缘空间。③ 中国倡导成立的澜湄合作机制符合流域各国人民的共同利益，作为中国的国家战略，同样顺应亚洲区域一

① The US National Intelligence Council, "Global Water Security", Office of the Director of National Intelligence, Feb. 2, 2012, https://www. dni. gov/files/documents/Newsroom/Press%20Releases/ICA_ Global%20Water%20Security. pdf.

② 雷建锋：《欧盟多层治理与政策》，世界知识出版社 2011 年版，前言第 5 页。

③ 张蕴岭：《在理想与现实之间——我对东亚合作的研究、参与和思考》，中国社会科学出版社 2015 年版，第 231 页。

体化的形势发展，特别是在东盟共同体成立的情况下。该机制的跨境水资源合作突出体现了各国相互依赖的关键，澜沧江—湄公河是各国联系的纽带，沿岸人民"同饮一江水，命运紧相连"。水资源多层级治理与中国周边外交理念一脉相承。跨境水资源治理可以使沿岸国家共同应对威胁，向着安全、合理使用水资源的方向前进。存在共同利益的同时，各国使用澜湄水资源的侧重点不同，也会在水资源使用过程中产生一些分歧，中国、老挝主要关注水力发电，泰国、越南更关注水资源对农业生产的影响，柬埔寨对渔业的关注更多一些。另外，中、老、缅、泰存在湄公河航运的需求。澜湄水资源治理需要在共同的平台内协调各国的利益诉求。中国周边外交覆盖了湄公河国家，澜湄命运共同体是中国在本地区对外关系发展的方向。中国周边外交的基本方针坚持与邻为善、以邻为伴，坚持睦邻、安邻、富邻，突出体现"亲、诚、惠、容"。澜湄流域水资源治理需要秉持和平发展、合作共赢的理念，共同推动澜湄命运共同体的发展。本书以澜湄水资源问题为背景，深入分析国际政治领域的澜湄流域水资源多层级治理，主要关注以下几方面的问题。

第一，从国际政治角度如何看待跨境水资源治理？影响澜湄流域国家多层级水资源治理的原因是什么？

第二，水资源多层级治理对澜湄流域国家的利益、开展合作的影响如何？在水资源时空分布不规律的澜湄流域，从多维度观察，开展水资源合作治理的效果如何？

第三，中国与湄公河国家开展水资源合作的过程中，未来继续开展多层级治理的路径是什么？

（二）研究意义

2015 年 10 月 19 日，在北京举行了以"水资源与国家安全"为主题的第十四届中国国家安全论坛。与会专家一致认为，水资源与国家安全和社会稳定密切相关，中国水资源形势面临严峻挑战。[1] 水资源问题会影响地区安全形势的发展。澜湄流域主要的水资源使用方式包括航运、水力发电、农业灌溉、渔业生产等。如果没有合理的水资源治理机制，湄公河在使用过程中出现的问题就会导致流域国家间产生矛盾，国家间关系就可能

---

[1] 郝斐然：《第十四届中国国家安全论坛在京举行　聚焦"水资源与国家安全"》，新华网，2015 年 12 月 19 日，http：//news. xinhuanet. com/world/2015 – 12/19/c_ 128547707. htm。

受到影响，加之域外因素的介入，东南亚地区国际关系就会更加复杂。中国与周边国家开展水资源合作治理十分必要，与周边国家水资源领域的多层级治理需要采取科学的方式。

1. 学术意义

第一，本书在学术研究方面，运用多层级分析方法，在国家、区域和全球的层面对澜湄流域水资源治理的国际政治意涵进行分析。本书体现了多维度对研究议题的观察与分析，在一定程度上进行了学术创新。多层次研究澜湄流域水资源治理，实质上是在不同的维度中观察、分析水资源治理的特点和效应，有益于深层次挖掘该项研究的学术价值。

第二，本书有助于更加全面认识澜湄流域水资源治理中利益相关方的诉求。域内外国家和其他行为体在水资源治理当中的利益诉求并不相同。通过研究国家行为体、治理机制、国际组织和社会层面的参与，各利益相关方在治理当中的互动关系可以得到准确把握。

第三，通过分析澜湄流域水资源多层级治理，本书有助于把握中国与湄公河国家关系的宏观层面发展，也有助于研究域外和全球因素在国家间关系发展中的作用。水资源从一个侧面影响地区国家间关系的进展，也是影响着非传统安全、经济社会发展等方面的重要因素。

2. 现实意义

第一，研究澜湄流域的水资源多层级治理，有助于从多利益相关方的角度寻求、扩大中国与湄公河国家的共同利益，这也是提升澜湄流域国家间关系的关键。澜湄流域水资源多层级治理可以促进上下游国家增进共同利益，从而积极推动澜湄流域国家间安全关系的构建。各国人民沿江生活，对水资源保护、防污治污、合理利用水资源、防灾减灾等方面的利益有着共同契合点。从共同利益出发，中国和下游国家在澜湄合作机制中寻求共同发展、利益共享、合作共赢。提升地区水资源安全就十分必要，从水资源安全角度观察，澜湄流域国家开展合作应对水资源问题具有迫切性。

第二，本书的研究可以为中国和周边国家提升双边和多边关系发展提供一定的政策建议。澜湄流域水资源多层级治理影响着流域国家间关系的发展。流域各国对水资源治理的诉求、域外影响因素、水资源治理机制和全球层面的规范和影响等方面，都对澜湄流域的水资源治理效应起着重要的作用。中国与湄公河国家关系的进一步发展也会受到流域水资源多层级治理的影响。本项研究可以为探索应对上述复杂情况提供合理的建议。

二　研究综述

20世纪90年代以来，国内外学者对于多层级治理已经开展了深入研究。多层治理起初关注欧洲治理，逐渐扩展到了对世界其他地区的关注。

第一，从内涵和特点方面分析，多层级治理的内涵较为广泛，包括政府机制，也包含非正式、非政府的机制。[①] 多层级治理具有以下特点，一是多层级、多中心的特点明显。超国家层面（supranational level）、国家层面（national level）、次国家层面（subnational level）、公共私人网络（networking）都参与治理活动。二是各行为体没有等级的区别。超国家机构并不凌驾于成员国之上，并且成员国与次国家政府对超国家机构没有隶属关系。三是多层级治理的参与主体和层级会因为它们所面临的政策任务和治理形式的不同而有所变化，具有动态效应。四是不同层级行为体间不存在多数表决机制条件，非多数同意表决机制有助于治理形成灵活的协商体系。[②] 多层治理主要分为两种，第一种适用于国家的内部治理，多种议题分别在相应的层次得到解决，等级性比较强。第二种治理针对流动性强、重合交叠作用显著的议题，是多中心的治理，跨境问题适用于这种治理模式。[③]

表 0 - 1　　　　　　　　　　**多层级治理的类型**

类型 I	类型 II
多种任务治理	具体任务治理
成员相互排斥不重叠	成员交叉重叠
治理层面数量有限	治理层面数量不受限
治理系统稳定性强	治理结构灵活易变

　　资料来源：Liesbet Hooghe and Gary Marks, "Unraveling the Central State, but How? Types of Multi - level Governance", *American Political Science Review*, Vol. 97, No. 2, 2003, pp. 233 - 243.

————————

　　① ［美］詹姆斯·N.罗西瑙主编：《没有政府的治理》，张胜军、刘小林等译，江西人民出版社2001年版，第1—24页。
　　② 吴志成、李客循：《欧洲联盟的多层级治理：理论及其模式分析》，《欧洲研究》2003年第6期。
　　③ Johan Ekroos et al., "Embedding Evidence on Conservation Interventions Within a Context of Multilevel Governance", *Conservation Letters*, Vol. 10, No. 1, 2017, pp. 139 - 145.

　　第二，从治理的行为体方面分析，多层级治理不同于传统意义上的国家中心治理。[①] 国家仍是重要的行为体，但国家不再是唯一联系国内政治和国际关系的纽带，在不同的政治领域内，政治行为体之间正在建立直接的联系。国家间集体决策会影响到单独国家的控制力。次国家行为体在国家和超国家层面进行运作，在此之中创制了跨国的联系。国家层面和超国家层面治理能力的分配不明确，而且存在竞争性。[②] 国家和多行为体的参与是多层级治理的要求，关注不同行为体的关系，采取更广泛的科学政策也是治理的需求。[③] 多层级治理不是弱化国家的作用，而是重新定义国家行为的维度。国家和非国家行为体在多层级治理中的作用都会得到重新整合。[④] 在非等级制的网络治理体系中，既有一系列独特的多层级和规制机制，还有国家和非国家行为体的混合。[⑤] 随着全球治理领域的不断扩展，越来越多的国家与非国家行为体参与进来，并在不对称的国际体系中形成多层次的复杂关系网络。[⑥] 多层级治理体现了多中心、网络治理的特点，要求各行为体间的多边合作。

　　第三，从治理模式发展层面观察，制度背后的权力运作方式以及资源与权力的矛盾均表明了共同决策模式是大势所趋。[⑦] 多层级治理的目标是"善治"，是各国国内治理模式的扩大，试图寻求提高各国政府和超国家机构的管理效率。[⑧] "善治的本质特征就在于它是政府与公民社会对公共生活的合作管理，是政治国家与公民社会的一种新颖关系，是两者的最佳

　　① Simona Piattoni，"Multi – level Governance：a Historical and Conceptual Analysis"，*Journal of European Integration*，Vol. 31，No. 2，2009，pp. 163 – 180.

　　② Gary Marks et al.，"European Integration from the 1980s：State – Centric v. Multi – level Governance"，*Journal of Common Market Studies*，Vol. 10，No. 3，1996，pp. 346 – 347，pp. 372 – 373.

　　③ Johan Ekroos et al.，"Embedding Evidence on Conservation Interventions Within a Context of Multilevel Governance"，*Conservation Letters*，Vol. 10，No. 1，2017，pp. 139 – 145；Giovanna Zincone and Tiziana Caponio，"The Multilevel Governance of Migration"，in Rinus Penninx et al. eds.，*The Dynamics of International Migration and Settlement in Europe：a State of the Art*，Amsterdam：Amsterdam University Press，2006，pp. 269 – 292.

　　④ Michele M. Betsill and Harriet Bulkeley，"Cities and the Multilevel Governance of Global Climate Change"，*Global Governance*，Vol. 97，No. 2，2006，pp. 141 – 159.

　　⑤ ［德］贝阿特·科勒－科赫、波特霍尔德·利特伯格：《欧盟研究中的"治理转向"》，吴志成、潘超编译，《马克思主义与现实》2007 年第 4 期。

　　⑥ 吴志成：《全球治理对国家治理的影响》，《中国社会科学》2016 年第 6 期。

　　⑦ 吴志成、李客循：《欧盟治理与制度创新》，《马克思主义与现实》2004 年第 6 期。

　　⑧ 雷建锋：《欧盟多层治理与政策》，世界知识出版社 2011 年版，第 80 页。

状态。……善治表示国家与社会或者说政府与公民之间的良好合作。"①
治理的权威基础体现为一种认同与共识，而非完全的强制性统治。多层级
治理的行为体间非等级性显著，超国家机构对成员国和次国家的政府没有
隶属关系。② 不断深化的相互依赖发源于全球化的多方进程，并且要求各
国在不同程度上建立新型合作。多层治理对于国家、各类国际组织等的联
系较为关注。社会的发展促进了民众和非政府组织参与决策。多层级治理
的决策过程更加富有包容性，决策过程中各行为体间的关系是多层级治理
关注的重要方面。各方达成共识是重要目标。③ 国家通过赋予多层级多主
体治理以合法性，可以吸引更多行为体与社会资源参与全球治理，缓解国
家在一些具体领域信息滞后、资源不足的压力，弥补国家在那些不愿进入
或国家能力发挥有限的领域治理的缺失，不断促进不同治理主体之间的相
互理解与合作。④

　　国外对于水资源多层级治理研究的起步较早，已经存在一定的研究机
构，例如斯德哥尔摩国际水资源研究所⑤、新加坡南洋理工大学拉惹勒南
国际关系学院非传统安全研究中心⑥、国际水协会⑦、国际河流组织⑧、国
际水资源管理研究所⑨、湄公河委员会⑩，等等。国内对于水资源的研究
近年来已经渐入佳境，澜湄合作机制成立后，机制下设的水资源治理研究
机构相继成立，如全球湄公河研究中心⑪分别在六国设立，中国中心设在
中国国际问题研究院，澜湄水资源合作中心也在北京成立。澜沧江—湄公
河合作⑫网站也正式上线，国内智库和学术机构参与澜湄合作的研究工作

---

① 俞可平主编：《治理与善治》，社会科学文献出版社 2000 年版，第 8—11 页。

② 徐静：《欧洲联盟多层级治理体系及主要论点》，《世界经济与政治论坛》2008 年第 5 期。

③ Christopher Alcantara et al. , "Rethinking Multilevel Governance as an Instance of Multilevel Politics: a Conceptual Strategy", *Territory*, *Politics*, *Governance*, Vol. 4, No. 1, 2016, pp. 33 – 51.

④ 吴志成：《全球治理对国家治理的影响》，《中国社会科学》2016 年第 6 期。

⑤ Stockholm International Water Institute, http://www.siwi.org/.

⑥ Centre for Non – Traditional Security Studies, The S. Rajaratnam School of International Studies, Nanyang Technological University, http://www.rsis.edu.sg/research/nts – centre/.

⑦ IWA – International Water Association, http://www.iwa – network.org/.

⑧ International Rivers, https://www.internationalrivers.org/.

⑨ International Water Management Institute, http://www.iwmi.cgiar.org/.

⑩ Mekong River Commission, http://www.mrcmekong.org/.

⑪ 全球湄公河研究中心, http://www.gcms.org.cn/。

⑫ 澜沧江—湄公河合作, http://www.lmcchina.org/。

中，也包含水资源治理的内容。

（一）国外学界对跨境水资源多层级治理的研究

在国际政治研究方面，国外学者对跨境水资源多层级治理的分析起步较早，重点关注相关领域的水资源治理研究，对于澜湄流域的水资源治理也开展了广泛而深入的论述。

第一，跨境水资源治理当中，越来越多的利益相关方参与其中，多中心的治理模式开始出现，多方的安全关系是国际学术界关注的重点。在不同利益攸关方参与的自然资源管理中，多层治理已经成为促进有效管理的一种主要方式，它的总体目标是通过运用可持续的自然资源管理方式避免资源冲突。① 多层级治理最优治理层面的定位要在考虑到外部影响因素的情况下，关注治理问题及其产生后果的程度。多层级治理要求纵向和横向的治理，超国家、国家、地区机制和地方政府等层面的协调合作对于多层治理的成功很重要。在一国内部，高层级治理行为体需要负责重大的水资源问题，并负责控制外部性问题。低层级治理单元需要负责具体实施水资源相关的较小议题，并与非政府组织开展合作。高层行为体通过较低层机构开展治理。同样，流域国家之间需要加强合作。②

冷战后，非国家行为体开始更多的进入人们视线，国际机制开始扩散。"安全治理"概念被提出，即从冷战的中心安全体系到不断扩大的碎片化、复杂安全结构产生。国际安全从管理向治理方面转向。其核心关注方面是深化和推广从国家到社会、个人的安全概念，以及从军事到非军事议题的安全概念。③ 包括全球化/地区化、中心化/去中心化、正式/非正式、国家行为体/非国家行为体的合作进程表明当前的全球水资源治理还处于碎片化的安排之中。水资源治理不但是多层级治理的内容，还是跨学

① Oliver Hensengerth, "Transboundary River Cooperation and the Regional Public Good: The Case of the Mekong River Contemporary Southeast Asia", *Contemporary Southeast Asia*, Vol. 31, No. 2, 2009, pp. 334 – 349.

② Jens Newig and Tomas M. Koontz, "Multi - level Governance, Policy Implementation and Participation: the EU's Mandated Participatory Planning Approach to Implementing Environmental Policy", *Journal of European Public Policy*, Vol. 21, No. 2, 2014, pp. 248 – 267.

③ Elke Krahmann, "Conceptualizing Security Governance", *Cooperation and Conflict*, Vol. 38, No. 1, 2003, pp. 5 – 26.

科研究的内容。① 湄公河流域的安全治理涉及多元主体，包括多层次、不同规模的谈判、决策、治理模式，主要利益相关方进行多层次的沟通和决策，包括各国政府、政府间国际组织、学术研究机构和非政府组织四个层面的治理轨道。② 社会和经济方面的行为体对湄公河治理的影响总体稳定，金融利益相关方也在试图加大影响治理的权力。③ 湄公河合作的效果取决于两个因素，其一，以现有政治性承诺的制度为核心，国家行为体发展出完整的正式和非正式机制化的治理意愿；其二，社会行为体的参与范围更加广泛，包括从私人行为体到非政府组织。各行为体系统性地关注促进湄公河国家间冲突最小化的方式，经济发展也成为安全考量至关重要的一部分。湄公河国家间合作的重点在于潜在冲突的最小化，以及促进多层次的信任构建。④ 一些学者认为，中国在湄公河问题上，作为上游国家应当更加照顾下游国家的利益。⑤ 然而从流域整体治理的角度出发，上下游国家和所有相关方应当将共同的利益诉求作为应对水资源问题的重要平台。国家间关系和互信的改善是亚洲水资源政治得以发展的重要因素。⑥ 在湄公河流域，力量分布不平衡的行为体更加青睐运用不同的水资源治理方式，而寻求共同解决路径和联合开发则对于流域国家而言较为复杂。⑦ 因此，多层级行为体参与治理存在一定难度。湄公河国家必须认识到，如果各个行为体同时能够以"低成本方式"去满足其他各方的利益，对所

① Claudia Pahl - Wostl et al. , "Governance and the Global Water System: a Theoretical Exploration", *Global Governance*, Vol. 14, No. 4, 2008, pp. 419 - 435.

② John Dore, "Multi - Stakeholder Platforms (MSPS): Unfulfilled Potential", in Louis Lebel, John Dore, Rajesh Daniel, Yang Saing Koma eds. , *Democratizing Water Governance In The Mekong Region*, Chiang Mai: Mekong Press, 2007, pp. 197 - 226; Jeroen Warner, "Multi - stakeholder Platforms: Integrating Society in Water Resource Management?", *SciELO*, May 26, 2016, http: //www. scielo. br/scielo. php? script = sci_ arttext&pid = S1414 - 753X2005000200001&lng = en&nrm = iso& tlng = en.

③ Kim Geheb and Diana Suhardiman, "The Political Ecology of Hydropower in the Mekong River Basin", *Current Opinion in Environmental Sustainability*, March 2019, pp. 8 - 13.

④ Jörn Dosch and Oliver Hensengerth, "Sub - Regional Cooperation in Southeast Asia: the Mekong Basin", *European Journal of East Asian Studies*, Vol. 4, No. 2, 2005, pp. 263 - 285.

⑤ Alex Liebman, "Trickle - Down Hegemony? China's 'Peaceful Rise' and Dam Building on the Mekong", *Contemporary Southeast Asia*, Vol. 27, No. 2, August 2005, pp. 281 - 304.

⑥ Brahma Chellaney, "Water, Power and Competition in Asia", *Asian Survey*, Vol 54, No. 4, July/August 2014, pp. 621 - 650.

⑦ Timo Menniken, "China's Performance in International Resource Politics: Lessons from the Mekong", *Contemporary Southeast Asia*, Vol. 29, No. 4, April 2007, pp. 97 - 120.

有方而言，更好的谈判结果就能够达成。总是有多重利益相关方直接或间接参与水资源治理当中。在流域规划中，湄公河委员会的作用是从仅仅对水电开发和灌溉的关注，扩展到对与水相关的内容和项目的关注。其最重要的作用是为湄公河国家提供论坛平台，借此平台各国能够合作并且讨论与共同利益相关的内容。① 冲突和流域管理制度存在战略差异性，而且流域国家对经济发展的需求更大，因此国家间合作要多于因水利开发而导致的冲突。② 跨境水资源的稀缺性和长期性退化的本质促成了国际规则视域下的持久合作，也是分析国家间冲突与合作的前提。③

　　第二，流域国家从多领域综合应对跨境水资源治理。安全是水资源治理的基础，一旦安全遭到破坏，其他权利也会遭到损失。④ 国家间、国家内部以及流域整体层面的综合考量对于跨境水资源治理非常重要，而且在水资源治理当中应当积极地构建信任并为风险高发地区提供必要的知识分析。在国家间层面，政治规范为各国参与跨境水资源治理定义共识性内容，包括在国家行为层面指导分水行动，而其中主要分为国际相关法律规范和国家领导人表态、政府公报等话语规范。在国家内部层面，注重对利益相关方的综合考量，特别是将民众用水的诉求纳入水资源治理，湄公河流域在修建水电站和维持民众现有生活状态方面需要不断改进。另外，流域整体对水文数据信息的科学收集、量化分析对于缔造和平和缓解冲突都十分重要。⑤

　　中国在下游国家水资源利用争议的压力下，通过合作、机制构建等去安全化的方式，并采取一些与其他议题合作联系的方式，缓解因水政治导

---

　　① Jeffrey W. Jacobs, "Mekong Committee History and Lessons for River Basin Development", *The Geographical Journal*, Vol. 161, No. 2, 1995, pp. 135 – 148.

　　② Scott W. D. Pearse – Smith, "'Water War' in the Mekong Basin?", *Asia Pacific Viewpoint*, Vol. 53, No. 2, 2012, pp. 147 – 162.

　　③ Shlomi Dinar, "Scarcity and Cooperation along International Rivers", *Global Environmental Politics*, Vol. 9, No. 1, 2009, pp. 109 – 135.

　　④ Lynn Kuok, "Security First—the Lodestar for U. S. Foreign Policy in Southeast Asia?", *American Behavioral Scientists*, Vol. 51, No. 9, May 2008, pp. 1405 – 1450.

　　⑤ Charlotte Grech – Madin, Stefan Döring, Kyungmee Kim, and Ashok Swain, "Negotiating Water across Levels: A Peace and Conflict 'Toolbox' for Water Diplomacy", *Journal of Hydrology*, No. 559, 2018, pp. 100 – 109.

致的流域紧张局势。① 下游国家应通过寻找水资源替代方式适度减少相互
依赖的脆弱性，从而降低安全化的风险。② 合作关系有利于促进达成协
议。国家应该意识到从合作中比从维持现状中得到的更多，并且要相信一
旦签订协议，对方不会轻易地违反协议。③ 湄公河流域的粮食和经济安全
与自然环境密切相关。④ 有学者从话语的角度分析湄公河流域跨境水资源
和气候变化的关系，认为湄公河委员会的气候变化行动仅仅反映了研究和
项目内容，而不是真正采取适应流域的行动。⑤ 流域影响评估会从接受度
更高的、多层次的方式中获益，这些方式包括从次区域到区域的多层次路
径。成功的影响评估还要求从高政治方面加以关注，要认可水资源发展和
相关规划过程。⑥ 水—粮食—能源安全纽带面临的挑战包括粮食安全、人
类安全和生态安全风险。这些风险和挑战与对水资源、食品和能源管理产
生的矛盾和冲突相关。权力在水—粮食—能源联系中的作用很重要。⑦ 因
水资源议题产生的外交活动既涉及政治领域内容，还涉及能够促进共享水
域合作的技术内容。⑧ 多领域综合应对澜湄流域水资源问题是合作治理的

---

① Sebastian Biba, "Desecuritization in China's Behavior towards Its Transboundary Rivers: the Mekong River, the Brahmaputra River, and the Irtysh and Ili Rivers", *Journal of Contemporary China*, Vol. 23, No. 85, 2014, pp. 21 – 43; Sebastian Biba, "China's Continuous Dam – building on the Mekong River", *Journal of Contemporary Asia*, Vol. 42, Iss. 4, 2012, pp. 603 – 628.

② Joey Long, "Desecuritizing the Water Issue in Singapore – Malaysia Relations", *Contemporary Southeast Asia*, Vol. 23, No. 3, December 2001, pp. 504 – 532.

③ Marit Brochmann and Paul R. Hensel, "The Effectiveness of Negotiations over International River Claims", *International Studies Quarterly*, Vol. 55, No. 3, 2011, pp. 859 – 882.

④ Scott William David Pearse – Smith, "The Impact of Continued Mekong Basin Hydropower Development on Local Livelihoods", *Consilience: the Journal of Sustainable Development*, Vol. 7, Iss. 1, 2012, pp. 73 – 86.

⑤ Andrea Gerlak and Susanne Schmeier, "Climate Change and Transboundary Waters: A Study of Discourse in the Mekong River Commission", *The Journal of Environment & Development*, Vol. 23, No. 3, 2014, pp. 358 – 386.

⑥ Marko Keskinen, "Water Resources Development and Impact Assessment in the Mekong Basin: Which Way to Go?", *Ambio*, Vol. 37, No. 3, 2008, pp. 193 – 198.

⑦ Sebastian Biba, "The Goals and Reality of the Water – Food – Energy Security Nexus: the Case of China and Its Southern Neighbours", *Third World Quarterly*, Vol. 37, No. 1, 2016, pp. 51 – 70; Christian Bréthaut et al., "Power Dynamics and Integration in the Water – Energy – Food Nexus: Learning Lessons for Transdisciplinary Research in Cambodia", *Environmental Science and Policy*, Vol. 94, 2019, pp. 153 – 162.

⑧ Martina Klime et al., "Water Diplomacy: the Intersect of Science, Policy and Practice", *Journal of Hydrology*, March 2019, pp. 1 – 9.

重要方式。

第三，跨境水资源治理需要国际治理机制层面的参与。国际合作的内在根本力量仍是权力和利益的分配，[1] 良好的水资源管理和治理会促进政治稳定、经济平衡发展和社会团结。[2] 在对合作的研究中，需要将制度构建视为多维度和多层次的过程。[3] 多层级治理已经参与了欧洲的跨境水资源治理。欧盟多层次的水资源合作需要更加直接的方式，并且需要专业技术人员的参与。瑞典和挪威在相邻地区的跨境水资源治理中，运用多层级治理模式，两国次国家行政单位参与了合作治理水资源问题。欧盟的水框架指令（Water Framework Directive）体现了多层级治理的行为体网络化性质。[4] 而湄公河委员会在技术合作的基础上，发展了从法律、制度和战略方面协调冲突与构建合作的能力。[5]

流域的制度能力与河流自身同等重要。[6] 可持续发展理念体现了安全治理的发展方向。在减少争端、水资源合理管理和公共产品积极作用联系的提升方面，参与性治理起到了重要的作用，合作机制可以为澜湄流域安全治理提供公共产品，从而加强水力发电等经济领域的发展，[7] 从而在合

[1]　Daniel W. Drezner, "The Power and Peril of International Regime Complexity", *Perspectives on Politics*, Vol. 7, No. 1, March 2009, p. 67.

[2]　Janos Bogardi, et. al, "Water Security for a Planet under Pressure: Interconnected Challenges of a Changing World Call for Sustainable Solutions", *Current Opinion in Environmental Sustainability*, No. 4, 2011, pp. 1 – 9.

[3]　Ken Conca, Fengshi Wu and Ciqi Mei, "Global Regime Formation or Complex Institution Building? The Principled Content of International River Agreements", *International Studies Quarterly*, Vol. 50, No. 2, June 2006, pp. 263 – 285.

[4]　Marthe Indset, "Building Bridges over Troubled Waters: Administrative Change at the Regional Level in European, Multilevel Water Management", *Regional & Federal Studies*, Vol. 28, No. 5, 2018, pp. 575 – 596; Marthe Indset, "The Changing Organization of Multilevel Water Management in the European Union. Going with the Flow?", *International Journal of Public Administration*, Vol. 41, No. 7, 2018, pp. 492 – 505.

[5]　Anoulak Kittikhouna and Denise Michèle Staublib, "Water Diplomacy and Conflict Management in the Mekong: From Rivalries to Cooperation", *Journal of Hydrology*, Vol. 567, 2018, pp. 654 – 667.

[6]　Aaron T. Wolf, Shira B. Yoffe and Mark Giordano, "International Waters: Identifying Basins at Risk", *Water Policy*, No. 5, 2003, pp. 29 – 60.

[7]　Oliver Hensengerth, "Transboundary River Cooperation and the Regional Public Good: the Case of the Mekong River Contemporary Southeast Asia", *Contemporary Southeast Asia*, Vol. 31, No. 2, 2009, pp. 326 – 349.

作机制中探寻应对在澜湄流域修建水坝、电站对下游地区的生态影响。①
区域内国家仍然不会运用外来的合作主权概念，而更加可能的方式是国家
对主权会形成自身的观念——基于地区认同和特别的政治和文化环境的认
同。淡水资源合作面临的挑战，与全球政策和国家水资源管理的联系日趋
明显，并且这一联系在区域层面上比全球层面更为显著。② 湄公河委员会
发展出了一套以知识为基础的湄公河下游水利学，干流水资源的使用是透
明的，并且湄公河委员会拥有着很高程度的组织适应性。在促进国际合作
方面，湄公河委员会的流域发展规划是关键要素。③ 澜湄流域水资源治理
机制很多，存在着复合机制的情况。联合国法律制度层面、专家组评估、
双边倡议、联合国专家委员会、单边行动、多边发展银行、俱乐部式治理
机制甚至双边投资协定等也在复合机制内存在。在国际复合多边机制中，
存在正式的多边制度，还存在单边的活动。复合机制存在于这两种情况中
间，既不是等级严格的规则体系，也不是毫无关联的机制。④ 地区性国际
机制对于澜湄流域水资源多层级治理的效用具有增益作用。

美国前总统特朗普上任后，美国对于国际制度的参与度有所降低，意
图修正既有制度，目的是提升国家利益。美国以零和博弈的态度看待国际
政治，这一观点有悖于更加有竞争力的地区环境发展。鉴于此，东盟基于
共同的政治和经济利益的合作规范会面临巨大的压力。⑤ 美国凭借其强大
的经济和技术实力，并没有放弃在湄公河地区的水资源治理介入。因此澜
湄流域水资源多层级治理的制度设计需要对此有足够的准备，以迎接不确
定性的挑战。

（二）国内学界对跨境水资源多层级治理的研究

全球湄公河研究中心是中国和湄公河国家共同倡导的研究机构，是中

---

① Pichamon Yeophantong, "China's Lancang Dam Cascade and Transnational Activism in the Mekong Region: Who's Got the Power?", *Asian Survey*, Vol 54, No. 4, 2014, pp. 700 - 724.

② Bjørn - Oliver Magsig, "Water Security in Himalayan Asia: First Stirrings of Regional Cooperation", *Water International*, Vol. 40, No. 2, 2015, pp. 342 - 353.

③ Jeffery W Jacobs, "The Mekong River Commission: Trans - boundary Water Resources Planning and Regional Security", *The Geographical Journal*, Vol. 168, No. 4, 2002, pp. 354 - 364.

④ Robert Keohane and David Victor, "The Regime Complex for Climate Change", *Perspectives on Politics*, Vol. 9, No. 1, 2011, p. 8.

⑤ Shaun Narine, "US Domestic Policies and America's Withdrawal from the Trans - Pacific Partnership: Implications for Southeast Asia", *Contemporary Southeast Asia*, Vol. 40, No. 1, 2018, pp. 50 - 76.

国参与澜湄跨境水资源治理的积极尝试。在研究方面，国内学者已经从多层级治理角度分析了澜湄流域跨境水资源问题治理。其主要观点存在于以下几方面。

第一，流域国家通过多层级合作应对澜湄水资源治理风险。实践表明，合作要比冲突更有利于共享水资源。① 水资源问题的实质是安全问题，水资源安全关系已经是中国与周边国家关系构建的重要内容。中国与周边国家水资源安全关系总体呈现"低冲突—低合作"的态势。公共产品缺乏引起了跨境水资源治理的多重问题，流域国家合作管理跨境水资源是达到水资源安全治理的正确路径。② 澜湄流域水资源开发有助于中国与相关国家的合作安全，但也会引发利益冲突。③ 处理好国际河流安全问题，确定各流域国用水份额是国际河流开发的核心问题。合作在复合治理中占主导地位，流域国家在安全框架内可以通过对话、协商等方式减少摩擦。国际河流合作安全的基础，是流域国家在平等的基础上通过缔结条约而形成国际河流制度。④ 跨境水资源问题是流域各国面对的非传统安全问题，因流域分水、使用水而产生的问题，也要由流域各国承担由此产生的后果。国际河流合作管理从早期的单一目标合作、局部层面合作逐步向多目标合作、流域一体化合作等方向发展，合作程度和形式都在不断深化。全流域综合管理合作说明，在可持续发展理论的指导下，将国际河流流域内的资源和环境要素视为一个复杂的巨系统，充分考虑流域国的水资源需求和保护生态系统的需求，通过流域管理整体规划的方式来实现全流域水资源及相关资源的最佳综合开发利用。水资源合作中利益相关方接触、谈判或开展对话，是基于相互尊重、平等的立场，通过交流和倾听而进行沟通、共享信息、共同学习及意见交流的过程。沿岸国选择合适的合作模

---

① 张海滨：《环境与国际关系：全球环境问题的理性思考》，上海人民出版社 2008 年版，第 175 页。

② 李志斐：《中国周边水资源安全关系之分析》，《国际安全研究》2015 年第 3 期；李志斐：《水问题与国际关系：区域公共产品视角的分析》，《外交评论》2013 年第 2 期；李志斐：《水与中国周边关系》，时事出版社 2015 年版，第 242 页；朱新光、张文潮、张文强：《中国—东盟水资源安全合作》，《国际论坛》2010 年第 6 期。

③ 潘一宁：《非传统安全与中国—东南亚国家的安全关系——以澜沧江—湄公河次区域水资源开发问题为例》，《东南亚研究》2011 年第 4 期。

④ 王志坚：《水霸权、安全秩序与制度构建——国际河流水政治复合体研究》，社会科学文献出版社 2015 年版，第 3、25、164 页。

式，需要根据具体流域的现实条件和特点，借鉴相似条件下成功的合作模式与实践经验，通过友好协商，循序渐进地推进合作，才可能实现流域及区域的可持续发展。①

通过合作共同获益是合作治理的目的。联合国所确立的公平合理利用和不造成重大损害等一般原则及相关规则逐步被国际社会接受和认可。跨境水资源合作、生态系统保护不断加强，跨境地下水保护和利用也越来越规范。② 公平合理利用和不造成重大损害是当前国际社会普遍认可的涉及水资源问题的基本原则，是推动澜湄流域水资源合作的基本法律原则，不造成重大损害应以公平合理利用为前提。除此之外，自由航行、经常交换数据资料、事前通知等重要规则都经常被国际河流条约所引用。③ 解决国际河流争端，政治方法是首选，多数情况下它还是法律方法的前置程序。合作的基础就是尊重主权平等、领土完整和互惠互利；合作的目的就是要实现流域国家对国际水资源的最佳利用和充分保护。对于沿岸国家来说，通过共同管理，获取合理的收益，才是管理的重点和核心。合作的真正目的是每一个群体能在总收益中获取应得的那部分收益。④ 合作管理可以带来三方面收益：从河流中共同获益、保护河流所带来的收益、因河流而获得的溢出收益。⑤ 国际河流制度的形成具有一定难度。澜湄合作机制成立后，通过流域国家利益的联系战略，通过合作解决水资源开发的矛盾是未来的发展方向。⑥ "以经促政" "以经促情" 是湄公河航道经济发展的未来路径。⑦

第二，多层级水资源合作中需要多边合作机制参与治理。在多层治理

① 胡文俊、简迎辉、杨建基、黄河清：《国际河流管理合作模式的分类及演进规律探讨》，《自然资源学报》2013 年第 12 期。

② 胡文俊：《国际水法的发展及其对跨界水国际合作的影响》，《水利发展研究》2007 年第 11 期。

③ 胡文俊、张捷斌：《国际河流利用的基本原则及重要规则初探》，《水利经济》2009 年第 3 期；刘华：《澜湄水资源公平合理利用路径探析》，《云南大学学报》（社会科学版）2019 年第 2 期。

④ 王志坚：《国际河流法研究》，法律出版社 2012 年版，第 1—234 页。

⑤ 朴键一、李志斐：《水合作管理：澜沧江—湄公河区域关系构建新议题》，《东南亚研究》2013 年第 5 期。

⑥ 屠酥、胡德坤：《澜湄水资源合作：矛盾与解决路径》，《国际问题研究》2016 年第 3 期。

⑦ 卢光盛：《湄公河航道的地缘政治经济学：困境与出路》，《深圳大学学报》（人文社会科学版）2017 年第 1 期。

架构中，最关键的是要建立一个具有广泛代表性和权威性的协调机制，将政府、国际组织、非政府组织的活动纳入一个统一的治理网络中。在多种行为体共同参与的情况下，决策权由不同层面的行为体共享，而不是由成员国政府垄断，治理的进程不再排外性地由国家来引导，多种行为体之间的关系是非等级的。不同层面的影响力因问题的不同而有所差异。不同层面的行为体和决策方式也不相同。同时，各个层面之间并不是彼此分离的，而是在功能上相互补充、在职权上交叉重叠、在行动上相互依赖、在目标上协调一致的，由此形成一种新的集体决策模式。① 国际制度复杂性是有关国际制度差异性组合的研究，是国际组织数量增加、扩散、互动与交织所产生的客观结果。国际制度复杂性产生了明显不同的适应性和弹性空间，为成员国创造了避免合作陷入僵局的条件；制度复杂性通过利用不同制度间的组织与实践提供积极的反馈，有利于增强各成员国间的共同意识，进而推动各成员国的合作；在重叠嵌套的制度中，成员国的遵约与违约行为更容易得到判断；制度复杂性使得不同成员身份交叠的制度彼此面临着竞争，这种压力可以推动制度本身的功能提升。② 从水资源安全视角来看，由于水资源稀缺性日益显著，更多国家青睐外向型的水资源安全政策，冲突与合作会在同一个流域共存，形成程度不同的冲突—合作谱系。只有在灵活务实的水谈判辅助下，建立多边协商性的水资源利用与分配机制和联合应对机制，才能真正实现共享水资源开发利用的经济效益。③ 建立在国家同意和国际合作基础上的水资源合作机制是沿岸国进行国际河流开发合作及争端解决的重要途径，是实现水资源公平合理利用与有效保护的理想模式。国际关系中的跨境水资源议题更多地涉及人类共同利益，需要通过国际合作解决普遍性、流域性、关联性问题。④

　　跨境安全问题影响中国与湄公河国家次区域合作水平、中国在东南亚地区的周边外交布局、中国区域治理与建设地区新秩序的成本。中国与东盟国家的安全立场具有类似的属性，源于相似的地理环境、民族独立和解

---

　　① 郭延军：《大湄公河水资源安全：多层治理及中国的政策选择》，《外交评论》2011 年第2 期。

　　② 王明国：《国际制度复杂性与东亚一体化进程》，《当代亚太》2013 年第 1 期。

　　③ 李昕蕾：《冲突抑或合作：跨国河流水治理的路径和机制》，《外交评论》2016 年第1 期。

　　④ 黄炎：《澜沧江—湄公河流域水资源国际合作的动因、基础与路径选择》，《国际法研究》2019 年第 2 期。

放的历史；而不同性则源于不同的战略利益、战略身份以及战略背景。①
澜湄流域水资源合作也会面临一些问题。湄公河委员会事前磋商机制
（PNPCA）通过体系化的实践操作模式，通过引导公众参与，起到了规范
各成员国在湄公河干流水电开发的效果，但也存在一些不足，包括决策层
级不高，域外势力介入，部分条款含义模糊等。② 中国的水资源外交有待
加强；缺乏对国外媒体与域外行为体恶意干扰的有效应对策略；对外信息
传递的透明性与准确定位不足，都会影响到机制化合作的成效。未来澜湄
流域水资源合作的难点包括：湄公河下游国家对于澜湄合作机制的认可和
接受程度；澜湄合作机制内水资源合作需要全面应对既有复杂问题的情
况；新型水资源合作机制与既有类似机制的关系协调发展；各利益相关方
之间信任建设问题；正确研判湄公河国家在水资源治理方面的合理
要求。③

　　第三，多行为体参与跨境水资源治理。区域内多层水资源治理要求关
注领域不同的行为体进入政策制定过程，其总体目标是通过可持续的自然
资源管理方式避免资源冲突，从而降低安全风险。多层治理包含三个层
次，一是区域性水资源合作机制；二是区域内国家与区域外国家的协调机
制；三是非政府组织的参与机制。多层治理中的一种意涵即多中心治理，
其等级性比较弱，是工具性安排，基于自愿性和功能性的目的，便于成员
的加入和退出，强调问题的解决和效率，并尽量避免行为体间的冲突。④
澜湄流域安全治理的主体日趋多元化，治理机制也需要调整以适应澜湄水
资源治理的形势发展。国际涉水事务存在战略、组织和激励柔性特征。具
备多元选择的柔性治理战略既可以抑制单一涉水公共产品供给中的搭便车

---

① 朱宁：《东亚安全合作的三种模式——联盟安全、合作安全及协治安全的比较分析》，
《世界经济与政治》2006 年第 9 期。

② 匡洋、李浩、杨泽川：《湄公河干流水电开发事前磋商机制》，《自然资源学报》2019 年
第 1 期。

③ 卢光盛、张励：《澜沧江—湄公河合作机制与跨境安全治理》，《南洋问题研究》2016 年
第 3 期；张励、卢光盛：《从应急补水看澜湄合作机制下的跨境水资源合作》，《国际展望》2016
年第 5 期；卢光盛、金珍：《"澜湄合作机制"建设：原因、困难与路径?》，《战略决策研究》
2016 年第 3 期。

④ 郭延军：《大湄公河水资源安全：多层治理及中国的政策选择》，《外交评论》2011 年第
2 期；郭延军：《中国参与澜沧江—湄公河水资源治理：政策评估与未来走势》，载复旦大学中国
与周边国家关系研究中心编《中国周边外交学刊》2015 年第 1 辑，社会科学文献出版社 2015 年
版，第 153—169 页。

行为，也会促进涉水公共产品供给产生范围经济效益与规模经济效益。①
从沿岸国命运共同体的角度出发，流域各行为体需要更多考虑全流域的最
优利用、综合发展及用水利益的共享，而不仅仅考虑沿岸国家在某一利益
分配中的得失。这是一种追求最大正和效益，超越了国家自身的利益，追
求集体利益、全流域最大利益的发展。根据公平合理利用原则，所有国家
和居民的利益应是合作治理水资源问题的考量因素，而不仅仅考虑某一国
在国际河流流域的利益。②

　　湄公河国家都是中小国家，在领土面积、人口数量、经济实力等方面
与中国存在着较大的差距，对于中国的快速发展和实力的上升非常敏感。
美日等域外国家在湄公河地区存在重要的战略利益，也是多中心治理的参
与者，澜湄机制的建成加速了域外国家与中国在湄公河国家的竞争，纷纷
加大对这一地区的投入力度。③ 中美两方的博弈是促成美国和湄公河国家
合作的重要因素。美国参与境外水资源治理主要以一种柔性方式介入对象
国和地区治理，影响相关国家内部发展，实现美国全球战略利益和提高美
国的国际影响力。美国的环境外交政策具有双重属性，美国努力与他国合
作推动可持续发展和防止地球生态环境的进一步恶化；美国的环境外交是
建立在捍卫本国利益的基础之上的，起着扩大其国际影响并巩固其全球地
位的作用。④ 美国和湄公河下游国家的合作，实质上是双方"各取所需"，
而受影响最大的就是中国在相关地区的国家利益和国家形象。⑤ 欧洲介入
亚太地区国家水外交的方式包括政治和技术两方面，其原因是稳定与发展
欧盟对相关国家的基础关系，传播欧洲的价值观以及推广水资源治理模
式，影响在相关国家的欧洲模式规则设置。⑥ 日本在东南亚各国的水务实

　　① 周海炜、刘宗瑞、郭利丹：《国际河流水资源合作治理的柔性特征及其对中国的启示》，
《河海大学学报》（哲学社会科学版）2017 年第 4 期。

　　② 胡文俊、张捷斌：《国际河流利用权益的几种学说及其影响述评》，《水利经济》2007 年
第 6 期。

　　③ 卢光盛、熊鑫：《周边外交视野下的澜湄合作：战略关联与创新实践》，《云南师范大学
学报》（哲学社会科学版）2018 年第 2 期。

　　④ 李志斐：《美国的全球水外交战略探析》，《国际政治研究》2018 年第 3 期；于宏源、汤
伟：《美国环境外交：发展、动因和手段研究》，《教学与研究》2009 年第 9 期；尹君：《后冷战
时期美国与湄公河流域国家的关系》，社会科学文献出版社 2017 年版，第 1—260 页。

　　⑤ 任远喆：《奥巴马政府的湄公河政策及其对中国的影响》，《现代国际关系》2013 年第
2 期。

　　⑥ 李志斐：《欧盟对中亚地区水治理的介入性分析》，《国际政治研究》2017 年第 4 期。

践注重公私伙伴关系的建设，强调企业与地方政府"官民互动"以及多元主体的协同配合。① 水资源治理与基础设施建设已成为域外大国介入亚太地区事务的重要内容，并对"一带一路"项目的实施形成压力。② 东亚国家对西方国家设定的议事日程存在某种"路径依赖"，逐渐失去了主导话语权和议事日程的自觉性。③ 湄公河五国对于域外大国的介入往往并不排斥，从大国平衡的角度出发，五国在一定程度上希望域外大国参与多层次治理，这会对澜湄流域整体的治理效应产生一定影响。

第四，流域行为体关注多重议题综合联系以应对水资源问题。影响跨境水资源开发与管理的区域合作模式包括多重因素的影响，内部因素包括跨境水资源系统的特点与存在问题、流域国的利益诉求。外部因素包括政治环境与国际涉水制度、区域其他相关合作制度与机制、第三方参与、地区或国家的观念文化等。地区政治环境的改善、全球性及地区性国际涉水制度的发展成为促进跨境水资源合作的主要外部推动力，而沿岸国的共同利益是促进国际河流区域合作的最主要的内部驱动力。④ 人的安全可以成为实现国家安全和国际稳定的独特视角。⑤ 非传统安全共同体的四大特点（安全指涉对象"多样化"、安全问题领域"综合化"、安全议题性质"低政治化"和安全应对方式"场域化"）是有机统一的，安全指涉对象、安全问题领域、安全议题性质的综合性和低政治性决定了可以在复合的安全场域中实现非传统安全综合治理。澜湄合作是各国在水资源利用问题上短期不能达成共识时，运用"场域安全"理念，以整体应对澜湄区域亟待解决的非传统安全问题，来创造性解构"水资源困境"的机制。⑥ 安全化和机制化的联系是东南亚安全治理的重要研究议题。东南亚区域安全治

---

① 贺平：《从"合作"到"事业"：日本在东南亚的水务战略》，《现代日本经济》2015年第5期。

② 李志斐：《水资源安全与"一带一路"战略实施》，《中国地质大学学报》（社会科学版）2017年第4期。

③ 吴莼思：《亚太地区安全架构的转型——内涵、趋势及战略应对》，《国际展望》2015年第2期。

④ 胡文俊、黄河清：《国际河流开发与管理区域合作模式的影响因素分析》，《资源科学》2011年第11期。

⑤ 董亮：《2030年可持续发展议程下"人的安全"及其治理》，《国际安全研究》2018年第3期。

⑥ 余潇枫、王梦婷：《非传统安全共同体：一种跨国安全治理的新探索》，《国际安全研究》2017年第1期。

理的成效既是大国协调的结果，也是东盟建制化和安全化的结果，区域建制是基本架构，区域大国是关键角色，区域联结是客观现状。① 在中国跨境河流问题的影响因素方面，从边际效应、解释能力和重要性方面来看，从大到小的排列依次是国家关系、治理模式、领土争议、外部力量。②

在推进水电开发的过程中，中国的外交目标包括维权和维稳，即维护中国在本国境内水域的自由开发与使用权，在开发过程中，注重维护与下游国家关系的稳定，避免水资源开发影响到与下游国家的总体关系。维权和维稳存在矛盾性。中国要充分考虑相关国家和地区的水资源安全治理需求，利用战略实施的主导性优势地位，提升流域整体的水资源安全，在改善和提升中国国际形象与影响力的同时，借助水资源的社会性影响因素，增强中国影响区域发展秩序和规则建设的力量。中国需要通过水资源外交来保障与湄公河国家合作中应有的水权力，并消除水资源问题对其他双边及多边事务谈判的不利影响，通过技术和社会双方面举措以外交手段解决相关问题。③ 中国已经逐步开展了带有战略伙伴建设和公共外交性质的水资源治理，其职能主要包括冲突预防和危机管理。④ 中国积极有效参与流域治理，包括加强国内法制建设，为流域水资源开发治理提供相对健全的法律保障；加强综合规划，保护洄游鱼类；利用技术手段，稳定出境水位，主动降低水电站发电规模；积极与湄公河委员会开展技术合作，为下游国家应对旱涝提供及时信息支持。⑤ 中国要通过设置更为灵活的跨境水资源公共产品供给原则，明确跨境水资源公共产品的属性，拓展更为系统的公共产品供给来进一步扩大其受益对象。⑥ 在澜湄合作过程中，

① 张云：《东南亚区域安全治理研究：理论探讨与案例分析》，《当代亚太》2017年第4期。

② 李志斐：《中国跨国界河流问题影响因素分析》，《国际政治科学》2015年第2期。

③ 郭延军：《"一带一路"建设中的中国周边水外交》，《亚太安全与海洋研究》2015年第2期；李志斐：《水资源安全与"一带一路"战略实施》，《中国地质大学学报》（社会科学版）2017年第3期；张励：《水外交：中国与湄公河国家跨界水合作及战略布局》，《国际关系研究》2014年第4期；张励、卢光盛：《"水外交"视角下的中国和下湄公河国家跨界水资源合作》，《东南亚研究》2015年第1期。

④ 李志斐：《水资源外交：中国周边安全构建新议题》，《学术探索》2013年第4期。

⑤ 郭延军：《中国参与澜沧江—湄公河水资源治理：政策评估与未来走势》，《中国周边外交学刊》2015年第1辑，社会科学文献出版社2015年版，第153—169页。

⑥ 卢光盛、张励：《论"一带一路"框架下澜沧江—湄公河"跨界水公共产品"的供给》，载黄河主编《一带一路与国际合作（复旦国际关系评论第十六辑）》，上海人民出版社2015年版，第133—151页。

中国有必要主导相关机制，针对多国介入治理的情况，在流域内开展大国
协调。①

　　以流域综合管理为目标，依托合作机制的平台效应，流域国家可以通
过议题转移塑造合作氛围，通过议题联系拓展流域国家的谈判空间。② 澜
湄流域缺乏专门的跨境安全治理机制，这导致跨境安全问题始终无法彻底
得到解决；澜湄次区域内各机制的"竞合问题"降低跨境安全议题的治
理效果。③ 由于水电大坝建设而引起的水资源开发跨国影响已不仅是一个
国家内部的问题，而是一个多行为体参与、多利益诉求交织的国际问
题。④ 当前湄公河各国正在加紧实施水电开发计划，与此同时，流域治理
权力也在加速向非政府组织、国际组织以及域外国家流散，给本已十分复
杂的流域水资源治理增加了新的不确定性。⑤ 高阶的区域一体化要求，在
加强经济合作的同时，还要注重政治、安全和社会文化方面的合作。未来
澜湄流域的区域性公共产品需要关注：以维护地区稳定为核心的安全性公
共产品；以促进地区发展为核心的经济类公共产品；以构建区域内和谐关
系为基础的社会文化类公共产品。⑥

　　总之，国内外学术界对于澜湄流域的水资源治理已经有了一定程度的
研究，虽然相关专家学者已经在多层级治理、合作治理等方面进行了较为
综合的论述，为学术研究奠定了牢固的基础，但系统分析澜湄流域多层级
水资源治理的内容仍然不够全面，国外学者的关注内容与中国的国家利益
不完全吻合，部分学者只是强调中国作为上游国家的天然优势地位，似乎
地缘的优势会转变为地区的霸权。国内学者的研究体现了中国国家利益，

---

① 毕世鸿：《机制拥堵还是大国协调——区域外大国与湄公河地区开发合作》，《国际安全
研究》2013 年第 2 期。

② 李昕蕾、华冉：《国际流域水安全复合体中的安全秩序建构——基于澜沧江—湄公河流
域水冲突—合作事件的分析》，《社会科学》2019 年第 3 期。

③ 卢光盛、张励：《澜沧江—湄公河合作机制与跨境安全治理》，《南洋问题研究》2016 年
第 3 期。

④ 郭延军、任娜：《湄公河下游水资源开发与环境保护——各国政策取向与流域治理》，
《世界经济与政治》2013 年第 7 期。

⑤ 郭延军：《权力流散与利益分享——湄公河水电开发新趋势与中国的应对》，《世界经济
与政治》2014 年第 10 期。

⑥ 卢光盛、别梦婕：《澜湄合作机制：一个"高阶的"次区域主义》，《亚太经济》2017
年第 2 期；卢光盛：《区域性国际公共产品与 GMS 合作的深化》，《云南师范大学学报》（哲学社
会科学版）2015 年第 4 期。

但是分析框架和理论建构仍需要进一步精细化。未来的研究当中，应当加强对此项研究的重视程度，从国家、区域和全球层面阐释澜湄流域水资源多层级治理问题，注重对多利益相关方的研究以及分析澜湄水资源治理对中国周边外交、命运共同体建设的影响等方面的内容。

三　研究框架

（一）概念界定

根据联合国教科文组织的建议，水资源是可资利用或有可能被利用的水源，此水源应具足够的数量和可用的质量，并能在某一地点满足某种用途而可被利用。① 根据中国大百科全书的定义，广义的水资源是指地球上各种形态的（气态、液态或固态）天然水。狭义的水资源是指可供人类直接利用，并能够不断更新的天然淡水。② 澜湄流域水资源问题主要涉及天然淡水资源，包括河流、湖泊、高山冰雪融水和地下水等。全世界的淡水资源约占水资源总量的 2.5%，总体上人类是缺水的，水资源安全形势严峻。水资源跨境流动性较强，跨境水资源并不能够被政治性的疆界清晰分割。湄公河入海口在旱季时候会因水量的自然减少而出现海水倒灌的情况，沿海地区地下水会受到盐碱化影响。

联合国全球治理委员会认为，治理是各种公共或私人机构管理其共同事务的诸多方式的总和。它是使相互冲突的或不同的利益得以调和并采取联合行动的持续过程。治理既包括有权迫使人们服从的正式制度和规则，也包括人们同意或认为符合其利益的各种非正式的制度安排。③ 多层级治理是在以地域划分的不同层级上，相互独立而又相互依存的诸多行为体之间所形成的通过持续协商、审议和执行等方式做出有约束力决策的过程，这些行为体并不拥有专断的决策能力，它们之间也不存在固定的政治等级关系。④ 经济合作与发展组织（OECD）将水资源治理定义为一套行政系统，由正式制度（法律和官方政策）、非正式制度（权力关系和实践）和

---

① 万咸涛：《世界和我国水资源质量工作的进展》，《水利规划与设计》2005 年第 4 期。

② 《中国大百科全书》第 20 卷，中国大百科全书出版社 2009 年版，第 16 页。

③ 俞可平：《全球治理引论》，《马克思主义与现实》2002 年第 1 期。

④ Philippe Schmitter, *How to Democratize the European Union... and Why Bother?* Lanham：Rowman & Littlefield, 2000, p. 35，转引自吴志成、李客循《欧洲联盟的多层级治理：理论及其模式分析》，《欧洲研究》2003 年第 6 期。

组织结构及其工作效率组成。① 澜湄流域水资源多层级治理相比一般的水资源管理，其涉及的主体多元，包括国家、政府间国际组织、社会力量等方面，治理对象不仅仅是水资源，还包括使用水资源的行为体；水资源多层级治理采取可持续发展理念，并且需要制度安排和治理机构。联合国千年发展目标和《联合国 2030 年可持续发展议程》对于世界范围内的水资源治理都有涵盖。从时间跨度方面来看，本书研究主要集中于 21 世纪以来的澜湄流域水资源多层级治理。本书对于历史上以及上世纪的澜湄水资源治理也有所涉及，但这仍然属于水资源治理的历史发展脉络。21 世纪以来，随着可持续发展理念的进一步深化，澜湄流域国家对于跨境水资源治理的关注逐渐提升。随着综合国力的增长，中国对周边地区的水资源治理开始增大重视程度。

澜湄流域的跨境水资源具有流动性，并跨越不同政治边界。由于流动性的特点，一个国家占有的国际河流水资源份额很难被具体界定。跨境水资源具有公共产品的性质，在流域内可以说是一种俱乐部类型的公共产品，供流域国家共同使用。从非传统安全研究方面来看，跨境水资源安全问题属于双源性的非传统安全威胁，即安全威胁同时起源于国内和国外，极可能发源于边疆地区，需要国家同时从外交与内政两个方面开展应对工作。其产生的主要特征包括，一是威胁产生主题和诱发因素具有内外联动的"双重性"，二是威胁的发生会同时对国内和国外产生影响与危害，三是威胁应对与治理的"复合性"，四是威胁形态往往与军事问题相交织而与多源性非传统安全威胁相互转化。② 水资源安全除了包括保障民众的生产生活，还应包括流域国家对水资源的使用、分配、保护及这些因素对国际关系的影响等。

（二）研究方法

本书主要分析澜湄流域水资源多层级治理。跨境河流议题往往包含国内政策、国际机制等议题。澜沧江—湄公河跨越了六国的政治疆界，具有跨境的特点，而且多中心、网络化治理的特征明显。水资源安全问题在澜湄流域国家间一直存在，通过多层级治理的角度促进流域国家间水资源安全关系的提升，可以对国家间关系产生积极影响。本书的研究方法主要为

---

① 张宗庆、杨煜：《国外水环境治理趋势研究》，《世界经济与政治论坛》2012 年第 6 期。

② 余潇枫主编：《非传统安全概论》，北京大学出版社 2015 年版，第 81—82 页。

以下几项。

第一，案例分析方法。中国和下游国家间的关系一直是外界较为关注的议题。湄公河下游国家间的水资源安全关系也是值得高度关注的，例如老挝和其下游的泰国、越南、柬埔寨的关系。美国等域外大国介入澜湄流域水资源治理。湄公河委员会、澜湄合作机制等区域性治理机制参与流域水资源治理。这些都是较为成熟的案例，本书在选取案例时，注重典型性，并且注意将普遍性和特殊性相结合，力争较为全面地分析澜湄流域水资源问题及其产生原因、治理路径等方面内容。

第二，定性与定量分析方法。水资源问题涉及大量的数据内容，包含用水量、水电发电量、依靠外部水源的百分比等各种数据类型。通过运用数据表格，可以更加直观、准确地展示澜湄流域水资源相关议题。定性分析仍然是主要的研究方法，本书从案例研究的基础上通过定性分析得出结论，研究水资源关系的性质。通过定性与定量相结合的研究方式，能够更加准确、形象地解读本书的核心观点，提升论述的准确性。

第三，多层级分析方法。本书采用了层次分析方法，运用多层级治理的研究方式，分别从国家、区域、全球层面来分析澜湄流域水资源治理，并从中国的角度对水资源合作的发展进行了解读。澜湄流域国家对水资源治理的政策、地区治理机制对澜湄流域水资源关系的影响、全球治理视域下的澜湄水资源治理都是多层级分析的重要层面。

（三）本书结构

本书共分为七部分。

绪论主要阐述研究问题的提出与研究的意义所在，介绍了国内外相关研究的进展情况，以及提出本书的研究思路、方法与结构，最后就研究的难点与创新点进行相关总结。通过对已有研究的综述，本部分为澜湄流域水资源问题的特点、表现和成因、多层级的水资源治理分析等内容进行了准备。

第一章介绍澜湄流域水资源问题的特点与表现，首先提出了澜湄流域水资源问题的特点，本地区环境情况特殊，即降水的时间分布差异较为明显，澜沧江发源于"亚洲水塔"青藏高原，澜湄流域生物多样性较为突出。本章从水权分配、水污染和生态环境水平下降等方面入手，阐述了澜湄流域水权分配中工农业生产和生活用水、水电设施造成的分水问题，流域生活和生产造成的水污染、修建水利设施造成的生态损害，以及与民生发展相关的其他水资源安全问题。

第二章是澜湄流域水资源问题的成因，主要从全球气候变化、不稳定的澜湄水资源关系、域外行为体的介入等方面进行了分析。全球气候变化加剧了水资源风险的程度，加大了合作治理的难度。流域国家间水资源关系缺乏有序协调与互信，域外国家也介入澜湄流域的水资源治理。这些因素都影响着澜湄流域水资源治理的效果。

第三章是澜湄流域国家层面的水资源治理。本章分析了中国对澜沧江水资源治理的基本政策、湄公河国家的水资源治理政策，以及国家层面对水资源治理的效果。中国历来注重澜沧江的治理工作。湄公河国家在水资源治理中认同可持续发展，但在水资源治理方面，其国内政策缺乏与流域其他国家的沟通。流域国家层面的实践在一定程度上促进了本国的经济发展，流域各国开展了一些协调，但未能在国家层面完全解决流域水资源纷争。

第四章是澜湄次区域层面的水资源治理，包括澜湄流域水资源治理机制设立的必要性、现有机制的内容，以及治理的效应。澜湄流域水资源治理机制的建立能够促进次区域水资源合作，协调水资源冲突，并培育水资源合作文化。湄公河委员会是专门定位于水资源治理的机制。大湄公河次区域经济合作、东盟等在澜湄流域水资源治理中也有所参与。澜湄合作机制是中国与湄公河国家共同建立的治理机制，水资源合作是澜湄合作的优先方向之一。在治理效应方面，治理机制搭建了合作平台，澜湄合作机制还保证了治理的可持续性。另外，各个治理机制还存在着需要改进的方面。

第五章是全球治理视域下的澜湄流域水资源治理。在政府间国际组织层面，相关分析内容包括遵循可持续发展理念，重视澜湄全流域整体治理以及联合国的参与，注重水资源与能源、粮食的关系等。国际非政府组织参与澜湄流域水资源治理的内容包括推崇可持续发展方式，倡导合作参与意识，研究跨境水资源治理，通过学术活动增加水资源治理意识，直接参与相关社会活动等。另外，全球治理视域下澜湄流域水资源治理的效应包括，政府间国际组织促进可持续发展的平台效应，国际非政府组织通过促进社会参与加强治理效果，政府间国际组织与流域治理的结合不足，国际非政府组织的有序性不强。

最后进行研究总结，并对搭建澜湄流域水资源多层级治理的可持续发展框架、命运共同体理念下澜湄流域水资源治理的未来进行了展望。

四 研究的难点和创新点

(一) 研究难点

本书着重关注澜湄流域的多层级水资源治理。水资源治理关系到国家、地区的稳定，对于世界其他地区的治理也有示范效应。本书重点在于通过对跨境水资源治理在澜湄流域的研究，运用国家、区域和全球层面的多层级分析，发现中国在水资源合作战略中可以提升的方面，为周边命运共同体的发展做出些许探索。

研究难点在于收集相关国家的政策和研究情况等信息以及从理论的高度对其进行层次性研究。由于相关国家的数据和文献基本是外文文献，获取到这些文献具有一定的难度，而且外文文献的准确翻译和适当取用都是需要重视的工作。另外，从国际政治领域研究跨境水资源问题包含一定的跨学科内容，如何在不同学科领域之间找到平衡，进而在本专业领域进行研究是需要重视的课题。本书定位在国际政治领域内的学术研究，需要以本学科的研究方法和规范进行研究，其他学科的方法和内容在研究中是必要的参考，需要把握好使用的界限。

(二) 创新之处

本书的创新之处在于以下几方面：首先，希望在系统梳理澜湄水资源治理发展的基础上，分析澜湄流域水资源问题的成因，通过多层级分析，为中国在澜湄流域水资源合作中的作用和发展方向提出合理建议。国际跨境水资源治理的研究，主要集中在中东、北非等缺水地区，以及东南亚的湄公河流域。但关于澜湄流域水资源治理的分析中，已有的国外文献大都集中在中国对下游地区的负面影响分析，中国学者的分析则主要集中在水外交、跨境水资源合作研究方面。本书通过在国家、区域、全球维度进行多层级研究，有助于进行较为全面的学术分析，把握研究发展脉络。

其次，本书的研究前沿性较强。参考文献取材广泛，包括近年来中外学术文章、著作和研究报告等。通过采纳尽量新的研究素材，本书在之前研究的基础上，着力分析治理的影响因素、特点与效应，从较为独特的角度分析涉及东南亚地区的国际政治议题，研究国家、治理机制及相关组织在澜湄流域水资源治理中的特性，对相关议题进行细化研究。从多层级治理的角度分析水资源问题、研究国际政治维度的水资源关系是本书的关键工作。本书研究重点放在水资源多层级治理对国际政治研究的影响方面，以探索促进外交实践的方式，推进中国对东南亚外交理论与实践的发展，落脚点仍在于国际政治中的跨境资源合作议题。

　　最后，本书的研究内容能够为"一带一路"建设、澜湄合作、中国与周边国家关系的新发展等进行有益的探索。澜湄合作是中国倡导的次区域合作机制，随着综合国力的提升，中国也在塑造与周边国家关系的良性互动。水资源是本区域内较为重要且有特色的联系纽带，从水资源治理的内涵进行研究，可以深化对澜湄合作的理解与实践，促进中国和周边国家提升合作关系，进而构建澜湄命运共同体。本书通过对澜湄流域水资源多层级治理的研究，可以为中国在次区域内增强制度性治理安排进行初步探索。

第一章

澜湄流域水资源问题的特点与表现

澜沧江—湄公河全长约 4763 千米，流域面积约 81 万平方千米，[①] 流域次区域人口达 3.26 亿人，[②] 流经中、缅、老、泰、柬、越六国，有"东方多瑙河"之称。澜湄流域旱季、雨季明显，这为水资源的保护利用带来了很大困难。澜湄流域水资源利用主要包括工农业生产用水、民众生活用水、水力发电、航运、渔业生产等方面。澜湄流域的水资源问题，主要包括水权分配、水污染以及生态环境水平下降等方面。流域各国都是发展中国家，中国和泰国的发展水平具有相对优势，次区域其他国家还包括联合国认定的最不发达国家，例如老挝、缅甸和柬埔寨。发展成为各国在开发利用水资源方面最为重要的关注点。

澜湄水资源合作存在一定的特殊性，例如本地区气候情况特殊，降水的时间分布差异较为明显，澜沧江发源于青藏高原，澜湄流域生物多样性较为明显。另外，流域水权分配不合理，澜湄流域涉及国家较多，利益纷争不断。防治水污染和保护生态环境等方面也是开展研究需要关注的领域，航运安全和疫病传播等问题都是目前流域内存在的问题，需要进一步探究原因加以应对。澜湄流域具有自身的特点，因而在治理方面也需要形成具有流域特色的水资源合作模式。在冲突与合作的竞争中，澜湄流域的合作治理占到了上风，各国对于合作有着普遍的认同。发展中国家间的水资源合作需要流域内经济发展水平较高的国家多提供一些公共产品，这样有助于促进流域整体的协调发展。

---

① "MRC Secretariat Affirms Mekong Basin Size, Length", MRC, Dec. 18, 2018, http: // www. mrcmekong. org/news – and – events/events/mrc – secretariat – affirms – mekong – basin – size – length/.

② 马勇幼：《澜湄六国合作进入新阶段》，《光明日报》2015 年 11 月 10 日第 12 版。

表 1 - 1 　　　　　　　　　湄公河国家的水资源风险情况

水资源风险\国家	水资源缺乏日益严重	高用水量	水质恶化	水质及水资源禀赋偏低	洪水多发国家	台风多发国家	干旱多发国家	生态气候变化风险加剧	清洁饮用水短缺	卫生设施缺乏	风险项目数总计
柬埔寨				●	●	●		●	●	●	6
老挝				●	●	●		●	●	●	6
缅甸				●	●	●	●	●			5
泰国			●		●	●	●	●			5
越南					●	●	●	●			4

　　资料来源：联合国教科文组织：《不确定性和风险条件下的水管理》（第一卷），水利部发展中心编译，中国水利水电出版社 2013 年版，第 200 页。

第一节　澜湄流域水资源问题的特点

　　水资源问题在世界上许多地区都存在，国际河流对于地区和国际形势产生了巨大的影响。欧洲在多瑙河和莱茵河流域、美国和加拿大在合作治理跨境河流方面都取得了积极的成果；非洲尼罗河、中东幼发拉底河—底格里斯河、中亚阿姆河和锡尔河、南亚恒河和布拉马普特拉河等国际河流治理问题也引起了相关国家间的冲突与合作。全球共有 276 条跨界河流，其水资源总量占到世界淡水供应量的 60% ，涉及 145 个国家，跨境流域人口占到世界人口的 40% 。[①] 跨境流域涉及的国家众多，居住跨境流域的人口数量也比较可观，由于利益纷争，跨境流域因水而起的矛盾就会产生。澜湄流域相比上述流域，具有大多数国际河流的共性问题，但在问题的产生与治理方面也有一定的特殊性。

一　澜湄流域特殊的环境情况

　　澜湄流域的环境条件较为特殊，具有以下几方面特点。

　　第一，澜湄流域降水的时间分布差异较为明显。澜湄流域气候情况较

---

　　① 《里约 + 20/水议题：WWF 称〈联合国水道公约〉生效在即》，世界自然基金会中文网站，2012 年 6 月 15 日，http：//www.wwfchina.org/pressdetail.php? id = 1362。

为特殊，每年 11 月到次年 4 月属于旱季，此时主要受到来自北方的气流影响，降水较少；5 月到 10 月属于雨季，来自印度洋等地的南方季风影响澜湄流域，降水较多。由于自然降水的转换会有一定的过渡期，湄公河的汛期开始与结束都分别需要 2 周左右的时间。[①]

　　世界上其他地区的水资源问题，有一部分是缺水导致的，例如中东、北非、中亚地区。而澜湄流域降水时间分布不均，旱季和雨季的变化较为明显，总体上水量并不十分缺乏。雨季时，澜湄流域往往降水过于充沛，水坝经常开闸泄洪，由于预警能力不足，下游地区经常因洪涝灾害损失严重。2018 年 8 月，流域内雨季降水频繁，加上上游开闸泄洪，导致泰国的湄公河沿岸地区发生严重洪灾，各地出现不同程度的水生灾害。泰国在湄公河国家中是经济水平较好的国家，在洪灾后的恢复重建方面有一定的治理基础。流域其他国家在面对类似灾害时，敏感性和脆弱性就会更加突出，恢复的时间也较长。而旱季到来时，全流域的干旱不时发生，各国在农业生产方面就会面临更多的压力。2010 年澜湄流域发生旱灾，本来并非因为中国在澜沧江建坝导致，但下游国家纷纷指责中国，对中国造成了一定程度的国际舆论压力。澜湄流域国家都是发展中国家，中国和泰国属于经济水平较高的国家，但相比西方国家，总体上澜湄流域国家在应对自然灾害的能力方面仍需提高。时间性的降水不均直接引发了澜湄流域水资源治理中的各类问题。

　　第二，澜沧江发源于"亚洲水塔"青藏高原。全球性的气候变化近年来越发引起澜湄流域旱季和雨季转换的规律性变差，极端降水和干旱事件越发突出，人们不容易掌握降水的规律性，这对于流域国家民众应对水资源问题是重大的挑战。气候变化对全世界的影响都存在，其他跨境流域也会面临气候变化引起的相关问题，但是中国的青藏高原是除南极和北极之外世界第三大贮藏淡水的地区，澜沧江、长江、黄河都发源于三江源自然保护区，冰川补给供水为河流的发源提供了基础。澜沧江上游发源于"亚洲水塔"青藏高原，气候变化对于澜沧江的水量补给存在较为直接的影响。中国 2018 年发布了《青藏高原生态文明建设状况》白皮书，详细介绍了近年来中国政府重视三江源生态保护的事实。澜沧江、长江、黄河

---

　　① 张励：《水外交：中国与湄公河国家跨界水资源的合作与冲突》，博士学位论文，云南大学，2017 年，第 46 页。

的发源地接近，中国对于国内河流和国际河流的重视程度并没有任何不同。高海拔的特点对于澜湄流域水资源的影响，在全球气候变化的影响下相比世界上其他地区就更为显著。

第三，澜湄流域生物多样性较为突出。澜湄流域由于海拔幅度差异较大，适合多种类生物生存。湄公河流域近年来都会报告发现新物种，科学家 2016 年发现了 163 个新物种，包括 126 种植物、14 种爬行动物、11 种鱼类、9 种两栖动物以及 3 种哺乳动物。① 2017 年在柬埔寨、老挝、缅甸、泰国和越南发现了 3 种哺乳动物、23 种鱼类、14 种两栖动物、26 种爬行动物和 91 种植物，在澜湄次区域已经被发现的这 157 个新物种大都生活在人迹罕至的地区。② 人类的活动，比如开发水利设施会影响到野生动植物的生存。澜湄次区域人口超过 3 亿人，各国又面临着发展经济的任务，澜沧江—湄公河是各国可以利用的重要资源，因此澜湄流域在治理水资源时需要考虑保护好珍稀动植物，这对澜湄流域的水资源治理提出了新的要求。

二　澜湄流域水资源多层级治理的国家间因素

从人为因素的角度观察，澜湄流域水资源多层级治理面临较大的困难。虽然欧洲多瑙河流域的国家也较多，但是流域国家已经发展了较为成熟的治理经验，《关于欧盟水外交的理事会决议》指出，欧盟在世界范围内推进水资源合作，是基于欧洲跨境水资源管理的长期合作传统和丰富经验和知识。③ 欧盟《水框架指令》的实施，以及欧盟在治理多瑙河等欧洲跨境河流方面丰富的经验、知识，为欧盟参与水资源治理提供了技术基础。总的来讲，澜湄流域国家的治理体系与治理能力与欧盟等世界先进水平尚存在一定差距。

第一，涉及国家较多，利益纷争不断。澜湄流域国家都属于发展中国

---

① 《和时间赛跑　大湄公河区域发现 163 个新物种》，新华网，2017 年 12 月 20 日，http://www.xinhuanet.com/world/2016 – 12/20/c_ 129411530.htm。

② 《美媒：大湄公河次区域发现 157 个新物种》，参考消息网，2018 年 12 月 14 日，http://www.cankaoxiaoxi.com/science/20181214/2365513.shtml。

③ "Council Conclusions on EU Water Diplomacy", EU, Dec. 29, 2017, http://eu – un.europa.eu/eu – council – conclusions – on – eu – water – diplomacy/.

家,流域最不发达国家包括缅甸、柬埔寨和老挝。① 泰国在湄公河国家中经济发展水平一直较好,其经济发展规模和社会治理程度要远高于湄公河其他国家。越南近年来经济、社会发展水平也有了一定程度提升,也被列为新兴经济体"新钻十一国"之一。中国的经济体量和社会发展水平比湄公河国家要先进。澜湄流域国家较多,由于发展水平不平衡,看待跨境河流治理的方式也会存在差异。

表 1-2　　　　　　澜湄流域国家经济增长率 (2014—2019 年)　　　　　单位:%

年份 国家	2014 年	2015 年	2016 年	2017 年	2018 年	2019 年
中国	7.3	6.9	6.7	6.9	6.6	6.3
柬埔寨	7.1	7.0	7.0	6.9	7.0	7.0
老挝	7.6	7.3	7.0	6.9	6.6	6.9
缅甸	8.0	7.0	5.9	6.8	6.6	7.0
泰国	1.0	3.0	3.3	3.9	4.5	4.3
越南	6.0	6.7	6.2	6.8	6.9	6.8

资料来源:"GDP Growth Rate", The Asian Development Bank, June 20, 2019, https://data. adb. org/dataset/gdp – growth – asia – and – pacific – asian – development – outlook.

流域各国的经济基础不同,能够投入水资源治理的国家治理能力也有所不同。中国在治理本国水资源的同时,可以通过修筑水利设施等来帮助流域其他国家提升水资源的治理水平。但是流域国家民众从不同的角度考量,对以发展经济为目标的水资源开发不一定特别积极,可能会认为环保、维持自然环境的原始状态等是流域国家的重要任务。老挝政府对于水力发电较为积极,因为老挝的其他产业发展水平不高,利用天然优势,老挝可以在外输电力方面为国家挣得外汇。而其他下游国家根据自身的自然环境特点,对农业和渔业等产业的关注度就会更高一些。澜湄流域国家众多,即便中国不主张上游水电开发,下游国家对于各自的利益也很难达成一致。流域内众多的成员国不利于公共产品的提供。因此在人口稠密的澜

---

① "List of Least Developed Countries", UN Office of the High Representative for the Least Developed Countries, Landlocked Developing Countries and Small Island Developing States, Dec. 10, 2017, https://www. un. org/development/desa/dpad/wp – content/uploads/sites/45/publication/ldc _ list. pdf.

湄流域，多国面对的合作治理难度就比较大。

第二，合作是水资源多层级治理的主导方面。澜湄水资源问题体现了国家间冲突与合作的内涵，但是流域国家间总体上是和平应对水资源问题，没有出现兵戎相见的情况。水资源是中东地区多次战争中各方相互争夺的目标。澜湄流域的上下游国家关系、开发水资源的方式等方面存在一定分歧，但是各方对于合作的方向是认可的。在冷战时期就已经建立了湄公河委员会的前身——湄公河下游勘察协调委员会（Committee for the Co-ordination of Investigations of the Lower Mekong Basin），下游部分国家已经开始联合治理水资源。大湄公河次区域经济合作等机制覆盖了流域国家，从经济治理的角度开始关注了水资源问题。近年来成立的澜湄合作机制对于流域内国家和治理议题的考量是比较完善的，从可持续发展的角度出发，中国以提供公共产品的方式把握机制的发展方向，可见，流域国家对于水资源治理的态度是积极的，各国有意愿共同维护好澜湄流域水资源的安全，相比世界上其他发展中国家间共享的国际河流，澜湄流域的合作程度是比较高的，谈判、协商是解决矛盾冲突的主要方式。

中国在澜湄流域是上游国家，也是大国。中国不谋求水霸权，没有利用上游国家的自然优势对下游进行威胁，澜沧江不是水武器，澜湄流域是和平的纽带，中国在澜湄合作机制中的推动作用代表了中国对次区域治理的更多付出，中国在流域合作中并没有谋求私利，也没有以上游的优势地位来换取下游国家特殊利益回报。作为新时代的大国，中国有着自身的国际担当。这一点是世界其他跨境河流国家，尤其是上游国家、流域大国难以做到的。

第三，澜湄流域国家需要符合共同利益的水资源治理模式。发达国家近代以来形成了自身独有的跨境水资源治理模式，并意图将这些模式推广到世界其他地方。必须承认，发达国家既有的跨境水资源治理模式对于其他地区很有借鉴意义。但是，美欧等国发展出来的治理体系是根据其自身的国际河流条件，并且配套以其军事、政治、经济、文化等方面的条件作为支撑。澜湄流域有自身特色，具有独特的经济发展模式和文化内涵，各国面对的问题、各个流域遇到的情况也不相同，很难将西方的治理模式全部复制到澜湄流域。而且澜湄流域合作治理的方向应该是六国共同参与、符合各国国情的水资源治理模式，各国在安全、政治、经济、文化交流等方面的合作应该成为澜湄水资源多层级治理的基础。

第二节 不合理的水权分配

各国围绕澜湄流域水权分配议题存在着不同的意见。中国作为上游国家，虽然澜沧江流出水量只占湄公河流量的很小一部分，但仍然被下游多国认为是影响流域分水的重要因素。老挝等下游国家由于占有河流落差方面的优势，加之经济发展的需要，对于水力发电特别关注，意图成为东南亚的"蓄电池"。流域各国在经济发展和社会生活当中，对于流域的水资源需求存在使用领域的差异。在生活、工业和农业等方面各国的用水差异会造成流域国家对水资源分配的不同观点，水权分配问题也就由此产生。流域各国对于水资源的使用是多方面的，包括居民用水、农业用水、跨境航运、发电等方面的需求。

表 1-3 澜湄流域各国的水资源情况

项目 \ 国家	中国	缅甸	老挝	泰国	柬埔寨	越南	合计
流域面积（10^4 km^2）	16.7	2.1	21.5	18.2	16.1	6.5	81.1
占全流域比例（%）	21	3	25	23	20	8	100
占全流域水量比例（%）	17	1	41	15	19	8	100
领土面积（10^4 km^2）	960.001	67.659	23.68	51.312	18.104	33.123	—
流域面积占国家领土（%）	1.7	3.6	85.2	35.9	85.6	19.7	—

资料来源："Basin Development Strategy 2016 – 2020", MRC, April 5, 2016, http：//www. mrcmekong. org/assets/Publications/strategies – workprog/MRC – BDP – strategy – complete – final – 02. 16. pdf；"Water & Water Resources of the Mekong Basin", Center for Environmental Visualization, University of Washington, July 8, 2019, http：//vmb. ocean. washington. edu/story/Water + Resources；"FAO AQUASTAT Main Database（2017）", FAO, July 8, 2019, http：//www. fao. org/nr/water/aquastat/data/query/index. html. 部分数据根据计算得出。

一 工农业生产和生活用水因素

柬埔寨、老挝、泰国和越南对外界的水资源依存度较高，而且泰国和越南在湄公河流域内是比较缺水的国家，越南处于湄公河入海口的最后一国，其国内调水的影响对流域其他国家的影响较小，只是湄公河一些支流的源头发源在越南中部地区，在水量方面对干流的影响小。泰国是湄公河流经的中间国家，泰国国内部分地区存在季节性缺水的情况，因此泰国会从湄公河进行分水，补贴其国内居民生活用水和农业用水的需求。而泰国的分水会对湄公河的水量造成较大的影响。从最直观的结果来看，越南可能是受到其上游国家国内分水影响最大的国家，因此越南对流域其他国家分水的做法大都持反对态度。

表1-4　　　　　　　　澜湄国家水资源占有和依赖状况

国别	国内可再生 水资源总量 （$10^9 m^3$/年）	外部流入的可 再生水资源总量 （$10^9 m^3$/年）	对外部水资源 的依赖度 （%）	人均可再生水 资源量 （$10^3 m^3$/年/人）
中国	2840. 32	27. 32	0. 9619	1. 971
柬埔寨	476. 1	355. 5	74. 67	29. 747
老挝	333. 5	143. 1	42. 91	48. 629
缅甸	1168. 0	165	14. 13	21. 885
泰国	438. 6	214. 1	48. 81	6. 353
越南	884. 1	524. 7	59. 35	9. 254

资料来源："FAO AQUASTAT Main Database（2017）"，FAO，July 8, 2019，http：//www. fao. org/nr/water/aquastat/data/query/index. html.

由于历史原因，泰国北部地区由于耕种方式不当，土地盐碱化情况比较严重，泰国为了缓解这种现象造成的后果，每年旱季时需要从湄公河调取大量的淡水，冲刷盐碱化的土地，同时也是也为了补充当地的民众生活用水和农业灌溉用水。这种调水有助于当地的经济发展，但是会对下游的水量造成影响，有可能影响到洞里萨湖（Tonlé Sap）的水源补给和越南湄公河口的水量。泰国、越南和柬埔寨主要依靠湄公河进行农业灌溉和水产养殖。下游国家也实施了一些农业灌溉工程。越南的丐山（Cai San）工程，位于湄公河三角洲地区，灌溉面积4.3—6.0万平方千米。柬埔寨的马德望（Battambang）工程，灌溉面积2.8—4.5万平方千米，水电站装机容量0.5万千瓦。① 泰国、柬埔寨、越南等国的大米产业在各国的经济发展中占有重要的地位，稻米生产需要湄公河的灌溉。越南的湄公河三角洲地区，土壤肥沃，面积约3万平方千米，是世界上最富庶的水稻产区

---

① 《澜沧江—湄公河流域水利水电开发》，兆恒水电有限公司网站，2013年5月10日，ht-tp：//www. zhyp. hk/news_ 1. asp？id＝935&menuid＝75&menuidd＝3。

之一。① 另外，柬埔寨洞里萨湖是中南半岛上最大的湖泊，与湄公河相连，是柬埔寨淡水渔业的支柱，年产量约 23.5 万吨，其淡水渔业资源居世界首位，总渔获量居世界第四位。② 洞里萨湖是湄公河的一个天然蓄水池，雨季时大量的水注入洞里萨湖，湖的周边会出现一些洪涝情况，而旱季时湖里的存水就会流入湄公河，补充湄公河部分水量。洞里萨湖作为一个"天然水库"，在旱季和雨季分别为湄公河下游水量的正常化起到了天然的调节作用，因此柬埔寨需要充足的湄公河水流量。为在尽可能发展好渔业经济的同时维护好流域的生态环境，柬埔寨需要湄公河流域既保持有充足的水流量，确保洞里萨湖每年产生一定的洪泛面积，让湖水的营养成分能够满足鱼群生长的需要，同时又不能因为过大的水流量，导致境内产生洪涝灾害，也不能因为泥沙沉降堵塞河道和湖泊。③ 越南处于湄公河最下游，同样需要湄公河充足的水流量，对于其上游国家的取水行为都较为反对，湄公河三角洲是东南亚大米出口的重要地区，保持充足稳定的淡水供给是越南重点关注的核心利益。湄公河口的正常水流量对于抵消海水对湄公河三角洲地下水的侵袭具有重要的作用。在雨季时，越南对于上游的巨大水量也需要进行防洪安排，旱季时上游国家纷纷加大湄公河取水，越南尤其反对相关国家的过量取水。澜湄流域内，水稻种植面积约占流域面积的 63%，灌溉用水占总用水量的 85%。泰国在其东北部实行了"湄公河—栖河—穆恩河（Kong – Chi – Moon）分水方案"，希望从湄公河调水以灌溉泰国东北部的农田。④ 除这些调水工程之外，泰国对于其东北部的调水工程也开展了研究，泰国湄公河调水工程（Mekong – Loei – Chi – Mun Water Management by Gravity Project）的预期目标包括从湄公河自流引水、泰国东北部地区自流灌溉以及减少洪灾发生。但是经水利工程领域的专门研究，该工程项目对于湄公河下游国家的量化影响尚不能具体展

---

① 《越南：大米产量高　出口量惊人》，南博网，2012 年 12 月 26 日，http：//www.caexpo.com/news/info/original/2012/12/26/3583476.html。

② 《柬埔寨淡水渔业发展良好》，南博网，2013 年 7 月 18 日，http：//www.caexpo.com/news/info/original/2013/07/18/3598398.html。

③ 文云冬：《澜沧江—湄公河水资源分配问题研究》，博士学位论文，武汉大学，2016 年，第 21 页。

④ 陈丽晖、曾尊固、何大明：《国际河流流域开发中的利益冲突及其关系协调——以澜沧江—湄公河为例》，《世界地理研究》2003 年第 3 期。

现，仍有待进一步研究。① 湄公河下游国家间因水量分配问题产生的争议较大，泰国在东北部地区的调水对老挝种植农业、柬埔寨渔业生产和越南农业及沿海地区的淡水安全造成了较大的影响。

中国作为澜沧江的发源地，在境内分水工程的设计时较好地照顾了下游国家的合理关切。中国水利专家经过论证，认为在云南中部缺水地区需要从周边河流调水，在比较了澜沧江等其他河流的水质和流量、开工难度、供水可持续性之后，认为从金沙江的取水点调水更为科学合理。② 滇中引水工程已经顺利开工，其引水来源地选为中国内河金沙江，在最大程度上规避了从跨境河流调水对下游国家造成的影响。

湄公河下游国家从自身利益出发，从湄公河进行引流调水，在没有充分评估对生态环境和居民生产生活等方面影响的情况下，势必会造成流域国家的争议。监控河流径流量的变化需要非常大的人力、物力和技术水平，河流流量变化受到降水和蒸发的影响也是不可忽略的因素。流域国家调水对于下游或者相邻国家的影响很难只通过一国的努力而得出满意结果。流域各国的合作共治是应对湄公河分水问题的正确思路。流域国家对自身经济、社会等方面设定更高的发展要求无可厚非，各国因此对于水资源的依赖和需求也会增加。各国的合理需求在相互依赖的国际河流治理方面有可能对整个流域产生非理性的结果，这种局面促使各国对跨境河流的合作治理产生需求。湄公河作为流域国家主要的供水来源之一，对水量的合理使用与流域国家间关系紧密相关。湄公河的调水问题可以说是牵一发而动全身。

二　水电设施造成的分水问题

在水权未定的情况下，流域国家之间的关系，经常会被看作一种零和博弈：因为水资源是既定的，一方的得到，就意味着另一方的失去。③ 澜沧江多年平均径流量 2180 立方米/秒，自然落差 4583 米。水能理论蕴藏

---

① 董耀华等：《泰国湄公河调水工程研讨与初步咨询》，《水利水电快报》2016 年第 8 期。

② 滇中调水工程办公室：《滇中调水是云南省可持续发展的战略工程》，《人民长江》2006年第 4 期。

③ 王志坚：《水霸权、安全秩序与制度构建——国际河流水政治复合体研究》，社会科学文献出版社 2015 年版，第 96 页。

量 2544.86 万千瓦。① 在水电资源开发方面，中国境内澜沧江干流水力发电最终规划为 15 级开发，总装机容量约 2600 万千瓦。上游河段（布衣—铁门坎）梯级开发方案为 1 库 8 级，中国在澜沧江干流上游段修建了 7 个梯级水电站。中下游河段功果桥至中缅边界南阿河口分别为 2 库 8 级开发方案。其中上游河段水电站前期工作已经启动，中下游果桥、小湾、漫湾、大朝山、糯扎渡、景洪水电站已经建成，橄榄坝、勐松电站尚在准备中。

湄公河多年入海平均水量为 4750 亿立方米，流域水能理论蕴藏量为 5800 万千瓦，可开发水能约为 3700 万千瓦，年发电量为 1800 亿千瓦时，其中 33% 分布在柬埔寨，51% 分布在老挝。② 老挝境内湄公河全长 1877 千米，老挝全境水电资源理论蕴藏量约为 3000 万千瓦，可开发总量为 2347 万千瓦，其中湄公河干流可开发水电资源总量为 1225 万千瓦，约占可开发量的 52.2%，湄公河支流及其他支流 1122 万千瓦，约占可开发量的 47.3%。据老方统计，已投入运营的水电站总装机容量 187 万千瓦，仅占全国技术可开发量的 8%。在建项目总装机容量 282 万千瓦；已签署开发协议项目的装机容量为 585.2 万千瓦；已签署合作备忘录项目的装机容量为 1270 万千瓦。待老挝全国水电站基本建成后，总装机容量将达到 502 万千瓦。③ 老挝电力的 70% 出口泰国，根据泰国与老挝 2008 年签署的采购协议，2008—2019 年泰国从老挝购买了 7000 万千瓦时的电力资源。④ 老挝为东南亚最不发达国家之一，向周边国家出口电力，以"资源换能源"战略促进其经济的发展。截至 2018 年 11 月底，老挝全国 61 个水电站已实现发电，总装机容量 720724 兆瓦，可满足国内需求并向泰国、越南、马来西亚、柬埔寨和缅甸出口富余电力。老挝在建水电站 36 座。⑤ 柬埔寨对于电力的需求也很大，预计到 2020 年，柬埔寨全国电力年需求

---

① 朱道清编：《中国水系辞典》，青岛出版社 2007 年版，第 580 页。

② 《湄公河》，水电知识网，2018 年 12 月 20 日，http：//www. waterpub. com. cn/JHDB/DetailRiver. asp？ID=36。

③ 《老挝水电资源及其开发情况调研报告》，中国商务部网站，2010 年 11 月 7 日，http：//www. mofcom. gov. cn/aarticle/i/dxfw/cj/201011/20101107267580. html。

④ 《老挝电力行业投资情况简析》，南博网，2015 年 7 月 3 日，http：//www. caexpo. com/news/info/original/2015/07/03/3647653. html。

⑤ 《老挝 61 个水电站已实现发电》，中国商务部网站，2018 年 11 月 2 日，http：//la. mofcom. gov. cn/article/jmxw/201811/20181102812184. shtml。

将达到 115.6 亿千瓦时。①

相关优势的国家通过修建水电站进行发电，往往会被指责影响了国际河流的用水公平，下游国家对修建水坝和水电站存在较多的反对意见。在水量分配方面，澜湄流域上下游国家主要就水坝的修建存在一些分歧。一方面，由于湄公河流域受季风影响较大，而且旱季和雨季较为分明，澜湄流域在旱季经常出现淡水缺乏的现象。2010 年和 2016 年都出现了湄公河下游地区的旱情。相关国家和国际社会对于旱情的出现存在不同的观点。2010 年湄公河大旱，下游国家纷纷指责中国在澜沧江修建水坝影响下游供水。越南等国对老挝在湄公河修建堤坝也有反对意见，越南 2016 年 4 月向湄公河委员会提交的一份报告称，如果在湄公河下游再建 11 个大坝的计划付诸实施，那将对湄公河周边环境及经济造成严重负面影响。② 湄公河委员会根据其 2012—2014 年水流量记录，认为中国新近建成水坝的储水作用才使得湄公河旱季平均水流量得以增长。湄公河委员会根据新近研究和监控数据评估，认为中国和老挝等国规划和建设的水电设施，可为下游国家在旱季提供部分供水。但另一方面，由于各国在水坝的相关合作方面缺乏协调，因水坝储水而导致的雨季洪水推迟，以及无法预料的旱季水流变化都可能发生。③ 中国合理修建水电设施实际上在一定程度上缓解了下游的干旱。

关于上游修水坝对下游河流水量的影响，以及水坝建成后的环境影响评估，中国、湄公河委员会和相关非政府组织的看法并不一致。中国政府认为，澜沧江水电开发对下游水量几乎没有影响。澜沧江出境处年均径流量仅占湄公河出海口年均径流量的 13.5%，湄公河水量主要来自中国境外湄公河流域。水电站水库蒸发水量较少，其运行不消耗水量。而且中国在澜沧江流域没有安排跨流域的调水计划，沿岸工农业用水量较少，总体上对水资源需求有限。湄公河委员会也认为，湄公河水位的下降是自然原因造成的，而并不是因为修建水坝。相比同期，2009 年湄公河流域的降

① 《柬埔寨电力现状和发展趋势》，中国商务部网站，2012 年 11 月 8 日，http：//cb. mof-com. gov. cn/article/zwrenkou/201211/20121108436231. shtml。

② 《湄公河下游建坝有 "严重负面影响" 上游同样严峻》，中国社会科学网，2016 年 4 月 15 日，http：//www. cssn. cn/gj/gj_ gjzl/gj_ ggzl/201604/t20160415_ 2968408. shtml。

③ "IWRM - based Basin Development Strategy 2016 - 2020"，MRC，June 1，2016，http：//www. mrcmekong. org/assets/Publications/strategies - workprog/MRC - BDP - strategy - complete - final -02. 16. pdf。

水量下降了 30%，而雨季的结束又比往年提前了一个半月。这使得湄公河及其支流的水量下降得非常明显。湄公河委员会时任首席执行官赫雷米·伯德（Jeremy Bird）表示，上游水坝对控制洪水存在积极的作用。如果没有上游的水坝，2010 年 1 月湄公河下游就很可能会出现严重的缺水情况。[①] 湄公河委员会根据维持干流水流量（PMFM）数据，2019 年 12月—2020 年 4 月，中国澜沧江出境水流量比以往同期要多。同期湄公河流域的极端干旱因为 2019 年雨季变短而造成降水比往年大幅减少，以及厄尔尼诺现象造成了高温和蒸发量增大。[②] 湄公河委员会以顾问形式为泰国、柬埔寨、越南、老挝四个成员国提供水资源开发的相关数据监测和信息分析，但作为咨询机构，对各成员国的项目执行没有决定权。湄公河委员会为其成员国提供有关降水量、河流水位等报告，下游四国根据这些信息就可以得到有关水坝对河流水文影响情况的权威数据。

　　从湄公河水量的角度观察，上游国家修建水电站等水利设施，往往被认为是截留了水资源，在缺乏全流域整体性规划和管理的基础上，外界的怀疑和猜测就会发酵和外溢，在地区安全方面带来不良的影响。相关非政府组织对于中国和老挝分别在澜沧江和湄公河上修建水坝、电站的做法提出了反对意见。它们认为，修建大坝会改变湄公河规律性的水流涨跌情况，这使得下游国家的水量受制于上游国家对水量需求所做出的调控。湄公河在持续干旱的情况下，流域地区的降水在旱季减少了，而且非政府组织认为上游大型水坝工程对河流水量存在负面影响。相关国家的一些环保组织反对在湄公河修建水坝，它们通过组织各种跨区域论坛、在媒体上发表文章从侧面"监督"各国修建大坝的情况。非政府组织等社会力量对于水电设施的修建也存在不同的看法，通过公开宣传影响地区水资源治理。国际河流组织（International Rivers）认为，到 2025 年，水力发电仅能满足湄公河地区发电总需求的 6%—8%，而高效、可再生并且更为廉价的替代能源也能够满足这部分比例的能源需求。丹麦水利研究所历时两

---

① 孙远辉：《湄公河委员会：大旱与中国修水坝无关》，中国新闻网，2010 年 3 月 29 日，http：//www. chinanews. com/gj/gj - zwgc/news/2010/03 - 29/2195158. shtml。

② "Understanding the Mekong River's Hydrological Conditions：A Brief Commentary Note on the 'Monitoring the Quantity of Water Flowing Through the Upper Mekong Basin Under Natural（Unimpeded）Conditions' Study by Alan Basist and Claude Williams（2020）"，MRC，April 21，2020，http：//www. mrcmekong. org/assets/Publications/Understanding - Mekong - River - hydrological - conditions_2020. pdf。

年半撰写的报告显示,在湄公河下游修建大坝将对这一地区的"冲积平原和水域生态环境造成持久损害,数百万人的社会经济地位将因此大幅下降"。总部设在美国弗吉尼亚州的国际环保组织"大自然保护协会"的技术顾问郭乔羽表示:修建大坝会完全改变下游的水流动态,包括流动形态、温度、沉积物等下游淡水生态系统中的基本因素都会因此改变。① 许多研究机构对于在澜湄流域修建大坝非常担忧,但是基于经济发展、流域水量和生态环境的平衡而言,目前水力发电还是可以接受的发展模式。水电站对于水量会存在影响,会改变自然状态下水流的速度和流量,但是在运用得当的情况下,对于防洪抗旱的作用也是积极的。2016 年中国应湄公河下游国家请求,在中国云南同样受到季节性干旱的影响下,主动开闸放水,帮助了湄公河下游国家抗击旱灾。

发达国家水电站建设的国际经验表明,合作有益于上下游国家之间应对水电建设中的分水问题。美国和加拿大曾就哥伦比亚河的治理进行了长期的协调与谈判,美国作为下游国家,认为在上游加拿大境内修建好水坝,才能根本治理美国境内的洪水威胁。因此,美国通过研究与谈判,与加拿大达成协议,并认可了工程投资分摊原则,即保证两国合作开发比单独开发更有利。一方面,在湄公河流域,由于各方对于建设水电站的效应评估存在分歧,在中国大力推动的澜湄合作机制成立之前,澜湄流域就水电建设相关问题产生了不少分歧,国外相关方面在缺乏准确的数据和研究的基础上,纷纷指责中国及其他修建水电站较多的国家,认为这些国家修建的水电站影响了下游供水,在旱季产生了供水短缺现象。其实水电站的修建可以调配流域供水,在雨季时存储一部分水资源,降低洪涝灾害的影响,而在旱季时通过流域国家的协调,适当进行排水,尽最大可能保证流域的供水安全。因此,流域国家间通过相关机制进行全方位的协调,及时通报水文信息,运用水电站来调控流域水资源的方式是值得提倡的。另一方面,澜湄流域水能资源充足,而且下游相关国家对于水电出口的经济依赖度较高,湄公河国家的经济发展水平又总体偏低,水电出口依然是相关国家发展经济的重要路径之一,而且水力发电基本不造成环境污染,具有可持续性,属于清洁能源。

---

① 《湄公河下游建坝有"严重负面影响"上游同样严峻》,中国社会科学网,2016 年 4 月 15 日,http://www.cssn.cn/gj/gj_ gjzl/gj_ ggzl/201604/t20160415_ 2968408. shtml。

　　水力发电在经济欠发达的湄公河国家，具有一定的比较优势。水电站在发电的同时，也可以起到防洪抗旱的作用。尽管对于水电站的看法存在分歧，在水电站没有完全被其他清洁能源项目替代的情况下，澜湄流域通过修建和运营水电站，可以获得清洁的能源，而且在协调得当的前提下，也可以规避一些旱涝灾害风险。

第三节　水污染和生态环境水平下降

　　澜湄流域的水资源面临着被污染的风险。工业生产和人类生活造成向河流中排放未经处理或者处理不当的污染物，加上水坝和电站的修建、疏浚河道等工程也会产生一定量的砂石散落在河道之中，这样就会造成河流水体的物理和化学性质的污染。

一　生活与工业用水污染

　　由于近年来湄公河流域的人口规模和经济水平都在不断提升，各国对水资源的需求不断增加，水污染程度也有所加重。随着河流的流动性增加，在排污量相同的情况下，河水径流量大的时候，污染的程度就轻。河流的流量随时间变化，河水的污染程度也随时间发生变化。河流中污染物的扩散随着河水的流动会影响到全流域，因为水是流域内生物生存所必须的基本物质，被污染的河流会对全流域的生态造成不利影响。[①]

　　根据《云南省 2017 年环境状况公报》，澜沧江水质为优，在其 54 个监测断面中，一类水质 3 个，二类水质 35 个，三类水质 11 个，四类水质 2 个，五类水质 1 个，劣五类水质 2 个。[②] 总体上澜沧江水质近年来有所改观，但是仍有部分河段存在污染，国际河流的跨境影响会外溢到下游国家，造成不良影响。从水污染防治角度来看，由于下游各国对于外部水资源的依赖程度较高，澜沧江上游一旦造成水污染，下游国家对于湄公河的敏感性依赖不会改变，因而如果水污染产生后并没有得到有效治理，下游各国就会遭受巨大的损失。由于下游各国的治理能力相对较弱，其自身对

---

① 陈家琪、王浩、杨小柳：《水资源学》，科学出版社 2002 年版，第 196 页。
② 《云南省 2017 年环境状况公报》，云南省生态环境厅网站，2018 年 6 月 4 日，http://www.7c.gov.cn/hjzl/hjzkgb/201806/t20180604_ 180464. html。

于水污染造成的脆弱性适应程度也是有限的。上游国家在生活、矿产和水
坝开发建设方面造成的水污染，对下游的影响是难以估量的。生活污水、
垃圾污染对澜沧江水体产生了一些负面影响。[①] 相比生活污水而言，有色
金属矿业开发造成的污染更加严重。云南兰坪位于三江（澜沧江、怒江、
金沙江）并流保护区，拥有亚洲最大的铅锌矿。位于兰坪的澜沧江一级
支流沘江就曾因为开采铅锌矿而被污染，主要污染物为铅、锌、镉和砷，
水环境功能受到较大影响，污染严重时已丧失工农业生产和生活用水功
能。[②] 沘江位于云南省西北部，发源于兰坪县东北部的雪邦山东北麓，沘
江总长 174 千米，流域面积 2720 平方千米，多年平均径流量 40.8 立方
米/秒。[③] 该铅锌矿位于兰坪县城西北 18 千米处，已探明铅锌金属储量
1500 多万吨，铅锌品位达 9.44%，矿床规模为特大型，是中国最大的铅
锌矿，也是亚洲最大、全球第四大的铅锌矿。开采方式以露天开采为主，
成本较低，开采能力为每天 2000 吨左右，按照目前的速度，可以开采近
百年。[④] 澜沧江流域属于有色金属矿业集中的区域，未来新的矿藏还有可
能被发现。由于早期的原始开采，造成地表土地剥离和矿渣堆积，对污染
物的处理不当导致了滑坡、水土流失及植被破坏，同时由于雨水冲刷而造
成局部地区水土严重污染。矿产资源开发企业排放的工业废水虽仅占全流
域工业废水的 15.3%，但澜沧江水体中的铅、砷、镉几乎全部来自这些
企业，总体来讲对支流的影响较大。[⑤] 未经彻底处理的工业废水废物对澜
沧江的水体造成了严重污染。

　　小黑江也是澜沧江的支流，其径流面积 5756 平方千米，全长 176 千
米，支流较多。[⑥] 其流域附近主要发展制糖业和造纸业。制糖业的废水主
要来源于制糖过程和制糖副产品综合利用过程中产生的废水，其中一般包

　　① 杨德明：《云南景洪：澜沧江新大桥下污水流》，中国网，2014 年 8 月 10 日，http://
jiangsu. china. com. cn/html/green/wrbg/335845_ 1. html。
　　② 《云南兰坪采矿乱象》，中国有色网，2013 年 6 月 26 日，http://www.cnmn.com.cn/
ShowNews1. aspx? id = 271120&page = 2。
　　③ 朱道清编：《中国水系辞典》，青岛出版社 2007 年版，第 582 页。
　　④ 《30 年矿产开发酿环境灾难 沘江从环境欠账中觉醒》，中国新闻网，2010 年 9 月 3 日，
http://www.chinanews.com/ny/2010/09 - 03/2510269. shtml。
　　⑤ 邓晴、曾广权：《云南省澜沧江流域生态环境保护对策研究》，《云南环境科学》2004 年
第 23 卷增刊。
　　⑥ 朱道清编：《中国水系辞典》，青岛出版社 2007 年版，第 584 页。

含有机物和糖分，氮、磷、钾等元素较高。造纸产生的废水主要来自制浆和抄纸两个过程，制浆过程产生的造纸废水污染更为严重。洗浆时排出的废水中包含污染物浓度很高，含有大量纤维、无机盐和色素。漂白工序排出的造纸废水也含有大量的酸碱物质。小黑江水体的氮、磷等污染物含量严重超标，其水质综合类别是地表水四类水质，污染物主要是氨和磷元素。[①] 含有重金属或者富营养化物质的污水如果得不到有效治理就直接排入国际河流，对本地居民的健康和可持续发展不利，而且对于下游国家的安全也是不负责任的。另外，对于国际河流附近的矿业生产也需要严格监管，旱季时重金属产生的污染对于下游国家也是难以清除彻底的，有可能造成不良后果。中国曾经在松花江造成过重大的跨国污染，澜湄流域需要控制大型工业设施的投入和运营，湄公河国家众多，必须防止国际河流成为制造污染和影响国家间关系的导火索。中国澜沧江总体水质合格，近年来对于工业污染加大了治理力度，少部分污染物通过河流的自净作用被稀释，没有造成大规模的跨境污染事件。但是污水如果不进行处理就直接排放，河流水质就会受到严重影响。中国作为跨境河流的上游国家，在防治水污染方面需要加大力度，高度关注河流水质的外溢效应，防止含有严重污染物的生产和生活污水不加处理直接排入河流。河流两岸的居民生活垃圾也会对澜湄流域的水质产生影响。随着流域人口增长，各国发展经济的需求增大，工业化进程对于水资源的压力在增加，农业生产中各国普遍使用杀虫剂、化肥等化学产品，对流域水质的影响也在加大。加上气候变化和洪涝频发的催化作用，在经济发展中各流域国需要进一步持续加大防范跨境水污染。

　　湄公河国家参与湄公河委员会的水质监测，湄公河委员会定期对干流和部分支流的水质情况进行数据分析。湄公河段的水质总体上没有发生特别严重的污染情况，这与水流量和污染总量有关。根据2007—2011年的监测数据，湄公河下游国家对于河流水质受污染的评估多为"受影响"或者"受严重影响"等级，在金边以下的湄公河河段，人类活动对于水质的影响更为严重，在一定程度上是因为当地人口密度很大，而且农业生产造成的污染严重影响了河流水质。对湄公河三角洲地区的监测结果也显

---

① 普官秀：《大湄公河次区域水环境合作治理的法律机制研究》，硕士学位论文，昆明理工大学，2017年，第24页。

示人类活动对水质产生了重要的影响,这种影响也辐射到了湄公河三角洲的所有地区。① 近年来湄公河水质有所改善,湄公河下游河水在进入湄公河三角洲之前对于农业使用没有影响,在此后河水就会受到一定污染。湄公河水质对于公众健康是合格的,近年的水质监测显示整体水质水平稍有提升。由于水中磷和硝酸盐的浓度提升,位于湄公河三角洲的越南美拖(My Tho)地区水质属于较差等级,对于水生生物特别不利。② 湄公河流域的水质目前基本达到了当地民众生产生活的需求。但是由于近年来旱涝等极端气候事件频发,而且流域国家因经济迅速发展和城市化而产生的工业废水和生活污水急剧增加,加之化肥、农药和杀虫剂也被大量使用,所有这些因素都加剧了水质的恶化。水质下降既有自然因素也有人为原因。人类的生产生活给水环境带来了巨大的压力,已经诱发了湄公河流域水质下降。因此湄公河各国相继制定了各种水质标准和水环境保护措施,但由于在具体实施过程中存在管理不到位的现象,流域水质依然不容乐观。③ 沿岸各国的农业生产是地区的主要经济来源,农民在种植或养殖的过程中,使用的化肥和农药等有机物残留在没有被彻底处理干净的情况下,会对当地和下游的水质造成负面的影响。农药含有有毒物质,而化肥会造成水中的富营养化物质增多,加之生活污水的不当处理和排放,会造成鱼类等大量水生生物的需氧量不足,特别是在旱季水量不足的情况下。这类情况对于下游依靠养殖为生的民众而言是非常不利的。在渔业受损的情况下,当地民众也会进行反对当地政府的示威活动,或者移民到他处生活。民众的不满、不同族群之间的磨合对于地区国家内部的和谐稳定,以及流域国家民众对上游国家的正确认知会造成不利影响。

在湄公河修建大坝引起的反对声音此起彼伏的情况下,防治具有不对称性相互依赖的水污染问题是沿岸国家都需要关注的议题。如果上游国家的工业生产或居民用水造成重大的水资源污染事件,下游国家势必将遭受重大的安全和财产损失。而且流域内多国的经济水平不高,治理污染所需要的财力和技术能力都难以通过本国的治理能力得到满足。其国内民众和相关非政府组织就会进一步对流域水资源安全的透明度和预警方式产生质

① "The Lower Mekong Basin Report Card on Water Quality", MRC, Vol. 3, 2013.

② "2016 Lower Mekong Regional Water Quality Monitoring Report", MRC, 2018, pp. 32 – 34.

③ 李霞、周晔:《湄公河下游国家水质管理状况与区域合作前景》,《环境与可持续发展》2013 年第 6 期。

疑，这对于澜湄流域会造成更加不利的影响。湄公河国家对水资源的敏感性本来就很高，降低脆弱性还需要加大治污投入，并开展多层次的工作以预防发生河流污染，湄公河沿线国家经济发展水平普遍较低，对于资金、技术的需求也很大。而域外行为体会趁机介入，"帮助"流域各国进行水资源安全治理，借机发展在中南半岛的利益诉求。这就会影响到中国与湄公河国家的关系发展，"中国水威胁论"可能再次被提出，"一带一路"的开展也会面临很大的负面影响。水资源治理关系到流域国家的共同发展，良好的水质对于全流域的安全、发展与互惠特别重要。

二　修建水利设施造成的生态损害

从近年来科学考察的结果来看，澜沧江上游地区的植被生物量比三江源其他流域的情况要好。澜沧江上游河道水流悬移质含沙量呈现沿途减小的趋势，可能是因为已建成的水电站导致的泥沙淤积，下游含沙量相对较低。澜沧江上游铁、锰、钛含量偏高与地质背景情况和水中泥沙含量有关。干流中的钾、镁、钠元素、矿化物、氯化物、硫酸盐含量都呈现从上游到下游逐渐减少的态势。澜沧江上游地区人类活动较少，水体中重金属主要是由于流域土壤的自然情况所致。金属元素随流域水体的变化问题仍需科学研究。[①]

澜沧江水量充沛，地理条件优越，适合进行水电开发。中国在澜沧江、怒江、金沙江并流地区最终没有规划水电站，主要是出于生态环境的考量。中国在澜沧江干流规划的水电基地为15级，装机量近2600万千瓦，具体情况见表1-5所示。

中国在澜沧江流域开展水电工程施工时，比较注意生态环境保护。中国在修建糯扎渡水电站时，考虑了水生鱼类洄游的问题，为其修建了单独的河道。但是，修建水电站造成的砂石剥落而引起的河流污染也是需要注意的方面，由于水电站的修建而引起的泥沙沉积会给下游的生态环境带来影响。湄公河修建水电站对于下游国家的经济发展很重要，相关研究表明，如果湄公河目前规划和建设的水电站不存在的话，下游国家的经济收益将减少约30%。如果没有湄公河干流的水电站，老挝电力收入将减少

---

① 伍新木主编：《中国水安全发展报告2013》，人民出版社2013年版，第42—62页。

21.5%，泰国、柬埔寨和越南的这一数字将为 26.3%、32.8%、48.8%。[①] 水电收入对于湄公河下游国家的经济发展较为重要。

表 1-5　　　　　　澜沧江干流水电基地水电站分布及装机容量情况

河段	水电站名称	装机容量（万千瓦）	开发商
澜沧江上游	古水水电站	260	华能澜沧江水电有限公司
	乌弄龙水电站	99	
	里底水电站	42	
	托巴水电站	125	
	黄登水电站	190	
	大华桥水电站	90	
	苗尾水电站	140	
澜沧江下游	功果桥水电站	90	华能澜沧江水电有限公司
	小湾水电站	420	
	漫湾水电站	155	
	大潮山水电站	135	
	糯扎渡水电站	585	
	景洪水电站	175	
	橄榄坝水电站	15.5	
	勐松水电站	60	

资料来源：伍新木主编：《中国水安全发展报告 2013》，人民出版社 2013 年版，第 157—158 页。

表 1-6　　　　　　　　湄公河干流水电站规划

项目名称	国家	目前状态	装机容量（兆瓦 MW）
Pak Beng/北本	老挝	规划	1230
Luang Prabang/琅勃拉邦	老挝	规划	1410
Xayaburi/沙耶武里	老挝	在建	1285

---

① "Thematic Report on the Positive and Negative Impacts of Hydropower Development on the Social, Environmental, and Economic Conditions of the Lower Mekong River Basin", MRC, Dec. 29, 2017, p. 11.

项目名称	国家	目前状态	装机容量（兆瓦 MW）
Pak Lay/帕莱	老挝	规划	1320
Sanakham/沙那勘姆	老挝	规划	660
Pak Chom/北春	老挝	规划	1079
Ban Khoum/班昆	老挝	规划	2000
Pou Ngoy（Lat Sua）/拉素	老挝	规划	651
Don Sahong/东萨宏	老挝	已经批准	260
Stung Treng/上丁	柬埔寨	规划	980
Sambor/松博	柬埔寨	规划	1703
	总装机容量		12578

资料来源："Thematic Report on the Positive and Negative Impacts of Hydropower Development on the Social, Environmental, and Economic Conditions of the Lower Mekong River Basin", MRC, Dec. 29, 2017, p. 20.

　　水库的建造也影响到了澜湄流域跨境河流的沉积物情况。湄公河流域水库排出的水中含有的沉积物只占到流入水库沉积物的一小部分，水库的立体构造影响排出的沉积物的量。[1] 总体来讲，进入水库的水中含沉积物越多，排出的沉积物也越多。在泥沙排出时的水量最大峰值由排出和进入水库水量决定，水库中剩余水量少有利于下游获取水中沉淀物，但也可能因排水量过大而造成下游水患。修建水库会截留一部分泥沙，这对下游生物的正常生存和获取营养会造成影响，同时，民众的安全以及水库对下游的影响也要考虑得当。预计湄公河下游梯级开发将形成近 2000 千米的静水区，大多数坝高超过 30 米，尾水长 75—200 千米，老挝境内湄公河支流上的大规模水电项目开发，将对水生生态和鱼类等造成重大影响。[2] 湄公河流域近年来渔业捕捞更多是以小型鱼类为主，[3] 河流中的鱼类正常生

──────────

[1]　"Thematic Report on the Positive and Negative Impacts of Hydropower Development on the Social, Environmental, and Economic Conditions of the Lower Mekong River Basin", MRC, Dec. 29, 2017, pp. 65 – 66.

[2]　陈丽晖、何大明：《澜沧江湄公河水电梯级开发的生态影响》，《地理学报》2009 年第 5 期。

[3]　"State of the Basin Report 2018", MRC, Vientiane, Lao PDR, 2019, p. 7.

长已经受到了人为活动的影响。因水库蓄水而淹没临近地区，还会使生物群落受到直接影响，最终危害到生物多样性和生态平衡。一般而言，水电工程建设会影响河流的连续性，即便引进先进的技术施工，在一定程度上对河流生态环境也会造成不可忽视的影响。水坝阻隔水生生物的自然通道，对水生生态系统、生物多样性和生态平衡造成危害。澜湄流域动植物资源异常丰富，生物多样性特征明显，很多物种不仅在流域内，甚至在全球范围内也是罕见的。因此，目前澜湄流域水电资源开发的最大反对意见是认为水电资源开发会对流域生物造成严重负面影响。[1]

在澜湄流域建设水电站还会导致森林大规模的砍伐、野生动物灭绝，河水会因水电站建设而出现泥沙比例变化。在大坝建成后，会造成一定程度的泥沙沉积在大坝上游，下游的河水泥沙量和沉积物都会受到影响，因此产生的水生生物营养物质缺乏对于依赖渔业的下游国家是负面影响。由于上述情况的出现，大量人口也会被迫迁移他处。一般而言，修建水坝或者水电站设施后，会使得河流水量受到一定程度的影响，而且水中的泥沙等沉积物在水坝前后都会有所不同，鱼类的洄游通道会被人为打断，因此湄公河委员会认为，水力发电会对渔业生产存在负面影响。经评估，按照湄公河委员会 2020 年发展愿景，湄公河下游四国约 25% 的水力发电收入相当于渔业受损的价值，根据 2040 年发展愿景，还会有 15% 的水电收入被渔业受损的价值抵消。如果采取了有效的应对措施，那么可以最多减少11% 的渔业损失。湄公河委员会认为，目前湄公河干流的水利设施主要是为了提供发电，而不是为了存水。水坝阻碍了下游的鱼类洄游，并且影响了泥沙沉淀物水平，对水质和环境都有着不利影响。[2] 白鲑鱼等洄游鱼类受到湄公河水库修建的影响较大，绝大部分可能不会生存下来。其他一些鱼类会从修建的水库中受益，甚至水库会对于其生存有促进作用。但是这部分物种的数量比洄游鱼类要少，因此未来流域水生生物总体上要减少。在湄公河下游，研究发现鱼类的产量和湖的面积成反比，所有水库的平均

---

① 阮越强：《澜沧江—湄公河水电资源开发的工程伦理问题研究》，硕士学位论文，昆明理工大学，2013 年，第 35 页。

② "Thematic Report on the Positive and Negative Impacts of Hydropower Development on the Social, Environmental, and Economic Conditions of the Lower Mekong River Basin", MRC, Dec. 29, 2017, pp. 6 – 12.

鱼类产量只有约 21.9 千克/公顷。① 水库越大，对于当地的鱼类生产不一定会有促进作用。

　　湄公河流域其他水生生物对于修建水坝的适应性也是不同的。研究发现，两栖的蛇和龟需要季节性的洪水，在修建大坝后，由于下游水患可以在一定程度上得到控制，在水库区这些生物的数量会下降。② 河流、水库附近的其他水生生物和植被也受到兴建水利设施的影响，修建水库会淹没一部分库区土地，当地的植被一部分会被上涨的积水覆盖，而且修坝还会砍伐一些周边的树木，无论是从保护生物多样性方面还是从保护人类所必须的氧气来源方面来看，这对位于热带、亚热带地区的澜湄流域都是损失。

　　澜湄流域修建水坝，影响了水中沉积物的水平，河流中含有的沉积物除了有一部分水生动物的饮食来源外，还包含种植业所需要的营养元素，这些营养元素一旦缺失，会对下游农业生产造成影响。湄公河流域内 84% 左右的大米产值来自湄公河最下游的越南九龙江平原，水产品产值约 86% 来自越南。③ 而且每年相当多的大米出口到中国。粮食安全对于流域国家十分重要。另外，从防治河流沿岸水土流失和海水倒灌沿海区域地下水的角度考量，近年来湄公河沿岸的水土保持和越南等下游地区面临的海水倒灌威胁越来越重。据估计 2011—2018 年，平均每年老挝因河流冲刷而损失的沿岸土壤价值就在 10 万美元左右。仅越南每年都会有 185 万公顷的沿海土地遭到海水盐渍化的侵蚀，每年损失的土地为 500 公顷，价值 1250 万美元。④ 特别是在旱季，湄公河水量急剧下降，下游某些地区甚至不时出现断流。河水补给的失衡导致海水倒灌侵入湄公河三角洲，影响范围达到 16000 平方千米，严重危害农业生产和经济发展，也对民众的生活用水安全造成威胁。因此，越南政府更加重视利用湄公河水进行农田灌

---

① "Thematic Report on the Positive and Negative Impacts of Hydropower Development on the Social, Environmental, and Economic Conditions of the Lower Mekong River Basin", MRC, Dec. 29, 2017, pp. 63 – 64.

② "Biological Resource Assessment Technical Report Series, Volume 4: Assessment of Planned Development Scenarios", MRC, Dec. 29, 2017, p. 68.

③ "State of the Basin Report 2018", MRC, Vientiane, Lao PDR, 2019, p. 161.

④ "State of the Basin Report 2018", MRC, Vientiane, Lao PDR, 2019, pp. 6 – 10.

溉，以防止海水侵入。①

加拿大多伦多大学迪克逊教授（Homer Dixon）曾对环境资源变化与社会关系的联系做过研究，认为国家治理能力不足会促使资源短缺引发的冲突、民族间冲突，以及危害政府的执政稳定性发生。受到环境资源短缺影响的民众会被迫迁移到其他地方，有可能造成新移民与当地人口的冲突。在发展中国家，环境移民和生产力下降会最终降低国家的治理能力，反过来，国家治理能力下降又会导致国家对族群冲突的管控能力的缺失，从而增加了国内政治不稳定性和精英政治挑战国家政权的可能性。② 湄公河流域因修建水坝，影响了当地的生态环境，会造成当地的生态移民。以农业为生的民众由于家园和农田被库区淹没，需要被迫转移定居，加之湄公河下游国家存在治理能力较弱的情况，在转移安置时很可能造成农民利益的损失。由于环境移民在技能方面普遍缺失，他们在城市中寻求新工作的时候也会遇到很多困难，如果移民到别的农业区，由于没有固定土地，融入当地社会也会遇到较大困难。人口增加、有限的资源承载能力带来生产水平降低、生活水平下降、移民等现象，进而会出现社会动荡和国家经济水平下降。因水而起的环境问题可能引发环境移民，从而引发地区不稳定。水资源治理诱发的非传统安全问题就有可能外溢为传统安全问题。

第四节　与民生发展相关的其他水资源安全问题

除因分水和污染造成的澜湄流域水资源问题之外，与民生发展相关的其他水资源安全问题也对当地民众的生产生活安全造成了困扰。湄公河航运安全问题和地区传染病都属于此类问题。

一　航运安全问题

澜沧江—湄公河联系着中国和湄公河五国，从交通便利性等方面考量，河流水运是相关国家开展合作的便利方式。澜湄国家有些地区地势险

---

① 吕星、王科：《大湄公河次区域水资源合作开发的现状、问题及对策》，载刘稚主编《大湄公河次区域合作发展报告（2011—2012）》，社会科学文献出版社2012年版，第111页。

② Thomas F. Homer - Dixon, "Environmental Scarcities and Violent Conflict: Evidence from Cases", *International Security*, Vol. 19, No. 1, 1994, pp. 31 - 32.

峻，公路的运输量受到限制，铁路建设也不甚发达，比较便利的运输方式是通过河流水运。但是澜湄流域河流沿岸地势情况差异较大，只有部分河段适合通航。中国境内的澜沧江部分河段，中国与缅甸、老挝、泰国等国的临近河段，以及湄公河下游柬埔寨到越南九龙江河口段较为适宜船只航行。另外，中、老、缅、泰四国临近河段自然地貌险峻，临近毒品泛滥的"金三角"地区，因治安问题造成航运风险较高，2011 年还发生了震惊中外的湄公河惨案。湄公河中间部分河道险峻，不能通航。航运船舶并不能从上游沿着湄公河一直航行到越南的出海口，但从思茅港到老挝的航段可以通航，2000 年 4 月中、老、缅、泰四国签订了《澜沧江—湄公河商船通航协定》，确立了中国思茅港到老挝琅勃拉邦港之间的自由航运机制，缔约四国的船舶按照协定在相关河道内自由航行。在 2011 年湄公河惨案发生后，中、老、缅、泰四国的流域联合执法机制保证了该流域航行的相对安全，这对各国航运经济发展是一个保障。

中老缅泰河段的水量变化会对航运能力造成影响，为了拓展航运能力，中国和相关国家也一同研究疏浚河道。2013 年，中国还与湄公河委员会签署了《中国水利部向湄公河委员会秘书处提供澜沧江—湄公河汛期水文资料的协定》，中国作为上游国家，为下游各国利用湄公河水资源提供便利条件，增加了湄公河委员会科学、安全治理流域的可能性，也为疏浚河道的国际合作提供了便利。但中国在泰国开展调研湄公河航道疏浚工作时，当地非政府组织多次抗议并阻挠疏浚湄公河河道，它们认为这会影响鱼类、鸟类的生存，并会对沿岸农田造成不良影响。[1] 当地民众认为，疏通湄公河航道没有给当地带来更好的经济收入，而且会影响当地既有的生活状态；当地民众的食物来源、湄公河生态系统的保持以及民众的精神寄托都有赖于湄公河的自然状态。而且当地民众对疏浚可能带来的航道变化对国家主权的影响、爆破清障的疏浚方式可行性等问题存在疑虑。[2] 民间的意见也会对流域国家政府的态度产生一定的影响。在面临一定困难的情况下，相关流域国家在疏通流域航段方面还需要进行大幅

---

① 《中国疏浚湄公河河道计划遇阻》，联合早报网，2017 年 5 月 4 日，http：//www.zaobao. com/news/sea/story20170504 - 756036。

② 安德鲁·斯通：《社区民众就湄公河疏浚项目与公司展开协商》，中外对话，2019 年 1 月 28 日，https：//www. chinadialogue. net/article/show/single/ch/11040 - Chinese - company - consults - locals - over - Mekong - blasting。

度的合作，当地民众要切实了解到湄公河疏浚对当地民生和社会发展的益处。

从经贸交流方面来看，由于昆曼公路的修通，在一定程度上影响了湄公河的水运效果。另外，由于中国和东南亚邻国近年来对于跨境货物贸易开展了较为严格的监管，并规范了航运活动，据关累海关提供的数据显示，2015 年关累港进出口货运量 7.4 万吨，比 2014 年下滑了近一半。① 由于修建景洪水电站，云南普洱市思茅港的国际直航运输于 2005 年暂停。2018 年 6 月，思茅到老挝琅勃拉邦的水运正式恢复。思茅港在这些年实现了客运的增加，并且货运水平从 300 吨发展到了 1100 吨，云南内陆城市能够直接通过澜湄水运而获益。② 澜湄水运效果受到了客观因素的影响，但近年来存在逐渐恢复的趋势。

从安全的角度观察，湄公河惨案发生后，中国迅速与缅、老、泰三国建立了联合巡航执法机制，但外界仍会认为，中国在此之后的单边主义特质和冲动性多于老挝、缅甸和泰国，中国从自身应对和防范安全风险的角度出发推进联合治理机制。因而中老缅泰至今尚未达成《湄公河流域执法安全合作协议》。③ 在联合执法开启后，中国船只在湄公河航道还是面临着一些安全风险，2012 年 1 月接连发生两次非法武装袭击事件。1 月 4 日，缅甸万崩码头附近非法武装向缅甸巡逻船和中国货船发射火箭弹。1 月 14 日，中国商船"盛泰 11 号"从泰国清盛返回云南西双版纳关累港途中，遭不明身份人员从老方一侧的枪击。④ 本地区处于贩毒案件的高发区，经济发展路径有限，再加上历史原因，社会治安问题凸显。解决航运安全需要各国从信任的角度出发，并且从可持续的经济发展模式中寻找解决方案。实际上，澜湄流域跨境水运一方面需要在河道疏通等技术层面加大力度，另一方面还需要各国关注流域航道附近的治安情况。由于毒品、赌博等非传统安全问题外溢到了水运安全方面，在流域国家不

　　① 罗婷：《湄公河血案 5 年：航运没落几近黄昏　船员被遣散》，中国网，2016 年 11 月 8 日，http：//www. china. com. cn/shehui/2016－11/08/content_ 39657818_ 3. htm。

　　② 彭锡：《澜沧江思茅港至景洪航道被截断 13 年后恢复通航》，云南网，2018 年 6 月 28 日，http：//society. yunnan. cn/html/2018－06/28/content_ 5273952. htm。

　　③ 包广将：《湄公河安全合作中的信任元素与中国的战略选择》，《亚非纵横》2014 年第 3 期。

　　④ 张励：《水外交：中国与湄公河国家跨界水资源的合作与冲突》，博士学位论文，云南大学，2017 年，第 69 页。

能较好地合作应对这些犯罪问题的情况下，湄公河航运的安全问题在未来仍会继续存在。

二 疫病传播

澜湄流域处于亚热带和热带地区，加上湿度较大，传染病、热带病在流域国家较为流行。许多疾病的流行需要水作为介质，流域国家在雨季地表水过于充沛，给防疫工作增添了难度。水资源卫生与否关系着流域相关国家的公共卫生和民众健康状况。一方面，对于水作为介质的传染性疾病，民众如果饮用了受污染的水，会加重疫情的传播，比如血吸虫的虫卵随宿主在河水中游弋，会从支流汇入湄公河干流，并继续向下游流去，人畜接触水中的病原体后会发病。这种情况下疾病不是由人为污染造成的，但是跨境河流作为传播的一个重要介质，尤其在湄公河下游卫生防疫水平相对低一些的地区，含有病菌的流水就会促进疾病的传播。缅甸在流域国家中面临防治疟疾的任务最重，澜湄流域约75%的登记疟疾发病和死亡案例都发生在缅甸。而且在2009—2010年出现了疑似抗药性的现象，此前在2005—2006年泰国和柬埔寨边境地区也出现过抗药性疟疾的情况。[①]疟疾的传播主要依靠不洁净的水中繁殖疟原虫和疟蚊的幼虫。作为澜湄流域的主要河流，湄公河及其支流流域的疫病防治压力较大。另一方面，对于如重金属污染引起的非传染性疾病，民众在饮用了未经彻底净化的水后，健康状况会下降。因水而起的疾病在治疗中也会花去大量的人力和财力，对于经济发展普遍较低的湄公河国家，民众的负担也会加重，国家经济发展会因人力资源的不足和医疗费用的大规模投入而受到很大制约。澜湄流域开采金属矿的现象突出，采矿业是当地居民的重要经济来源。在发展矿产经济的同时需要更加注意环境保护，预防未经处理含有重金属的废水直接排放，随意排放工业污水会对下游造成较难清除的重金属污染，进而引发疾病。

尽管目前没有全流域性因水而起的重大公共卫生事件发生，但是流域国家都要对水资源卫生格外重视，防止大规模的疾病暴发影响流域国家间关系。湄公河国家的公共卫生、污水处理意识和水平需要提升。在老挝的

---

① "WHO Country Cooperation Strategy Myanma 2014 – 2018", Country Office for Myanmar, World Health Organization, 2014, pp. 46 – 58.

琅勃拉邦，由于旅游业、采矿业和水电建设近年的升温，大量的污水未经处理就排放到河流当中。[①] 未经处理的废水除了含有重金属，还有人类的生活污水。这部分污水中很可能含有大量的致病微生物，对于流域国家民众的生命安全会造成负面影响，对于当地和全流域的环境与卫生也都会造成严重制约。中国与多数湄公河国家存在陆地接壤，各方人员交流密切。如果发生了大规模的流行病，中国公共卫生安全和海外利益保护也会受到影响。目前，中国与老挝、越南、缅甸初步建立了边境地区传染病跨境防控的合作机制和疫情通报机制，切实提高了边境地区传染病防控机构和人员的能力，主要开展疟疾、登革热、艾滋病和鼠疫等传染病的联防联控工作。[②]

因此，提升澜湄流域的公共卫生基础设施水平、关注跨境河流的污染和传染病防治都是各国需要重视的方面。水是人类生存所必须的物质，但是使用过的和受到污染的水必须要得到彻底的治理，否则对于人类就是疾病的源头。澜湄流域的卫生安全也与河流的水量和水质存在一定程度的联系。各国的沿河工业和采矿设施也会导致污水成为卫生问题的源头。治理污染源头非常必要，各国需要对卫生间的使用、污水的处理更为关注。航运安全问题与地区传染病都是影响到民众安全与民生发展的议题，各治理行为体需要对相关问题特别重视。

小　结

澜湄流域的水资源问题包括分水和防污治污等方面的内容。总的来讲，各国增大用水量会造成流域国家之间的纷争，而且防污治污也是上游和下游国家都需要重视的内容，水量和清洁度需要流域各国共同努力去维护。流域国家兴建水利设施等工程影响了水资源安全关系，以及各国的流域治理情况。水资源问题关系到粮食安全、环境移民等安全问题，对流域国家民众的健康和民生会造成影响。水资源问题也会引发防

---

① 《澜沧江—湄公河环境合作中心赴老挝开展中老环境合作相关成果落实调研活动》，中国—东盟环境保护合作中心网站，2018 年 11 月 16 日，http：//www.chinaaseanenv.org/zhxx/zxyw/201811/t20181116_ 674187.shtml。

② 《大湄公河次区域跨境传染病联防联控项目联合指导委员会会议暨 2015 年度总结会》，中国政府网，2016 年 5 月 9 日，http：//www.gov.cn/xinwen/2016－05/09/content_ 5071517.htm。

疫和航运安全等方面的问题。水权分配问题是流域国家合作与冲突的核心，明确流域国家涉及的水资源问题，有助于在进一步开展学术研究的过程中深入探究问题产生的原因，以及多层次分析澜湄国家进行水资源治理的内容和效应。

第二章

澜湄流域水资源问题的成因

澜湄流域已存在一定程度的水资源问题，水资源问题产生的原因众多。澜湄流域水资源问题的成因主要包括全球气候变化、不稳定的水资源关系、域外行为体的影响等。这些都是导致澜湄流域水资源问题产生和矛盾加剧的主要因素。全球气候变化作为自然界影响澜湄流域水资源治理的重要因素，对河水径流产生影响。全球气候变化对水资源的影响还体现在冰川或者积雪融化减少从而影响河流的源头补给，气候变暖引起的海平面上涨会威胁到沿海地区的水资源安全，另外气候变化加大了合作治理的难度，在环境移民和粮食安全等方面都对澜湄流域水资源治理提出了挑战。气候变化貌似自然界的现象，实质上也在很大程度上缘于人类忽视环境保护。不稳定的澜湄水资源关系、域外行为体的介入也都是澜湄流域水资源治理的影响因素。"美日印澳"合作是美国在印太地区强化合作的重要框架。作为澜湄流域的近邻，日本、印度、澳大利亚等国对于东南亚地区都较为关注，欧盟也是域外关键性的一个因素，各行为体希望增大与湄公河国家的水资源合作，湄公河五国也关系着这些域外行为体的安全与经济利益。在美国印太战略的影响下，未来域外行为体出于自身或者美国联盟体系的利益考量，会加深对湄公河水资源治理的介入。这三方面原因都涉及人类行为因素。深入分析澜湄流域水资源问题的成因，有助于我们深入研究澜湄流域水资源问题的治理内涵与应对方式。

第一节　全球气候变化

气候变化对全球的影响都是存在的，近年来气候变化影响的严重性越来越多地被关注。与工业革命时期前相比，截至 2017 年人类的活动已经导致了全球升温约 0.8—1.2 摄氏度，每十年上升约 0.1—0.3 摄氏度，如果按照目前的发展情况，2030—2052 年全世界升温将比工业革命前增加约 1.5 摄氏度。根据研究，2006—2015 年全球平均表面温度比工业化进程开启后的 1850—1900 年高出了约 0.75—0.99 摄氏度。[①] 气候变化是全球性的，但是某些地区升温的程度更高，高于全球平均升温幅度。全球陆地上许多地区经历的升温状况要高于海上升温的情况。根据数据，2006—2015 年这一时间段，全球有 20%—40% 的人口至少在某一个季节经历了气温高于工业革命前 1.5 摄氏度的情况。[②] 气候变化直接表现为气温的升高和降水的不规律。气温升高会导致河流发源地的冰川和积雪融化，而且降水在升温的情况下会更多地以雨水的形式出现，高原降雪补给冰川的情况会大幅减少，而且伴随着大气环流受到影响，降水的时间和空间分布会产生变化，降水规律性变差。

一　不断提升的水资源风险程度

全球气候变化加剧了澜湄水资源治理的风险。气候条件对于流域的水文情况有着直接的影响。气候变化的影响会在水资源和社会其他方面精准地体现出相关效应。[③] 在青藏高原发源的河流当中，全球气候变暖造成的积雪融化对澜沧江的影响是最大的。澜沧江发源地的积雪会随着温度升高而加剧融化。水量减少意味着农作物产量降低，这种情况反过来又加重了对农业人口的生存威胁，并导致了人们被迫移居其他地方以寻求生计。

第一，气候变化对水资源的影响主要通过气温升降或降水增减而引起

---

① IPCC, Summary for Policymakers, in Global Warming of 1.5℃. An IPCC Special Report on the Impacts of Global Warming of 1.5℃ above Pre – industrial Levels and Related Global Greenhouse Gas E-mission Pathways, in the Context of Strengthening the Global Response to the Threat of Climate Change, Sustainable Development, and Efforts to Eradicate Poverty, Geneva: World Meteorological Organization, 2018, p. 6.

② M. R. Allen et al., Framing and Context, in V. Masson – Delmotte et al. eds., Global Warming of 1.5℃. An IPCC Special Report on the Impacts of Global Warming of 1.5℃ above Pre – industrial Levels and Related Global Greenhouse Gas Emission Pathways, in the Context of Strengthening the Global Response to the Threat of Climate Change, Sustainable Development, and Efforts to Eradicate Poverty, Geneva: World Meteorological Organization, 2018, p. 51.

③ Shlomi Dinar and Ariel Dinar, *International Water Scarcity and Variability: Managing Resource Use Across Political Boundaries*, Oakland: University of California Press, 2016, p. 1.

径流量变化。① 以 2015 年为例，澜湄流域降水 11692 亿立方米，蒸散 8395 亿立方米，水分盈余 3297 亿立方米，其水分盈余在"一带一路"沿线 34 个主要流域位列第 10 位，在东南亚地区仅次于伊洛瓦底江。② 澜沧江—湄公河上游 44% 的水量由降水补给，积雪融化补给占到 33%，冰川融水占到 1%。③ 澜湄流域的降水补给相比周边流域是比较多的，湄公河季节性的降水补给在一年之中变化比较大，水量峰值与最大降水期往往重合。澜湄流域季风期降水量占到年降水量的 69%。流域最大降水出现在湄公河流域的东南部。季风到来时降水很大，降水的密度在这段时间内没有太大变化。随着气候变化的影响，澜湄流域北部和南部雨天的数量都在增加。极端降水情况在澜湄流域南部的大部分地区都增加了。根据最近十年来的数据，澜湄流域的气温在升高，特别是冬天。而极端最高温的变化比较复杂，极端最低温总的来讲都在升高。除澜湄流域北部少部分地区之外，流域夏季的平均最高温在提升。在流域北部和南部的最末端，增温的幅度要大于 0.5 摄氏度。澜湄流域气温最高的区域在向西扩展。当前，随着气候变化压力增大，流域内降水越来越不规律，气温也呈现越来越高的趋势。以 1961—1990 年的数据为基准，在 2021—2050 年，澜湄流域上游南部的降水预计会增长 5%—10%，这一区域传统上降水正常。而在该区域北部地区，传统上降水偏多，预计 2021—2050 年降水会增长 10%—25%。冬季降水预计在澜湄流域大多数地区将增加 10% 左右，然而在流域上游中心区域南部，降水预计可能会减少 5%。④ 气温升高扰动大气环流效应，季风的到来、雨季和旱季的分界、降水量等都会发生一些改变，些许的改变带给人类的就是应对自然灾害的行动。

不规律的水源补给给流域国家防洪、抗旱等工作造成了很大的风险与困难。近年来经常有报道称澜湄流域遭遇旱涝灾害，进而导致人员财产损

① 张海滨：《气候变化与中国国家安全》，时事出版社 2010 年版，第 98 页。
② 科技部国家遥感中心：《全球生态环境遥感监测 2017 年度报告（"一带一路"生态环境状况）》，第 130 页，http://www.chinageoss.org/geoarc/2017/pdf/ydyl2017.pdf。
③ AB Shrestha et al., "The Himalayan Climate and Water Atlas: Impact of Climate Change on Water Resources in Five of Asia's Major River Basins", ICIMOD, GRID - Arendal, CICERO, 2015, p. 65.
④ AB Shrestha et al., "The Himalayan Climate and Water Atlas: Impact of Climate Change on Water Resources in Five of Asia's Major River Basins", ICIMOD, GRID - Arendal, CICERO, 2015, pp. 67 - 71.

失。2014 年缅甸出现暴雨，泰国北部的湄公河沿岸地区就遭受了水位上涨的巨大压力。2018 年夏天，在泰国东北部，由于连降暴雨，湄公河水位暴涨导致那空帕侬、汶干、廊开三府逾 8000 公顷农田受淹。[①] 气候变化导致的降水不规律对湄公河国家的经济和公共安全影响是巨大的。即便在传统意义上的旱季——2011 年 12 月，由于气候变化导致泰国南部地区的降雨严重，造成了数百人死亡。而且伴随而来的寒潮也冲击了湄公河沿岸地区，各种灾害叠加。这次降雨虽不是直接影响湄公河流域，但是对流域国家的卫生、基础设施和经济发展、民众安全的影响也是巨大的。

第二，气候变化对水资源的影响还体现在冰川或者积雪融化减少，从而影响对河流的源头补给。"冰冻圈"是指地球表层由山地冰川、极地冰盖、积雪、冻土、海冰等固态水组成的圈层，由于其对气候的高度敏感性和反馈作用而倍受关注，从而与大气圈、水圈、岩石圈（陆地表层）、生物圈一同被认为是气候系统的五大圈层。[②] 历史上，平均海拔 4461 米的三江源地区水资源丰富，澜沧江总水量的 15% 来自这一地区。[③] 尽管澜沧江源头的冰川融水占到出境水量的一小部分，但是澜沧江源头的水资源供给关系到当地的生态发展，适量的冰川融水为澜沧江的起源提供了最基本的条件。澜湄流域水资源供给很大程度上受制于气候变化的影响。1951—2007 年，澜湄流域冬季最低平均温度增加了 2 摄氏度，夏季最高平均温度增加了 0.5 摄氏度，澜沧江上游的极端最高温度呈现上升的趋势，澜湄全流域夏季温度预计在 2021—2050 年会上涨 1.5—2.5 摄氏度。全世界的冰川都随着气温上涨出现了加速融化的情况，澜沧江源头的冰川到 2050 年可能减少 39%—68%。温度上升是冰川融化最主要的原因。随着全球气温的上升，更多的冰川将暴露在零摄氏度之上。温度的提高将使冰川加速融化，并且原本的降雪会变成降雨，因此融化中的冰川得到降雪补给的可能性就会降低，冰川融化的情形会更加不容乐观。[④] 澜沧江发源地的冰

---

① 王国安:《泰国多地遭遇暴雨洪灾》, 中国新闻网, 2018 年 8 月 4 日, http://www.chinanews.com/gj/2018/08-04/8589607.shtml。

② 秦大河、丁永建:《冰冻圈变化及其影响——现状、趋势及关键问题》,《气候变化研究进展》2009 年第 4 期。

③ 张海滨:《气候变化与中国国家安全》, 时事出版社 2010 年版, 第 106 页。

④ AB Shrestha et al., "The Himalayan Climate and Water Atlas: Impact of Climate Change on Water Resources in Five of Asia's Major River Basins", ICIMOD, GRID-Arendal, CICERO, 2015, pp. 71–76.

川、积雪会随着温度升高而加剧融化，一部分融化后会流入地下水，另一部分则会注入澜沧江，从而在源头上影响澜沧江的水量，短期内可能会增加澜沧江季节性水量，但从长远来看，冰川、积雪融水一旦殆尽，澜沧江水资源补给则会出现短缺，澜湄流域旱季会更加干旱。在气候变化的背景下，由于澜湄流域水量发生极端变化的概率越发增大，这就对流域内种植业和渔业发展产生更多挑战性。雨季降水会更多，而旱季也会更加干旱。总的来讲，湄公河水量在 2050 年前并没有显著减少，降水总体上会增加，会抵消一部分气候变化的影响。2050 年前季节性降水的差异不会有太大变化。① 但气候变化的负面影响如果得不到有效应对与适应，澜湄流域水资源合作的环境基础都将会受到不利影响。

　　第三，气候变暖造成的海平面上涨会威胁到沿海地区的水资源安全，海水会倒灌地下水，进而对湄公河下游九龙江平原的粮食生产造成严重冲击。湄公河下游流域是世界上淡水鱼产量最多的地区。② 海水倒灌、水温上涨等也会影响当地的淡水鱼生产。监测显示，过去 30—50 年气候变化对于湄公河下游的影响包括气温升高、雨季降水增多、旱季降水减少，极端的旱涝灾害更为明显，以及海平面上升。流域内农业生产受到旱涝灾害的影响非常大，联合国政府间气候变化专门委员会发布的《气候变化 2014：影响、适应性与脆弱性（地区层面）》指出，1996—2001 年，气候变化造成的旱涝灾害引起了柬埔寨稻米产量 90% 的损失；越南和柬埔寨的渔业生产最容易受到气候变化的影响。湄公河下游四国都制定了国家层面应对气候变化的适应性规划，但是缺乏国家间跨境合作应对气候变化的适应性规划。③ 季节性的水资源干旱会对湄公河口的淡水资源安全造成威胁。尽管这种海水倒灌现象是自然界形成的，但是在越南九龙江平原成为

---

　　① AB Shrestha et al, "The Himalayan Climate and Water Atlas: Impact of Climate Change on Water Resources in Five of Asia's Major River Basins", ICIMOD, GRID – Arendal, CICERO, 2015, p. 76.

　　② D. Dudgeon, "Asian River Fishes in the Anthropocene: Threats and Conservation Challenges in an Era of Rapid Environmental Change", *Journal of Fish Biology*, Vol. 79, No. 6, 2011, pp. 1487 – 1524.

　　③ Y. Hijioka et al., Asia, in: V. R. Barros et al. eds., *Climate Change* 2014: *Impacts, Adaptation, and Vulnerability. Part B: Regional Aspects. Contribution of Working Group II to the Fifth Assessment Report of the Intergovernmental Panel on Climate Change*, Cambridge, United Kingdom and New York, USA: Cambridge University Press, 2014, p. 1355.

人类的居住地和粮食生产地之后，这一自然现象的解决就需要流域国家团结合作加以应对。流域各方需要共同研究应对旱季水量问题。

地区水资源供需平衡需要稳定的供需条件基础，供需任何一方的变化都会导致供需系统失衡。气候变化对澜湄水资源治理的影响已成为重要的研究议题，其引发或加剧了水资源短缺、水环境水平下降、极端气候事件频发，由此还会导致水资源利用争夺加剧、粮食安全受到威胁，并可能引发国内、国际冲突。在气温上升的大背景下，澜沧江—湄公河水量减少、时空分配不均的程度会增大，水生灾害发生几率及破坏力也会加大。而在经济发展和环境变化的背景下，人类对水资源的需求量却在提升，水资源供需矛盾仍然会加剧，这将是对澜湄流域各国水资源治理水平的考验。①

二 逐渐增大的合作治理难度

人口增加、有限的资源承载能力带来生产水平降低、民众生活水平下降、移民等现象，进而会出现社会动荡和国家经济发展水平降低。因水而起的环境问题可能引发环境移民，从而引发地区不稳定。气候变化影响水资源供给的同时，也会对以农业为主要产业的澜湄流域造成粮食安全和产业安全方面的影响。农业、渔业生产很大程度上需要充足的水资源，流域国家的粮食生产也会因全球气候变化而受到重要影响。一旦农业或者渔业的基础——水资源供给由于气候变化的原因出现过多或过少的情形，当地民众的粮食安全就会受到威胁，一部分人会向城市或其他农业水平较好的地区移民。但是移民的技能、与新族群的适应性是需要提升的，这些移民的生存状况影响国家政治的稳定，另外，国家经济发展、民众的收入都会受到农业和渔业产业波动的影响，而且这种状况对于世界粮食安全也会造成不良的外溢效应。

全球气候变化涉及几乎所有国家，而且造成的影响也是世界性的，其涉及的内容较为复杂，具有自身的独特性质。澜湄流域国家也会受到气候变化的影响，流域国家控制碳排放对于减缓全球气候变暖的程度和作用难以直接体现到流域水资源治理当中。温室气体排放还会导致对其他方面的影响，比如全球海平面上升。如果目前立刻停止所有的温室气体排放，未

---

① 孙周亮等：《澜沧江—湄公河流域水资源利用现状与需求分析》，《水资源与水工程学报》2018 年第 4 期。

来二三十年，在工业革命已经造成的全球平均温度提升 1 摄氏度的基础上，全球平均温度再提升的幅度将不超过 0.5 摄氏度。也就是说，未来即便采取减排等治理措施，全球平均温度仍会上涨。气候变化适应性的提升也会遇到许多阻碍，比如当地即时的水文信息获取不畅，缺少资金、技术、社会支持，以及存在一些制度性限制。[①] 在这种情况下，湄公河国家由于经济发展相对滞后，对于治理温室气体的积极性有待观察，但是受到的影响会是比较大的。湄公河国家很可能将温室气体排放大国作为气候变化的直接影响因素，认为中国在气候变化领域的责任要比湄公河国家多，有可能对中国治理湄公河的决心产生质疑。气候变化对于澜湄流域国家的影响不是平均的，流域国家也要合理承担自身的责任，以减轻气候变化对自身的各类影响。

气候变化还会造成流域降水的不规律，在降水超出日常均值的情况下，上游国家自身的水库容量很可能会达到峰值，在新的水库或泄洪区没有全部建成的情况下开闸泄洪，下游国家在本已经遭受强降水的情况下，还要承受来自上游的排水，这种情况往往会导致下游国家水资源治理的脆弱性更强，很难较好地适应极端天气。在旱灾到来的时候也是如此。2010 年澜湄全流域遭遇了旱灾，下游国家在极度缺水的情况下，纷纷指责中国作为上游国家在澜沧江修建水坝截留河水。这次干旱本来的起因是雨季推迟到来，澜沧江流域也遭受到了干旱的影响，与湄公河国家一样，中国同样是全球气候变化的受害者。但在缺乏沟通和信任的基础上，中国成了被指责的对象。另外，由于上下游国家之间的信息沟通和治理能力都存在提升的空间，国家之间的合作很可能因为相互不了解、不信任以及国家在治水方面的利益差异而难以开展。

第二节　不稳定的澜湄水资源关系

澜湄六国，只有老挝在陆地上与其他五国都接壤，其他国家都只与三

---

① M. R. Allen et al., Framing and Context, in: V. Masson – Delmotte et al. eds., Global Warming of 1.5℃. An IPCC Special Report on the Impacts of Global Warming of 1.5℃ above Pre – industrial Levels and Related Global Greenhouse Gas Emission Pathways, in the Context of Strengthening the Global Response to the Threat of Climate Change, Sustainable Development, and Efforts to Eradicate Poverty, Geneva: World Meteorological Organization, 2018, p. 51.

个流域国家的陆地边界接壤。澜沧江—湄公河是中国和缅甸、老挝和泰国、老挝和缅甸的界河。湄公河流入越南后的支流较多，这部分被称为九龙江，最终注入南中国海。澜湄流域国家间关系总体稳定，各国对于和平与合作的理念较为认同。但是，各国之间存在的利益冲突也影响到了流域水资源治理。

澜湄流域国家间关系总体向好，但是各国在领土、移民、民族情绪等方面与邻国还是存在一定的问题。流域国家目前较好地控制住了这些问题。虽然存在国家间的利益冲突，各方还是管控了分歧。但是这些利益冲突的根源并没有被解决，问题的解决也需要依靠各方的合作。在此情况下，未来这些因素依然会影响到国家间进行合作的顺利程度，在跨境水资源领域也不例外。中国与湄公河五国都分别建立了全面战略合作伙伴关系，但是中越双方在南海存在领海和岛礁归属争议。中国和缅甸的总体关系良好。但缅甸"民地武"与缅甸中央政府的冲突曾波及中国边境地区，炮弹时有落到中国境内，缅甸难民也会逃往中国境内避难。泰国与柬埔寨存在领土纠纷，在柏威夏寺的归属问题上存在争议，甚至不时发生武装冲突。这些因素都间接影响着流域水资源合作。

东南亚国家大都认同大国平衡为主导的外交政策，较为重视与中国、美国、日本等国的外交关系，在大国之间寻求自身利益的最大化。泰国作为湄公河流域内经济、社会发展水平较高的国家，在地区和国际事务中的作用一直较为积极。越南曾指责中国滥用跨境河流沅江—红河和澜沧江—湄公河的水资源，认为中国对跨境河流的使用导致河流环境水平下降，反对中国在这两条河流上修建水电站。希望在水资源合作中增加域外势力的权重。[1]"金三角"的贩毒问题和其他与之相关的治安问题也造成了一定的外溢后果，困扰着湄公河国家水资源治理的正常发展。澜湄流域开发利用缺乏有序协调、流域水资源关系缺乏互信是澜湄水资源关系不稳定的表现。

一 缺乏有序协调的流域开发利用

澜湄国家水资源治理的意愿和能力影响到流域国家协调利益分歧的效果，而流域国家对于水资源使用的分歧也是澜湄水资源问题的成因。澜沧

---

① 石源华、祁怀高主编：《中国周边国家概览》，世界知识出版社 2017 年版，第 196 页。

江—湄公河从中国青海发源，绵延数千千米流经六国，流入南中国海。各国的政治疆界对国际河流进行了划分，有的河段是内河，有的河段则是界河。对河流的人为划界影响各国利益的协调。澜湄流域国家较多，一方面河流被人为分成若干河段，河水不是静止的，会穿越多国领土。另一方面，各国在利用水资源方面或多或少存在一些具有本国特色的文化，各国之间即便总体上对于合作认同，但理念的些许差异也会存在。这些因素给合作协调水资源利益造成了一定困难。

第一，澜湄流域国家的治理能力不同。中国作为次区域内综合实力最强的国家，在澜沧江段规划了梯级水电站，并且在湄公河下游多国参与建设了水电项目。中国经济和技术能力的影响可以对中南半岛国家实现较好的覆盖。泰国作为东南亚经济水平较高的国家，通过向邻国老挝等国购买电力，获取其经济和社会发展所需的基本能源。其余国家需要在流域治理能力方面进行较多的提升。澜湄次区域近年来成立了涵盖全流域国家的澜湄合作机制，其中水资源是优先推进方向之一，中国通过主动提供公共产品来推进机制内的水资源治理。流域国家在总体治理能力偏弱的情况下，需要各国在全流域治理水资源的合作模式方面有所创新。如果流域国家的治理能力或意愿普遍偏低，治理水资源的效果就不会太好，各国很难通过谈判、合作建立自身主导的治理机制，流域国家利益分歧的协调效果也会受到一定的影响。

第二，澜湄国家的水资源诉求差异明显。澜湄流域开发利用曾长期缺乏有序协调。水资源将中国与湄公河国家紧密地联系在了一起，通过水务领域相关议题的合作，流域各国的经济、社会发展水平都能有所提高，次区域整体发展水平也会得到实质提升。然而，由于澜湄国家发展侧重有所不同，导致各国利益关切有差别。从流域国家对水资源使用的差异性来看，各国在水运、灌溉、渔业、水力发电等领域关切存在不同。湄公河委员会和《湄公河流域可持续发展合作协定》在执行力方面较弱，而且中国和缅甸只是其对话伙伴，因而其"制度性能力"不足。[1] 例如，在水力发电领域，老挝希望通过水力发电并出口电力来发展经济，其在修建东萨宏和沙耶武里大坝时，下游居民和环保人士曾发出反对声音，他们认为即

---

[1]　Scott William David Pearse - Smith，" ' Water War' in the Mekong Basin？"，*Asia Pacific Viewpoint*，Vol. 53，No. 2，2012，p. 153.

使修建鱼类洄游通道也会影响湄公河生态环境，而且对湄公河短吻水豚的最后栖息地也会造成毁灭性影响。[1] 泰国出于平衡发展化石能源的考量，需要进口老挝的水电，而且泰国公司也参与了老挝水电项目的建设，这对于促进泰国经济发展有益。泰国的经济利益和能源安全，对于老挝扩大出口导向型的发电业起到了至关重要的作用。[2] 柬埔寨的渔业收入占其 GDP 的 12%，地处湄公河三角洲的越南九龙江平原粮食产量占越南全国总产量的 33%，越南还是世界第三大大米出口国。[3] 各国在澜湄流域的储水量接近流域年平均径流量的 14%，而未来 20 年这一数字可能提升到 20%。[4] 流域国家"靠水吃水"发展经济的良好愿望，由于各国发展利益的差异，需要进一步通过机制加以协调。

第三，无政府社会的性质制约澜湄水资源多层级治理的有序协调。流域国家如果对利用水资源都只是主张自身的利益，即便对于本国是合理的利益，也会对流域其他国家造成负面影响。在一个以利己主义为行为原则的个体所组成的世界中，个体的决策往往导致集体利益受损，或者即使它们之间存在共同的利益，往往也很难采取有效的集体行动，以维护和实现共同利益，这种利己决策行为的总和导致集体的非理性后果。[5] 国际社会是无政府状态，各国间利益的协调需要国家间的谈判与合作，跨境水资源治理很难在无政府状态下依靠自助得以实现。国际社会的性质在一定程度上制约了各国协调利益分歧的效果。

上游国家在发展经济的过程中，例如在发掘有色金属矿藏的过程中，如果不注重环境保护，不但对于本国的环境有影响，下游国家水资源也会受到污染，上下游国家之间的利益协调很难保证。这种影响往往不是短时期形成的，也很难在短时期内解决。而且在相互依赖的国际河流治理中，

① ［澳］菲利·普赫希：《湄公河建坝再惹争议》，载伊莎贝尔·希尔顿主编《探寻湄公河发展之路》，《中外对话》2014 年，第 34—35 页。

② Kurt Mørck Jensen and Rane Baadsgaard Lange, *Transboundary Water Governance in a Shifting Development Context*, Copenhagen: Danish Institute for International Studies, DIIS Report, No. 20, 2013, pp. 50 – 51.

③ Nguyen Khac Giang, "New Rule – Based Order Needed to Save the Mekong", East Asia Forum, March 29, 2016, http://www.eastasiaforum.org/2016/03/29/new – rule – based – order – needed – to – save – the – mekong.

④ "State of the Basin Report 2018", MRC, Vientiane, Lao PDR, 2019, p. 14.

⑤ ［美］罗伯特·基欧汉：《霸权之后——世界政治经济中的合作与纷争》，苏长和等译，上海世纪出版集团 2012 年版，第 6 页。

上游对下游的影响往往还会导致流域国家间本来就不足的互信更为缺失。下游国家会认为上游国家做出的一些不利于下游国家利益的做法是一种敌意的释放，其实这往往是因为上游国家内部的监管和治理能力不足所致。但是利益协调方面的不足导致的外溢效应就会对国家间信任、国家间关系造成影响，也是造成流域水资源问题的原因之一。

二　缺乏互信的流域水资源关系

在水资源问题方面，上游国家往往容易招致下游国家的抱怨。湄公河下游国家对"水霸权"和"中国水威胁论"比较恐慌。中国虽然是上游国家，而且中国的综合实力最强，但中国不是"水霸权"。判断某一流域国是否为水霸权，必须根据该国是否有支配别国的动机、是否有支配别国的能力、是否造成了某种结果并且这种结果使水资源分配和利用不对等，超出了公平合理利用的范畴，从而判断该流域国是否为某一国际河流流域事实上的水霸权。[①] 在复合相互依赖的澜湄流域，各国都对跨境河流较为依赖，而且国家之间也存在相互依赖的现象，但是这种依赖的程度不都是平衡的，存在一定的不对称性。下游国家对于上游的依赖程度要多一些，因为上游的水量和污染情况会在一定程度上影响下游的流域治理和安全。中国虽然处于澜湄流域的上游国家，而且在流域国家内的经济、军事、科技和综合实力等方面都是最强的，中国完全有实力利用湄公河来影响下游国家的供水、航运、能源体系建设，但是中国提出的人类命运共同体思想是为了全人类的共同利益，具体到澜湄流域就是为了中国和湄公河国家的共同利益而开展流域水资源治理。中国没有操控下游国家的动机，并且也没有操控下游国家造成重大不利后果的事实。

"中国水威胁论"也是某些国家对中国产生不信任的源头之一。美国生态经济学家莱斯特·布朗（Lester R. Brown）和布莱恩·霍韦尔（Brian Halweil）1998 年在美国《世界观察》（World Watch）期刊发表《中国缺水将动摇世界粮食安全》（China's Water Shortage Could Shake World Food Security）的论文，在此之后"中国水威胁论"的论调就产生了。从水资源和农业的关系进行分析，这篇论文认为中国农业用水的急剧减少会对世

---

① 王志坚：《水霸权、安全秩序与制度构建——国际河流水政治复合体研究》，社会科学文献出版社 2015 年版，第 44—45 页。

界粮食安全构成严重威胁，中国国内所需粮食的 70% 依靠灌溉用水生产，但同时还需要将原本为农业使用的部分水资源补充给城市和工业用水。随着河流的水位下降和地下蓄水层的枯竭，日趋严重的缺水问题将大幅增加中国的粮食进口，从而导致世界粮食总进口量可能超过可供给的总出口量。如果这一情况得不到强有力的措施加以解决，有可能会推动世界粮食价格上涨，从而引发第三世界国家的社会和政治动荡。①

　　以上种种论调都是在世界缺水的背景下，缺乏对中国利用国内水资源和跨境河流的准确信息基础上产生的。实际上中国澜沧江流出国界的水量只占湄公河水量的一成多，下游多国对于湄公河口的泥沙、水量是主要的影响因素。中国作为大国，青藏高原又是"亚洲水塔"，从青藏高原发源了多条国际河流。但是中国对于国际河流水资源的贡献率需要准确考察。另外，中国综合国力近年来迅速增加，引起了外界对于中国的怀疑和担忧，在跨境水资源治理问题上也不例外。作为崛起中的大国，中国合理的国家利益诉求以及中国的外交战略难免被外界误读，战略方面的相互疑虑有损中国与湄公河国家合作开展水资源治理的成效。中国在跨境水资源合理开发利用的一些负面影响被过分夸大。老挝、柬埔寨等国在湄公河修建水坝电站，也遭到了一些社会力量的抵制，其背后往往存在西方国家的支持。下游国家和一些域外势力对于上游国家修建水坝电站一般都比较担心，水利设施对于环境和生态存在一定的影响，但是湄公河国家需要发展经济，水力发电与其他许多发展经济的手段相比，对环境造成的影响是比较小的，而且流域许多国家存在水力发电的自然优势。发展经济和保护生态环境需要达成一定的平衡。上下游国家缺乏对于实现国家利益和流域整体利益的协调与平衡方面的信任，流域国家普遍对于邻国在跨境河流上的开发利用存在疑虑。在国际关系的不同领域，每个国家的行为都具有外部性，便产生了国际协调的需求。②

　　因水资源产生的地区内部矛盾影响地区安全形势。以水能发电为例，由于中国、老挝等国在澜湄流域修筑了数量较多的堤坝，或者实施分水方案进行引流，这就引起了下游国家对于水资源分配方面的担忧，下游国家和一些非政府组织认为这些做法会对湄公河水量、泥沙沉积和生态环境造

---

① 姜文来：《"中国水威胁论"的缘起与化解之策》，《科技潮》2007 年第 1 期。
② 刘玮：《崛起国创建国际制度的策略》，《世界经济与政治》2017 年第 9 期。

成负面影响。关于上游国家水坝对下游国家生态平衡、下游水量和水坝落成之后的影响方面，中国政府、湄公河委员会还有环保组织的看法存在一定争议。中国不是湄公河委员会的成员，仅仅是观察员国，在湄公河委员会机制内协调中国与下游国家的分歧显得力不从心。因此在流域治理机制中，流域国家能够共同平等协商解决问题就十分必要。老挝开发湄公河水电也招来了反对声音。老挝 2013 年准备在湄公河建设第二座水电站——东萨宏水电站，在境外非政府组织和越南、泰国的压力之下，老挝曾于 2014 年宣布暂停该项工程。[①] 但老挝 2015 年又宣布启动建设该工程，这同样引起了其下游国家和相关非政府组织担忧生态环境遭到破坏。老挝水能发电资源丰富，如果充分发挥这项资源优势，会成为名副其实的"亚洲蓄电池"。但在湄公河委员会机制内，各成员国政府应协商解决对该工程的意见分歧。在没有共识的情况下，相关各方对生态安全方面的担忧并没有得到有效解决，湄公河委员会或者相关国家之间对此类分歧没有强制解决的措施，尽管存在一定的协商手段，但不存在解决分歧的彻底有效措施，这是导致出现类似情况的原因。

中国在不寻求成为水霸权的情况下，下游国家对于中国的信任度仍然特别需要提升。澜湄各国人缘、文缘相通，在水文化方面具有相近性。从根本上说，澜湄流域国家在水资源合作方面积极作用的发挥，需要流域国家加强对彼此的信任与认同，澜湄国家文化中都有善治水资源的内容，多层次的民间交流、国家交往可以促进各国将合作发扬光大，通过交流与理解扩大共识，克服因国家利益引起的不信任，从而在合作治理中发挥其积极效应。

第三节　域外行为体的介入

域外行为体纷纷介入澜湄流域水资源治理，提升其地区参与度和影响力。域外行为体在澜湄次区域内广泛开展公共外交活动，一方面通过水资源治理的软实力，在一定程度上改善了资源与环境的关系，赢得了当地国家的好感，从军事影响之外加深了在地区政治、经济和文化等方面影响

---

① 《柬埔寨等抗议老挝建栋沙宏水电站见效　老挝将考虑湄公河沿岸邻国对水电项目的担忧》，金边传媒网，2014 年 6 月 28 日，http：//www.jinbianwanbao.com/List.asp? ID = 15325。

力；另一方面也通过加强各自倡导的湄公河流域治理模式，增强本国的影响，对冲中国在湄公河国家的影响力。湄公河国家在遇到域外行为体的介入治理时，往往会在经济等方面获得利益，而湄公河国家往往经济、社会发展水平偏低，因而对各种方式的援助都基本会采取接纳的态度，大国在本地区的博弈也会因此变得复杂化。

大部分湄公河国家的治理能力有限，很难完全依靠自身力量来应对水资源引起的非传统安全威胁。发展阶段不同导致了环保问题在发达国家和发展中国家议事日程中的先后次序不同，从而在国际环境谈判中产生了两个相互制约的现象：一是发达国家在环境问题上的紧迫感要大于发展中国家，在客观上形成了在国际环境事务中，发达国家有求于发展中国家，谈判形势往往对发展中国家有利；二是发展中国家由于经济实力弱，环保能力不强，因全球环境问题遭受的危害和损失要远远大于发达国家。① 湄公河国家在域外大国的外交攻势之下，因为与邻国存在使用湄公河方面的利益矛盾，结合自身的利益诉求，希望和域外大国开展一定形式上的合作，以期提升自身的战略利益；同时域外大国利用此机会介入流域的水资源治理，在一定程度上影响了地区利益格局和安全稳定。

一　美国与湄公河流域国家的水资源合作

近年来，美国对于介入境外水资源治理的重视程度逐年增加，2013年和2017年分别发布了《水与发展战略2013—2018》（*USAID Water and Development Strategy 2013 – 2018*）和《美国政府全球水战略》（*U. S. Government Global Water Strategy*）报告。《美国政府全球水战略》报告的发布标志着特朗普政府对于参与境外水资源治理的重视，体现了美国政府在该项议题上的政策延续性。对比两份报告，2013年《水与发展战略2013—2018》报告的战略目标包括通过对可持续的水、环境和个人卫生的提供来改善健康水平，以及以可持续的方式管理农业用水以确保粮食安全。② 2017年《美国政府全球水战略》提出，目前全球水危机日益严重，导致疾病增加、经济减速、地区动荡和国家失败。因此，要建立一个"水安

---

① 张海滨：《环境与国际关系：全球环境问题的理性思考》，上海人民出版社2008年版，第33页。

② "Water and Development Strategy", USAID, Aug. 13, 2018, https：//www. usaid. gov/what – we – do/water – and – sanitation/water – and – development – strategy.

全世界"，这需要美国政府与伙伴国、关键利益相关方进行合作，实现四个目标：扩大获取可持续的安全饮用水和改善公共卫生服务，以及改善个人卫生行为；完善淡水资源的管理与保护；通过促进跨境水资源的合作以减少冲突；加强水务部门的治理、资金融通以及制度性建设。① 近十年来，美国通过湄公河下游行动计划（Lower Mekong Initiative）已经改善了湄公河国家 34 万人的饮用水问题，并为 2.7 万人提供了清洁的公共卫生设施。② 可见，美国对于全球水资源治理已经提升到了战略层面的关注，美国对于水资源的保护和利用的重视程度依旧，而特朗普政府对于跨境水资源的合作以及水务治理能力的提升给予了更高程度的重视。

　　针对治理水平低下和脆弱性高的群体，美国国际开发署寻求提高这些群体的水资源安全和卫生领域的可持续管理水平。③ 美国将继续领导世界开展人道主义援助。在期待别国分担责任的同时，美国将继续敦促国际社会对人为造成的灾害和自然灾害做出应对，并向有需求的国家提供专业领域援助。美国将支持以拯救生命、解决饥饿和疾病根源为目标的粮食安全和健康计划。④ 粮食安全与人类健康都需要水资源的参与。美国的水资源战略包含着粮食—能源—水资源这一联系纽带，也对清洁用水和公共卫生等领域保持着高度关注。美国在全球水资源治理方面，利益和价值观是影响美国水务援助的主要因素。美国政府通过提升国际涉水事务的参与程度，利用其政治影响、制度理念、科技和金融优势，将水资源作为处理地缘政治、地区稳定、经济发展等国际问题的重要抓手，多角度谋取"水红利"。⑤ 美国将水资源视为能够影响国家安全和经济利益的重要战略资源，⑥ 其水资源外交战略的目的与体系的设计从整体和长远上服务、服从

---

① "U. S. Government Global Water Strategy 2017"，USAID，Aug. 13，2018，https：//www.us-aid. gov/sites/default/files/documents/1865/Global_ Water_ Strategy_ 2017_ final_ 508v2. pdf.

② Michael R. Pompeo，"Opening Remarks at the Lower Mekong Initiative Ministerial"，The U. S. State Department，Aug. 1，2019，https：//www. state. gov/opening – remarks – at – the – lower – me-kong – initiative – ministerial/.

③ "Global Water And Development"，USAID，Aug. 16，2018，https：//www. usaid. gov/sites/default/files/documents/1865/Global – Water – and – Development – Report – reduced508. pdf.

④ "National Security Strategy of the United States of America"，The White House，Dec. 2017，https：//www. whitehouse. gov/wp – content/uploads/2017/12/NSS – Final – 12 – 18 – 2017 – 0905 – 2. pdf.

⑤ 刘博等：《美国水外交的实践与启示》，《边界与海洋研究》2017 年第 6 期。

⑥ 刘博：《美国全球水战略分析研究》，《水利发展研究》2017 年第 12 期。

于美国的全球战略，将水资源治理作为建设与保持世界领导能力的基础性工具。美国在水资源治理实施过程中，聚焦于最基础的社会治理层面。①

　　美国在湄公河国家的水资源治理，一部分是针对双源性的跨境水资源安全问题，另一部分则是针对一国国内的水资源使用，如水污染、水量紧缺等情况，国内的问题容易引起不良的外溢效应，如地区动荡，从而对地区安全秩序产生影响，最终会影响到美国在湄公河国家的安全利益。因此美国的水资源治理也有"未雨绸缪"的预防性考量。湄公河国家对于美国的战略作用十分重要，保持这些国家的稳定是符合美国利益和领导力意图的重要路径。美国国务院领导"机构间水工作组"（Inter - Agency Water Working Group）以协调美国政府的水资源政策，与地区相关国家政府，湄公河下游行动计划等国际伙伴关系机构，世界银行、联合国开发计划署等国际组织共同开展合作。② 美国在 2017 年《国家安全战略报告》中，表示要继续振兴与其盟友菲律宾和泰国的关系，并且要加强与新加坡、越南、印尼、马来西亚等的伙伴关系。③ 水资源问题的解决难度较大，特别是对贫穷和边缘化群体更是如此。而水资源是加强治理能力、公民社会参与和多层次社会韧性的方式。④ 美国力图从水资源的角度强化对湄公河地区的治理和介入，通过理念扩展、着眼于宏观地区性战略以及提升地区治理能力等方式，避免在非传统安全治理方面耗费美国过多的财力和技术投入，从而促进美国国家利益的实现。

　　美国水资源治理的全球愿景是构建水资源安全的世界。美国认为在此之中，人们能够获取到足够质量和数量的水资源，以满足人居、经济和生态需求，同时能够管控旱涝风险。这包含三方面含义：增强获取清洁饮用水的能力，改善环境卫生和个人卫生情况，特别是在缺乏上述条件的主要人口聚集区；改善水资源管理条件，特别是在水事务阻碍社会和经济发展，或者水事务对国家脆弱性、失败存在巨大影响的国家；在水资源已经

---

① 李志斐：《美国的全球水外交战略探析》，《国际政治研究》2018 年第 3 期。

② Engelke and David Michel, *Toward Global Water Security*, The Atlantic Council, 2016, p. 9.

③ "National Security Strategy of the United States of America", The White House, Dec. 2017, https：//www. whitehouse. gov/wp - content/uploads/2017/12/NSS - Final - 12 - 18 - 2017 - 0905 - 2. pdf.

④ "US Government Global Water Strategy 2017", USAID, Dec. 23, 2018, https：//www. usaid. gov/sites/default/files/documents/1865/Global_ Water_ Strategy_ 2017_ final_ 508v2. pdf.

或者可能成为紧张或冲突源头的地区，促进跨境水域的合作。① 美国介入湄公河地区的水资源治理，主要从资金和技术层面、基层民生领域方面以及强化对外援助平台三个层次开展。

第一，强调资金和技术优势。美国依靠资金优势，强化提升湄公河国家基层水资源治理的基础设施建设水平。依靠资金作为强大的后盾，美国在湄公河流域开展水资源合作的内容就会更加丰富，湄公河国家也会感受到美国帮助其开展治理的持续性。在 2019 年湄公河下游行动计划部长级会议上，美国国务卿蓬佩奥（Mike Pompeo）表示美国与日本将建立日美湄公河电力伙伴关系（Japan – United States Mekong Power Partnership），对地区电网进行升级，并称该项合作符合 G20 高质量基础设施投资原则。美国对此项目提供 2950 万美元资金。② 湄公河流域的水电开发是地区国家发展经济的重要手段。美国试图以自身的经济优势主导湄公河流域的水资源、能源、经济发展进程。

在运用技术开展水资源治理方面，2015 年美国国际开发署和国家航天局启动了"SERVIR—湄公"项目。其技术内容包括运用陆地卫星（Landsat）技术、全球降水测量（Global Precipitation Measurement）、RA-DAR 测距技术等尖端科技，通过卫星对湄公河流域的旱涝灾害进行拍照和分析等。"SERVIR—湄公"项目倡导数据分享，提升地区的水资源治理水平，下设的干旱和粮食产量监测系统有助于对旱季影响提前做出规划，以减轻干旱对粮食产量的影响。土地表面监测系统确保流域受损的防洪植被得到补种。③ 该项目还可以观察地球的气候和环境变化，湄公河国家可以通过卫星数据制作天气地图和天气形势预测图。美国在救灾和事前预防的过程中利用其技术优势，参与湄公河国家的水资源治理。技术运用依靠的是美国强大综合国力的支撑，实质上也是美国资金优势的体现。通过运用高精尖的技术手段，湄公河国家的水资源情况能够被精准掌握，对

---

① "US Government Global Water Strategy 2017", USAID, Dec. 23, 2018, https：//www. us-aid. gov/sites/default/files/documents/1865/Global_ Water_ Strategy_ 2017_ final_ 508v2. pdf.

② Office of the Spokesperson, "Joint Statement on the Japan – United States Mekong Power Part-nership（JUMPP）", The U. S. State Department, Aug. 2, 2019, https：//www. state. gov/joint – statement – on – the – japan – united – states – mekong – power – partnership – jumpp/.

③ "SERVIR – Mekong Introduction Card", Asian Disaster Preparedness Center, Aug. 16, 2018, https：// servir. adpc. net/sites/default/files/public/publications/attachments/SERVIRMekong% 20In tro – compressed. pdf.

气候变化、旱涝灾害等会有更加科学的防控，这有助于美国介入湄公河国家的水资源治理，在帮助相关国家的同时也提升美国开展介入治理的精准度。

美国的水务技术援助也得到了相关国家的欢迎。2014 年老挝开始向美国寻求水电开发援助。美国在水电技术方面具有经验优势，其许多水电开发系统是在美国陆军工程兵团和美国土地复垦局等机构的直接管理之下。美国陆军工程兵团对老挝相关机构的中层官员进行培训。美国国务院还为通用电气公司设立了专门办公室，目的是对接其技术援助老挝的工作。① 随着湄公河国家逐步接受美国的参与，美国运用技术优势，不断将自身的治理理念和国家利益诉求渗入境外水资源治理工作，依靠其强大的经济实力，提升相关国家的治理能力和水平，而地区国家的这种治理能力提升也深深打上了美国治理模式的烙印。

第二，对于湄公河国家的基本民生事务格外重视，促进可持续发展。农业生产与卫生都需要水资源。湄公河国家处于热带和亚热带，雨季降水充沛，农业和各种水产养殖业较为发达。另外，该地区气温较高，容易流行疾病，清洁的水资源对于各国卫生水平的提高至关重要。

美国在 2009 年 7 月与湄公河下游的老挝、泰国、柬埔寨、越南设立了湄公河下游行动计划，2012 年 7 月缅甸也加入其中。该项目关注该流域的跨境水资源治理、清洁饮用水的获取等议题。美国对于区域内大型流感、疟疾和结核病的防治也提供了技术支持。2010 年 7 月，美国和越南举办了第一届美国—湄公河下游国家"跨国合作应对传染病威胁"会议。② 在合作框架内，美国与柬埔寨联合就健康议题进行合作，促进地区公共卫生事业发展。美国与越南联合就环境和水资源议题进行合作，促进减灾、清洁饮用水取得、自然资源保护。美国还和缅甸共同负责农业和粮食安全议题，研究通过合理运用水资源促进农业可持续发展。③ 美国在开展境外水资源治理中注重宣传清洁饮用水、维持环境和个人卫生的重要

---

① Richard Cronin et al., Letters from The Mekong: a Call for Strategic Basin – Wide Energy Planning in Laos, The Stimson Center, 2016, https://www.stimson.org/sites/default/files/file – attachments/Letters – Mekong – Call – Strategic – Basin – Energy – Planning – Laos.pdf.

② "Lower Mekong Initiative", The Department of State, Aug. 17, 2018, https://www.state.gov/p/eap/mekong/.

③ "Safeguarding the World's Water", USAID, Aug.16, 2018, https://www.usaid.gov/sites/default/files/documents/1865/safeguard_ 2016_ final_ 508v4. pdf.

性。获取清洁用水对于湄公河国家民众的健康非常重要，美国从关乎民生的基础设施领域入手提升相关国家的治理能力，投入资源帮助当地民众获取清洁用水。

目前，湄公河大多数国家热衷与美国合作，主要是希望得到美国在非传统安全领域的物资援助和能力培训。① 生活在贫穷地区的人们会更大程度地依赖于环境因素。相比富足的国家，贫穷国家农业收入的份额更高。② 根据世界银行 21 世纪以来的统计数据，柬埔寨农业用水占其淡水使用比例的 94%，老挝为 91.41%，缅甸为 88.99%，泰国作为地区经济相对发达的国家，这一数字也高达 90.37%。③ 在东南亚地区，美国对于卫生、农业生产等基础民生领域比较重视，因为这些领域关系到以农业为主要产业的大多数湄公河国家的生存和发展。

第三，美国强调水资源治理作为对外援助的平台作用。美国在全球范围内强调可持续发展的水资源合作伙伴关系，强化环保、生物多样性理念。在对湄公河国家开展水资源治理的过程中美国也着重关注了地区合作机制的发展。在湄公河下游行动计划之内，湄公河委员会与美国密西西比河委员会签署了姐妹河流协议，商定在跨境流域治理方面加强合作。2017年 8 月第十届湄公河下游行动计划部长级会议的联合声明显示，美国通过伙伴关系承诺与湄公河之友实现继续合作，承诺与湄公河下游行动计划的成员国继续开展统一且持续性的合作。湄公河下游行动计划的成员国保证继续与湄公河之友和湄公河委员会进行紧密合作，以支持包容、可持续和对环境负责任的经济增长模式。④ 另外，美国主导成立的湄公河环境伙伴关系（Mekong Partnership for the Environment）是为了促进湄公河下游国家多重利益相关方的对话。为了加强地区利益相关方在基础设施规划和投

---

① 韦红：《东盟安全观与东南亚地区安全合作机制》，《华中师范大学学报》（人文社会科学版）2015 年第 6 期。

② ［美］斯科特·巴雷特：《合作的动力——为何提供全球公共产品》，黄智虎译，上海世纪出版集团 2012 年版，第 96 页。

③ The World Bank，"Annual Freshwater Withdrawals，Agriculture（% of Total Freshwater Withdrawal）"，June 12，2018，https：//data. worldbank. org/indicator/ER. H2O. FWAG. ZS? end = 2007&locations = KH－MM－LA－TH－VN&start = 1987&type = points&view = chart.

④ "10th Ministerial Meeting of the Lower Mekong Initiative：Joint Statement"，The Lower Mekong Initiative，Aug. 16，2018，https：//www. lowermekong. org/news/10th－ministerial－meeting－lower－mekong－initiative－joint－statement.

资方面的技术能力和网络联系，该项目旨在增加地区开发项目的公正性。其目标主要包括提高民众对重要的社会和环境发展的决策影响力，以及为各利益相关方参与决策提供议题平台等。① 水资源治理是美国开展对外援助的平台，美国通过国内外相关治理机构间的合作，以及在国际社会设立技术性的治理标准和机制，参与澜湄次区域内部的治理互动，通过援助工作，强化水资源治理的平台作用。

二　日本与湄公河流域国家的水资源合作

日本与湄公河国家合作的历史久远，合作的层次和规模也较高。1991年日本在官方发展援助（ODA）中就开始设立"湄公河次区域开发"项目。2001—2019 年间，日本向湄公河委员会累计出资 1800 多万美元，就老挝、泰国、柬埔寨、越南的旱涝管理、灌溉、气候变化、环境保护等项目进行参与。2003 年 12 月，日本与东盟举行首次特别首脑会议，承诺在此后三年为湄公河五国的基础设施建设等方面提供援助 15 亿美元。2004年，日本帮助湄公河委员会建设了地区旱涝管理中心（Regional Flood and Drought Management Center）的前身机构，并提供了大量专业人员和技术内容。2007 年日本公布了《日本—湄公河地区伙伴关系计划》，提出了日本与湄公河国家的新型合作政策，其核心是通过援助、贸易、投资等综合开发援助模式，推进日本与湄公河五国的伙伴关系，强化日本在该地区的政治、经济影响力。②

日本对湄公河流域的影响力主要表现在官方发展援助方面。日本2009 年召开第一次"日本与湄公河国家峰会"，该峰会每年一次，旨在加强日本在湄公河流域的战略影响。日本曾宣布 2013—2015 年向湄公河下游国家提供 6000 亿日元的官方发展援助。2015 年 7 月，"日本与湄公河国家峰会"后，首相安倍表示今后三年将向缅、泰、老、柬、越提供 7500 亿日元政府官方援助，并且在该峰会上通过了《新东京战略

---

①　"Mekong Partnership for the Environment", USAID, Oct. 30, 2014, https：//www. usaid. gov/asia – regional/fact – sheets/mekong – partnership – environment.

②　常思纯：《日本为何积极介入湄公河地区》，《世界知识》2018 年第 21 期；"Japan Provides ＄3. 9 Million to Tackle Mekong Flood and Drought Issues", MRC, March 13, 2020, http：//www. mrcmekong. org/news – and – events/news/japan – provides – 3 – 9 – million – to – tackle – mekong – flood – and – drought – issues/。

2015》，其中包含了水资源管理、防灾和气候变化等议题。① 近年来，日本对东南亚的关注更多地转向加强与湄公河国家的合作，"日本与湄公河国家峰会"作为日本与湄公河流域各国联系的重要纽带，加强了日本在流域内的投资等影响力，并借助这种软实力的推广牵制中国在中南半岛的影响，增强其亲和力。2018 年 10 月，第十届"日本与湄公河国家峰会"在东京举行，湄公河国家领导人均参加了此次峰会。会议通过了指导合作的纲领性文件《日本—湄公河合作东京战略 2018》，此前 2012 年和 2015 年分别通过了两次战略文件。这次会议议题涉及水资源治理，关注在湄公河流域实现"均衡且可持续发展的目标"，倡导就应对气候变化、治理海洋污染和保护水资源等方面日本与相关国家展开合作。

日本在与湄公河国家的交往中重视环境、水资源等方面的治理。安倍自 2015 年提出以亚洲为重点推进"高质量基础设施伙伴关系"以来，不但强调要加强日本高质量基础设施的出口，还强调要在湄公河地区实现"高质量成长"。《日本—湄公河合作东京战略 2018》进一步提出要将"开放性、透明性、经济可行性、注重社会责任及环境保护、受益国财政健全性"等作为国际标准，推进高质量基础设施建设，强调跨境水资源治理与可持续发展、水生灾害的预防和应对，重视青年人在治理中的作用，意图打造"绿色湄公河"，并加强与湄公河委员会、湄公河下游行动计划等其他机制的合作。日本还计划将 2019 年到期的"建设绿色湄公河十年倡议"升级为"面向 2030 年可持续发展的日本—湄公河国家合作倡议"，争取在应对气候变化和自然灾害、海洋污染和加强水资源治理等方面确立日本标准，在地区合作中发挥主导作用。湄公河国家认可日本的先进技术在跨境水资源治理、流域防灾减灾等方面的先进作用与优势地位。② 2020 年 3 月，日本又批准向湄公河委员会提供约 3900 万美元援助，以提升湄公河下游国家开展更加迅速和准确的旱涝

---

① 《日本宣布向湄公河流域国家提供 7500 亿日元援助》，国际在线，2018 年 7 月 4 日，ht-tp：//gb. cri. cn/42071/2015/07/04/7551s5019354. htm。

② "Tokyo Strategy 2018 for Mekong - Japan Cooperation", Ministry of Foreign Affairs of Japan, Oct. 9, 2018, https：//www.mofa. go. jp/files/000406731. pdf; "Joint Statement of the 11th Mekong - Japan Summit", Ministry of Foreign Affairs of Japan, Nov. 4, 2019, https：//www. mofa. go. jp/files/000535954. pdf; 常思纯：《日本为何积极介入湄公河地区》，《世界知识》2018 年第 21 期。

灾害监测和预警。① 以环保等世界普遍认可的理念介入湄公河国家的水资源治理，日本能够博得流域各国的认可，并淡化其国家利益的色彩。日本国内资源缺乏，通过与湄公河国家的合作，可以获取其需要的自然资源。湄公河国家相对落后，日本利用其在技术、环保等方面的优势，以小规模的民生项目入手，帮助湄公河国家提升水务方面的治理能力，改善使用效率，促进当地民众对日本保持较好的印象。这样，日本一方面可以提高对湄公河国家的投资水平，赚取经济利益；另一方面还可以在国际政治舞台上换取湄公河国家的支持，借机塑造有利于日本的湄公河地区秩序。

表 2-1　　　　　　2013—2018 年日本对湄公河流域国家的直接投资　　　单位：百万美元

年份 国家	2013 年	2014 年	2015 年	2016 年	2017 年	2018 年
柬埔寨	38.52	84.91	52.50	198.71	226.56	199.24
老挝	—	2.10	75.81	44.21	70.30	47.65
缅甸	36.00	37.72	95.05	16.03	207.72	122.63
泰国	10,927.21	2,430.85	3,006.26	2,986.75	3,256.54	5,655.43
越南	2,365.24	969.18	954.96	1,338.89	3,580.39	3,758.12
总计	13,366.97	3,524.77	4,184.59	4,584.58	7,341.51	9,783.07

资料来源：Flows of Inward Foreign Direct Investment（FDI）by Host Country and Source Country（in million US $），ASEAN，July 8，2019，https：//data. aseanstats. org/fdi – by – hosts – and – sources. 部分数据根据网站数据计算得出。

　　美国和日本作为同盟，都对东南亚地区的水资源治理格外重视，未来有可能在美国与湄公河国家合作、日本与湄公河国家合作方面加大相互支持力度，这样对中国倡导的澜湄合作会造成阻力。中国在湄公河地区开展水资源治理的同时，一方面可以与域外大国寻求合作，增进了解，中日之间可以就湄公河流域的水资源治理展开合作，这样也可以弱化美日等国联合开展治理的效应；另一方面也要关注域外大国通过合作进一步拉拢湄公河国家参与其主导的水资源治理活动，防范域外大国对中国倡导的地区合作治理产生的对冲效应。

---

　　① "Japan Provides ＄3. 9 Million to Tackle Mekong Flood and Drought Issues"，MRC，March 13，2020，http：//www. mrcmekong. org/news – and – events/news/japan – provides – 3 – 9 – million – to – tackle – mekong – flood – and – drought – issues/.

三　其他域外行为体与湄公河流域国家的水资源合作

近年来，欧盟、澳大利亚、韩国、印度等域外行为体对于湄公河国家的水资源治理保持关注，域外各方运用自身的实力优势，影响湄公河国家的水资源治理效果。

（一）欧盟与湄公河国家的水资源合作

当前，在世界进入越发不确定的发展阶段，欧洲的发展前途也显示出更加不明朗的一面。在这种情况下。一方面欧盟和欧洲国家在现有的政治和经济基础上，需要继续通过包括水资源治理在内的技术手段，维持其全球范围内的外交和规范影响力；另一方面欧盟也会更加务实地着眼于现实利益，具体的安全、经济等方面的利益也是欧盟考量的重要方面。因此作为低敏感度的议题，欧盟与湄公河国家的水资源合作也会深受欧盟的重视。2013 年欧盟通过了《关于欧盟水外交的理事会决议》（*Council Conclusions on EU Water Diplomacy*）。2018 年 11 月 19 日，欧盟委员会通过了新版的《关于欧盟水外交的理事会决议》，欧盟委员会认为，多层面的合作非常重要，在符合欧盟全球战略等其他涉及水资源安全的情况下，高层级政治的参与会起到阻止、减轻跨境水域的冲突风险，以及促进和平与稳定的作用。欧盟在水资源领域的介入是维系和平、安全与稳定的工具。欧盟的介入必须以有利于全流域冲突的平息与解决，并要有助于平等、可持续、全面的水资源治理，还要促进气候变化对水资源治理的积极作用。水资源合作必须要有助于促进地区一体化和应对政治不稳定性。欧盟强烈谴责将水资源作为武器的做法，认为这种行为违反国际法原则。另外，欧盟认为在湄公河和尼罗河等国际河流修建大型水坝，会增加流域国家及更大范围受影响国家间关系的紧张程度。欧盟确保冲突预防的早期预警体系能够应对与水资源相关的安全挑战，并且要加强政策领域内早期预警等行动。[①] 2019 年 9 月在柬埔寨暹粒举行了第八届亚欧会议可持续发展对话会，其主题是强化面向可持续发展和包容性增长的水伙伴关系，会议建议在跨境水资源合作和伙伴关系方面，增强联合政策和发展规划，建立和提

---

① Council of the European Union, "Council Conclusions on EU Water Diplomacy", European Union External Action, Nov. 19, 2018, http：//data. consilium. europa. eu/doc/document/ST – 13991 – 2018 – INIT/en/pdf.

升利益分享机制，充分利用好已有和新兴的合作框架，重视公开数据和信息分享等。湄公河委员会首席执行官安皮哈达（An Pich Hatda）表示，"区域内外国家间的适当协调对于最大限度减小跨境风险、促进合作机遇的最大化都非常必要"。欧盟致力于促进一体化的水资源管理和有效的水资源治理，这需要适合的体制、可靠的数据、能力的建构、认识水平以及资金安排的提升。水资源与能源、粮食安全、生态体系的联系也是欧盟重视的方面。① 欧盟主要在以下几方面重点关注湄公河国家的水资源治理。

　　第一，防控因水而起的灾害是欧盟的关注点之一。由于湄公河地区地处水资源灾害的高发地区，季风带来的高强度降水以及洪涝灾害的危害极大，也容易引起其他各种地质灾害。欧盟支持以一体化的方式应对危机和冲突，重视对灾害的早期预警和风险评估。② 欧盟人道主义援助和危机管理专员克里斯托·斯蒂里亚尼迪斯（Christos Stylianides）表示，欧盟相信需要促进东南亚基层社区对自然灾害的预防，特别是对于脆弱性最大的地区。欧盟对于这些地区的援助会提高未来这些地区应对灾害的能力，而且会提升这些受灾严重地区的民众生活水平。2018 年，欧盟宣布对南亚和东南亚相关国家进行援助，欧盟对缅甸援助 200 万欧元，以应对城市中的自然灾害，对老挝、柬埔寨和越南也援助了共 100 万欧元，支持提升地区应对灾害的能力。③ 2017 年 11 月，台风达维袭击了越南中南部部分地区。欧盟对越南提供了价值 20 万欧元的人道主义援助。此项援助支持越南红十字会对灾区提供净水设备和消除水生蚊虫引起的疾病。④ 2018 年 7 月，

　　① "Asia – Europe Meeting Recommends Actions to Strengthen Water Partnership for Sustainable Development and Inclusive Growth", MRC, 23 Sept., 2019, http：//www. mrcmekong. org/news – and – events/news/asia – europe – meeting – recommends – actions – to – strengthen – water – partnership – for – sustainable – development – and – inclusive – growth/.

　　② Council of the European Union, "A Global Strategy for the European Union", European Union External Action, Aug. 10, 2018, https：//eeas. europa. eu/headquarters/headquarters – homepage/49323/global – strategy – european – union_ en.

　　③ Council of the European Union, "The EU Commits 6 Million for Disaster Preparedness in South and Southeast Asia", European Union External Action, Aug. 3, 2018, https：//eeas. europa. eu/headquarters/headquarters – homepage/49124/eu – commits – % E2% 82% AC – 6 – million – disaster – preparedness – south – and – southeast – asia_ en.

　　④ Council of the European Union, "European Union Brings Relief to the Victims of Typhoon Damrey in Vietnam", European Union External Action, Dec. 13, 2017, http：//eueuropaeeas. fpfis. slb. ec. europa. eu：8084/delegations/vietnam/37296/european – union – brings – relief – victims – typhoon – damrey – vietnam_ en.

老挝桑片—桑南内（Xepian – Xe Nam Noy）水电站发生溃坝事件，洪水造成了大量人员伤亡和失踪。为了应对水资源灾害造成的威胁，欧盟通过欧洲委员会民防与人道主义救助行动项目（European Commission's Civil Protection and Humanitarian Aid Operations）对此进行了 20 万欧元的援助，包括提供了清洁饮用水援助、修建避难所、提供卫生和房屋修缮设备等。[①] 缅甸 2018 年雨季遭受了严重的洪涝灾害后，欧盟对缅甸提供了价值 13 万欧元的人道主义援助。该项援助对受灾最严重的 15000 名民众提供了直接救助。[②] 德国国际合作机构（GIZ）支持湄公河委员会开展合作，即从 2018 年 5 月到 2021 年 12 月，泰国和柬埔寨两国水务机构进行合作，开展洞里萨湖的旱涝管理。[③]

第二，欧盟通过介入湄公河国家水资源治理提升了当地国家的农业生产能力。作为东南亚主要的产业部门，农业依然是最大的水资源消耗方面，但农业对生活、工业和环境用水的影响却极少被考虑到。[④] 2017 年，欧盟批准了对缅甸 2000 万欧元资助，主要用于缅甸灌溉农业包容发展项目（Irrigated Agriculture Inclusive Development Project），涉及改进水资源治理、在缅甸中部干旱地区的农业生产力提升，旨在改善缅甸中部干旱区的农业人口居住条件和收入水平。此项为期 7 年的资助会增加灌溉网络的效率，促进环境友好型农业的发展，并且会使农业生产更加多样化。除了欧盟参与资助之外，法国开发署、亚洲开发银行、缅甸政府也对缅甸灌溉农业包容发展项目进行资助。[⑤] 欧盟在功能性援助中注重发展多边合作。

---

① Council of the European Union, "The European Union Brings Relief to the Victims of the Xepian – Xe Nam Noy Dam Tragedy", European Union External Action, July 31, 2018, http: //eueuropaeeas. fpfis. slb. ec. europa. eu: 8084/delegations/lao – pdr/48981/european – union – brings – relief – victimsxepian – xe – nam – noy – dam – tragedy_ en.

② Council of the European Union, "EU Provides Emergency Relief to Flood Victims in Myanmar", European Union External Action, Aug. 24, 2018, https: //eeas. europa. eu/headquarters/ headquarters – homepage/49675/eu – provides – emergency – relief – flood – victims – myanmar_ en.

③ "Cambodia, Thailand Agree on Priorities for Their Flood and Drought Joint Project", May 21, 2019, http: //www. mrcmekong. org/news – and – events/news/cambodia – thailand – agree – on – priorities – for – their – flood – and – drought – joint – project/.

④ 亚洲开发银行：《2016 年亚洲水务发展展望》，亚洲开发银行网站，2017 年 3 月，https: //www. adb. org/zh/publications/asian – water – development – outlook – 2016。

⑤ Council of the European Union, "New Funding for Better Water Resource Management in Myanmar's Central Dry Zone", European Union External Action, Dec. 6, 2017, https: //eeas. europa. eu/headquarters/headquarters – homepage/36856/new – funding – better – water – resource – management – myanmars – central – dry – zone_ en.

2017 年 6 月在老挝首都万象举行了气候变化周活动，欧盟及其成员国支持应对气候变化的行动。法国与老挝政府机构、法国农业国际发展研究中心（French Agricultural Research Centre for International Development）、专业人员支持公平发展（GRET）等法国非政府组织合作，出资 650 万欧元，以支持促进农业生态学、可持续农地和农业实践、灌溉与水资源管理等内容。①

第三，欧盟通过与相关水资源治理机制和地区国家的合作，介入湄公河国家能源领域的治理。2017 年 2 月，欧盟与老挝进行了第八次联合委员会会晤，期间欧盟表示愿意分享其地区一体化的成功经验，包括在湄公河流域开展水资源治理等议题。② 欧盟认为在进一步实现生产部门发展多元化的条件下，老挝经济增长模式才会更加具有可持续性。欧盟欢迎与老挝在能源和水力发电方面的结构性对话。在自然资源、环境管理进程与防灾方面，老挝需要高度关注在流域管理中预防和减少自然灾害。老挝在水力发电中需要继续遵循国际标准和安全监管原则。同时，欧盟认为老挝也应当关注水力发电的其他替代方式，包括风力和太阳能等可再生能源发展方式。③ 湄公河流域地势有高度差，在雨季具有充足的水量，有益于水力发电。

另外，欧盟加强与国际组织和地区大国的协调合作。跨境水资源治理需要多国进行合作，欧盟直接向湄公河治理的相关机构施加影响。2013 年 1 月欧盟宣布承诺向湄公河委员会提供 495 万欧元的资金，以

---

① Council of the European Union, "Op – ed on the Occasion of the Climate Diplomacy Week 12 – 17 June 2017", European Union External Action, June 12, 2017, http：//eueuropaeeas. fpfis. slb. ec. europa. eu：8084/delegations/lao – pdr/27967/op – ed – occasion – climate – diplomacy – week – 12 – 17 – june – 2017_ en.

② Council of the European Union, "The European Union and Lao PDR Successfully Hold Their Eighth Joint Committee", European Union External Action, Feb. 17, 2017, https：//eeas. europa. eu/ headquarters/headquarters – homepage/20756/european – union – and – lao – pdr – successfully – hold – their – eighth – joint – committee_ en.

③ Council of the European Union, "European Development Partners' Statement at the Lao PDR's 2018 Round Table Implementation Meeting", European Union External Action, Dec. 5, 2018, https：//eeas. europa. eu/headquarters/headquarters – homepage/54838/european – development – partners%E2%80%99 – statement – lao – pdr%E2%80%99s – 2018 – round – table – implementation – meeting_ en.

应对气候变化带来的旱涝影响。① 2008—2013 年，世界自然保护联盟组织和实施了湄公河水对话（Mekong Water Dialogues），其由芬兰外交部资助。该项目涉及湄公河下游四国，通过国家主导的地区对话，政府代表、非政府组织、学术界和私人部门等都参与了流域治理活动。德国从 2003 年起就对湄公河委员会开展了资助，到 2018 年大约进行了 3100 万欧元的援助。② 欧盟还通过亚欧会议在湄公河地区释放自身影响力。欧盟及其成员国是对湄公河下游国家最大的发展援助提供者，湄公河委员会 2011—2015 年超过 65% 的预算份额由欧盟及其成员国提供。在机制化影响方面，欧盟认为保护莱茵河国际委员会、保护多瑙河国际委员会、多瑙河委员会可以在与湄公河国家合作方面起到至关重要的作用。③ 2015 年 11 月举行的第 12 届亚欧外长会声明中，各国外长们重申致力于应对新兴挑战，以促进可持续的水资源管理，包括流域综合管理、洪灾风险控制及确保可获得安全饮用水及卫生用水；并鼓励就跨境水资源、次区域及跨区域涉水问题，包括在湄公河与多瑙河区域间进一步加强亚欧间务实合作。④ 从自身利益出发，欧盟推广欧洲跨境水治理模式对湄公河流域的影响不容忽视。

欧盟通过项目和协议等方式向湄公河国家进行经济和技术援助，确保欧盟的相关优势地位。欧盟以合作机制为中心，提供水资源治理方面的区域公共产品，推进湄公河下游国家提升水资源治理与合作能力。欧盟与湄公河国家的水资源合作，意图联系互联互通、绿色发展等先进治理理念，塑造湄公河国家的水资源治理模式，提升湄公河国家水资源治理水平，相关国家在涉及环境、应对灾害、开发水资源等方面的综合治理水平会得到提升，从而使欧盟在湄公河国家的经济和战略利益得以保证。欧盟介入地区治理时，十分重视通过水资源等非传统安全领域的治

---

① "The European Union Provides over 6 Million USD to Tackle Climate Change in the Mekong", European External Action Service, Jan. 16, 2013, http：//eeas. europa. eu/delegations/laos/press_ corner/all_ news/news/2013/20130116_ en. htm.

② "Germany, EU Renew Support to Strengthen Mekong Transboundary Water Cooperation", MRC, Nov. 28, 2018, http：//www. mrcmekong. org/news – and – events/news/germany – eu – renew – support – to – strengthen – mekong – transboundary – water – cooperation/.

③ Gerhard Sabathil, "Europe – Asia Dialogue on Water Management Policies – Overview of Possible Future Common Actions", European External Action Service, June 2, 2014, http：//eeas. europa. eu/asem/docs/20140602_ speech_ sabathil_ final_ en. pdf.

④ 《第十二届亚欧外长会主席声明》，中国外交部网站，2015 年 11 月 23 日，http：//www. fmprc. gov. cn/ce/cesg/chn/jrzg/t1317476. htm。

理推动地区的综合发展。欧盟的治理模式具有一定的优势，而且欧盟在本地区的成功经验也会影响到世界其他地区，这对于欧盟构建全球治理规范具有现实意义。

（二）澳大利亚与湄公河国家的水资源合作

澳大利亚重视与湄公河国家在水资源治理方面进行合作。2010 年以来，澳大利亚国际开发署和澳大利亚科学与工业研究组织（AusAID，CSIRO）资助泰国东北部湄公河未来项目（Mekong Futures Project – Northeast Thailand）的研究，主要对湄公河跨境水资源、粮食、能源相关政策以及投资提供建议。澳大利亚参与湄公河水资源合作的特点包括，从法律和法规、标准制定、能力建设、知识更新和社会实践等方面开展水资源治理；选择关键的机构开展合作，借这些机构的影响力开展治理工作；澳大利亚相关治理机构负责水资源援助的官员长期从事水资源研究，熟悉湄公河流域内的主要机构和人员，亲自参与具有战略性和现实性的项目。[1] 2019 年 5 月，澳大利亚政府向湄公河委员会捐赠了 43 万澳元，以帮助其提升数据、模型和信息系统等。此项援助以技术援助的形式进行，从 2019 年 5 月到 2020 年 12 月通过其政府附属的组织 eWater 开展。澳大利亚已经对湄公河委员会进行了超过了 2700 万美元的援助。[2] 澳大利亚墨累—达令河流域管理局（Murray – Darling Basin Authority）与湄公河委员会 2019 年 6 月签署了继续合作的协议，未来双方在技术领域会开展进一步合作。墨累—达令河流域管理局首席执行官菲利普·格莱德（Phillip Glyde）表示，此项合作会促进湄公河委员会发挥知识中心和地区水外交平台的作用。[3] 澳大利亚通过援助、加强本国治理机构的合作、进行学术研究等工作，加强介入湄公河国家的水资源治理，在东南亚地区拓展其战略影响力。

---

[1]　吕星、刘兴勇：《澜沧江—湄公河水资源合作的进展与制度建设》，载刘稚主编《澜沧江—湄公河合作发展报告（2017）》，社会科学文献出版社 2017 年版，第 87 页。

[2]　"Mekong Data and Information System Improvement Receives Australian Support"，MRC，May 9，2019，http：//www. mrcmekong. org/news – and – events/news/mekong – data – and – information – system – improvement – receives – australian – support/.

[3]　"Renewed Partnership with Murray – Darling Basin Authority will Prepare Mekong for Current and Future Challenges"，MRC，June 6，2019，http：//www. mrcmekong. org/news – and – events/news/renewed – partnership – with – murray – darling – basin – authority – will – prepare – mekong – for – current – and – future – challenges/.

（三）韩国与湄公河国家的水资源合作

韩国和湄公河国家也开展了战略性的合作。2011 年，韩国和湄公河国家的外长在韩国首尔召开第一次韩国和湄公河国家合作外长会议，双方发表了《关于建立韩国—湄公河全面合作伙伴关系，共同繁荣文明的汉江宣言》。其中，基础设施、信息与通信技术、绿色增长、水资源、农村发展与人力资源都是此次外长会议认可的六项重点合作领域。[①] 自 2011年起每一届韩国和湄公河国家外长会议上，湄公河绿色发展、水资源合作、环境保护都是重要的合作议题。水资源合作是韩国和湄公河国家合作的重要内容，也是湄公河各国加强与韩国合作的重要桥梁。韩国利用水资源这一议题，介入对湄公河国家的治理。加强湄公河水资源治理也成为每年韩国和湄公河国家外长会议上的必谈内容。每一届外长会议上越南都呼吁加强湄公河水资源治理与利用合作。在越南的不断呼吁与努力下，韩国和湄公河国家合作在水资源治理方面不断取得突破与进展。2014 年 7 月韩国和湄公河国家外长会议通过的 3 年行动计划强调，湄公河下游国家将与韩国建立旱涝灾害风险管理、灌溉设施维护、湄公河水资源管理等合作项目。在这些项目中湄公河下游国家将获得韩国在资金、技术和人员等方面的支持与援助。在 2016 年的韩国和湄公河国家外长会议上，越南外长范平明（Pham Binh Minh）更是将湄公河的绿色和可持续发展对湄公河国家的重要性提升到生死存亡的高度，希望韩国能加大与越南等湄公河国家在此方面的合作。[②] 韩国和柬埔寨也曾签署协议，规定 2016—2018 年韩国向柬埔寨提供 4.17 亿美元优惠贷款，用于柬实施水利灌溉、排水系统、农村道路、健康卫生和公路修复等项目。此额度较上一个 3 年增长了一倍。[③] 韩国与缅甸签署协议，规定在缅甸村庄开展农业灌溉和减贫合作，韩方提供技术援助和低息贷款。[④] 韩国对于湄公河流域的可持续发展也很重视，在双方的共同推动下，韩国与地区国家签署合作协议、投入资金，

---

① Hyo – Sook Kim, "The Political Drivers of South Korea's Official Development Assistance to My-anmar", *Contemporary Southeast Asia*, Vol. 40, No. 3, 2018, p. 490.

② 韦丽华、于臻：《湄公河多边合作机制下越南与韩国、印度的合作》，《南洋问题研究》2017 年第 4 期。

③ 《韩国三年内将向柬提供 4 亿多美元优惠贷款用于柬基础设施建设》，中国商务部网站，2017 年 2 月 3 日，http：//cb. mofcom. gov. cn/article/jmxw/201702/20170202509260. shtml。

④ 《韩国承诺援助缅甸的农业发展》，中国商务部网站，2015 年 7 月 27 日，http：//manda-lay. mofcom. gov. cn/article/jmxw/201507/20150701061976. shtml。

加大水资源治理合作。

（四）印度与湄公河国家的水资源合作

印度从 2000 年 11 月开始与湄公河国家召开外长会议，启动"湄公河—恒河合作倡议"，其间合作经历了起伏波动，2018 年 8 月，第九届湄公河—恒河地区（MGC）外交部长会议召开，六国表示愿意在农业、文化、交通、旅游等方面加强合作，并加强在水资源等领域的合作。2019年 8 月，第十届湄公河—恒河地区（MGC）外交部长会议召开，印度高度重视水资源管理在新兴合作领域中的重要性。印度政府发布的《湄公河—恒河合作（MGC）行动计划（2019—2022）》中涉及水资源合作的部分包括，印度与湄公河国家将就可持续发展的水资源管理、跨境流域合作等诸多领域进行项目合作。印度在农村农业和水资源管理的培训和会议中，将与湄公河国家就管理经验和实践成果进行交流。[1] 近年来，印度从"东向战略"逐步转向"东进战略"，对于湄公河国家的水资源治理较为关注。印度介入湄公河地区的水资源治理，除了因为经济利益，还有从战略和安全等方面遏制中国的考量。以越南为例，其在与印度的水资源合作中非常积极，取得了一定成果。但是越南与印度开展水资源合作的初衷是争取外交资源，搭建外交平台，营造有利的外交环境。因此印度与越南的湄公河合作，外交会议和表态不断，实际落实工作并没有得到充分重视；发展计划较多，但实质合作成果较少。[2]

总之，域外国家和超国家行为体对于湄公河流域的水资源治理保持着高度的关注。流域各国的治理理念与域外行为体不同，域外行为体以自身的理念与湄公河国家保持合作，以自身较为擅长的方式开展介入式的水资源治理。但由于域外行为体的介入治理出于各自利益的考量，也就会在一定程度上引起澜湄流域水资源问题的产生与发展。

---

① "Joint Ministerial Statement of the 10th Mekong – Ganga Cooperation Ministerial Meeting", Ministry of External Affairs, Government of India, Aug. 2, 2019, https：//www. mea. gov. in/bilateral – documents. htm？ dtl/31713/Joint + Ministerial + Statement + of + the + 10th + MekongGanga + Cooperation + Ministerial + Meeting； "Mekong Ganga Cooperation（MGC）Plan of Action（2019 – 2022）", Ministry of External Affairs, Government of India, Aug. 2, 2019, https：//www. mea. gov. in/bilateral – documents. htm？ dtl/31712/Mekong + Ganga + Cooperation + MGC + Plan + of + Action +20192022.

② 韦丽华、于臻：《湄公河多边合作机制下越南与韩国、印度的合作》，《南洋问题研究》2017 年第 4 期。

小 结

在全球气候变化、澜湄流域水资源关系不稳定、域外行为体参与澜湄水资源治理的情况下，澜湄国家在应对水资源问题的过程中，对上述因素需要格外重视。这些因素是导致澜湄国家间产生水资源问题的主要原因。气候变化作为全球性问题，需要世界各国加以重视和应对，本地国家也需要在全球治理层面上积极参与合作，尽量减少气候变化的负面影响，加大对气候变化的适应性。澜湄国家间关系会影响到水资源合作，也受到流域国家水资源关系的影响。从长远的角度出发，澜湄国家需要管控好矛盾，不断通过扩大共识来增强共同利益，为水资源治理拓展广泛的合作平台。域外行为体对于澜湄流域的水资源治理存在多方面的影响，中国一方面需要增强战略定力，不为外界的介入所干扰；另一方面也需要在可能的情况下与域外行为体进行合作，学习其先进的治理经验，为流域内开展更为高效的水资源合作进行经验积累。在正确认识了问题成因后，澜湄国家开展多层级水资源治理就会更加精准和高效。

第三章

国家层面的澜湄流域水资源治理

对于跨境水资源治理，澜湄各国在国家层面都颁布了法规并施行了具体的政策措施。国家层面的合作是澜湄水资源治理的基础。由于国家层面的治理和协调主要集中在本国国内和与邻近国家的合作方面，全流域性的水资源治理还需要进一步的提升。总的来讲，澜湄各国对于开发水资源和跨境水资源合作的态度是积极的。中国在历史上已经开始重视澜湄流域水资源合作治理。新中国成立后，特别是在改革开放后和党的十八大以来，中国政府积极践行与邻为善、以邻为伴的战略，与湄公河五国开展了形式多样的水资源合作，在很大程度上缓解了当地用水的问题，也加深了中国与下游国家合作治理的水平。尽管国家层面的合作还不能完全体现次区域和区域治理机制的积极效应，水资源合作还是在中国与东南亚邻国之间构建了国家层面合作的基础。湄公河流域国家对于跨境水资源治理也进行了许多有益的尝试。澜湄流域各国认同可持续发展合作，国内政策基本上符合可持续发展的要求，但国内政策的顺利实施仍需要进一步加大流域国家间的沟通。

第一节　中国对澜沧江水资源治理的基本政策

中国对于合理利用水资源、与周边国家合作开发和保护跨境水资源持积极态度。中国一直以来比较注重与湄公河国家合作治理水资源问题。中华人民共和国成立以来，中国在治理澜沧江的基础上，以和平共处五项原则为指导，平等地与湄公河流域各国在国家层面开展协调合作。

一　中国历史上的澜沧江水资源治理政策

中国历史上就对边疆地区的水利开发十分重视，通过在边疆省份治理水利以及与周边国家联通水利设施，达到促进边疆地区经济、社会发展的需要。早在元朝，赛典赤·赡思丁在云南整治水利，兴建水利设施。在他的领导下，建成了松华坝并进行了大量的沟渠疏浚工作，在滇池流域的治理效果特别明显，大量水边良田为农业的发展提供了土地资源。随着灌溉渠网的建立，滇池地区的农业和经济得到了迅速发展。[①] 中国古代不但对边疆省份的水资源治理很重视，对周边邻国的水资源治理也很关注，并投入资源帮助修建水利设施。据缅甸史书记载，1301 年元军在缅期间，帮助当地人修建交栖水利工程，并开凿了墩兑（Thindwe）运河。[②] 从元朝到清朝英国殖民者入侵前，中国云南地区和缅甸等湄公河国家通过河道水运，打开了经贸交流的通道，在陆地交通之外加强了区域间的联通，通过水资源合作促进了澜湄次区域经济和社会发展。[③] 近代以来，由于西方殖民者对中南半岛的侵略，中国的西南边疆安全也受到了严重影响。第二次世界大战时期中南半岛也是中国抵抗日本侵略的战场，这一时期中国对于跨境水资源合作的政策措施受到很大制约。中华人民共和国成立后，在与湄公河相关国家确认边界线后，跨境水资源的治理也就逐渐恢复。

二　新中国成立到党的十八大前的澜沧江水资源治理政策

中华人民共和国成立后，新中国非常重视澜沧江的水资源治理，在国内立法、双边条约、国内政策实施等方面都考量了跨境水资源问题对邻国的影响。

第一，中国与相关邻国签订了相关边界法律文件。1960 年 10 月，中缅之间签订了边界条约。[④] 1991 年 10 月、1993 年 1 月、1993 年 12 月，

---

① 诸锡斌：《赛典赤赡思丁与云南水利开发》，《云南农业大学学报》1989 年第 4 期。

② ［英］戈·埃·哈威：《缅甸史》，姚梓良译，商务印书馆 1973 年第 2 版，第 167 页。

③ 朴光姬、李芳：《"一带一路"对接缅甸水资源开发新思路研究》，《南亚研究》2017 年第 4 期。

④ 《中华人民共和国和缅甸联邦边界条约》，中国人大网，2000 年 12 月 25 日，http://www.npc.gov.cn/wxzl/gongbao/2000 - 12/25/content_ 5000748. htm。

中老之间分别签署了边界条约、边界议定书以及边界制度条约。① 1999 年 12 月，中国和越南签署了陆地边界条约。② 从边界领土的法律规约方面划定中国和邻国边界，为中国在澜湄流域跨境水资源治理提供了国家间领土关系的法律基础。中国与接壤邻国在领土方面基本解决了争议性问题，跨境水资源合作也就不会受到边界因素的影响。

第二，中国制定了涉及水资源的相关法律。在国内水资源相关法律方面，中国 1988 年通过了《中华人民共和国水法》，后来经过 2002 年、2009 年、2016 年三次修订。在《水法》的基础上，2010 年中国批准了首个《全国水资源综合规划》，规定正确处理经济社会发展、水资源开发利用和生态环境保护的关系，通过全面建设节水型社会、合理配置和有效保护水资源、实行最严格的水资源管理制度，保障饮水安全、供水安全和生态安全，为经济社会可持续发展提供重要支撑。③ 而且《水法》明确指出：国家鼓励开发、利用水能资源。在水能丰富的河流，应当有计划地进行多目标梯级开发。建设水力发电站，应当保护生态环境，兼顾防洪、供水、灌溉、航运、竹木流放和渔业等方面的需要。在水生生物洄游通道、通航或者竹木流放的河流上修建永久性拦河闸坝，建设单位应当同时修建过鱼、过船、过木设施，或者经国务院授权的部门批准采取其他补救措施，并妥善安排施工和蓄水期间的水生生物保护、航运和竹木流放，所需费用由建设单位承担。在不通航的河流或者人工水道上修建闸坝后可以通航的，闸坝建设单位应当同时修建过船设施或者预留过船设施位置。国家确定的重要江河、湖泊的年度水量分配方案，应当纳入国家的国民经济和社会发展年度计划。④

第三，中国在国内法律的制定中对河流使用做出了规划。虽然中国没有加入《国际水道非航行使用法公约》，但是在国内立法中已经体现了对于国际法的遵守，并且在澜湄流域，中国对于水资源的使用态度也符合跨

---

① 《中华人民共和国政府和老挝人民民主共和国政府边界制度条约》，中国人大网，2001 年 1 月 2 日，http：//www.npc.gov.cn/wxzl/gongbao/2001 –01/02/content_ 5003197. htm。

② 《中华人民共和国和越南社会主义共和国陆地边界条约》，中国人大网，2000 年 12 月 17 日，http：//www.npc.gov.cn/wxzl/gongbao/2000 –12/17/content_ 5008962. htm。

③ 《水利部：国务院批复〈全国水资源综合规划〉》，中国政府网，2010 年 11 月 25 日，http：//www.gov.cn/gzdt/2010 –11/25/content_ 1753339. htm。

④ 《中华人民共和国水法》，中国人大网，2016 年 7 月 2 日，http：//www.npc.gov.cn/wxzl/gongbao/2016 –08/22/content_ 1995692. htm。

境流域治理。2002 年 4 月,《中华人民共和国水利部与湄公河委员会关于
中国水利部向湄委会秘书处提供澜沧江—湄公河汛期水文资料的协议》
在北京签署。协议规定,为了满足澜沧江—湄公河下游国家防洪减灾需
要,从每年 6 月 15 日到 10 月 15 日的汛期内,中方向湄公河委员会秘书
处提供水文资料。① 中国在不是湄公河委员会成员的情况下,为了下游国
家的安全利益,主动在容易发生极端洪涝灾害的雨季为各国提供水文信
息,显示了中国愿意参与次区域水资源治理的决心和诚意。

　　第四,中国在水运方面也加大了政策的实施力度,通过与邻国的合作
拓展了航运业务。澜沧江—湄公河的国际航运始于 1990 年。中、老两国
起初对湄公河航道通航的可行性进行了调研。在得出了技术可行、经济合
理的结论后,双方紧接着于当年 9 月成功地实现了中国景洪港至老挝万象
全长 1100 千米的载货航运,从此结束了澜沧江—湄公河不能通航的历史。
1994 年 11 月中老两国正式签署了《澜沧江—湄公河客货运输协定》,双
方正式启动澜湄流域双边国际航运。1997 年 1 月,中缅两国又签订《澜
沧江—湄公河商船通航协定》。中老、中缅航运的开通,引起了沿岸国家
的进一步关注。中国政府加紧建设这条黄金水道,累计投资逾 2 亿元人民
币整治了中国云南省境内的澜沧江航道。2000 年 4 月,中国、老挝、缅
甸、泰国签订了从中国思茅港到老挝琅勃拉邦商船自由通航的协定,四国
联合组织实施了航道改善工程,最终实现了澜沧江—湄公河国际航运的安
全通航。通航后,澜沧江—湄公河国际航运不断发展,运输品种丰富。为
保证航运安全、减少人员伤亡和财产损失,中国云南省加大投入以全面建
成澜沧江五级航道体系,通航时间也由过去的半年提升到基本全年通航,
航运相关的基础设施建设也在不断加强。根据《澜沧江—湄公河商船通
航协定》,2001 年 6 月 26 日中老缅泰四国正式实现河流通航。通航范围
为中国思茅港至老挝琅勃拉邦 786 千米的水域。四国实现通航后,为确保
水上运输的安全和扩大航运成果、促进四国经济发展,2002—2004 年,
中国政府出资 500 万美元,对航道多处可能妨碍水运的航段进行了航道改
善工程,工程的完工极大地改善和提高了通航能力。到 2020 年,云南省

---

① 《中国将向湄公河委员会提供澜沧江—湄公河汛期水文资料》,中国水网,2002 年 4 月 2
日,http://www.h2o - china.com/news/8620.html。

将形成深水航道约 3000 千米、岸线近 10000 千米的航运能力。①

第五，在国内外水电设施开发建设方面，中国也认真考虑了生态保护和开发建设对下游的影响。为了保护澜沧江段的鱼类洄游通道，糯扎渡水电站进水口采取了叠梁门分层取水的方式，这样做可以提高水电站下泄水温、恢复河道水温分布，保护澜沧江中下游水生生态环境，② 实现了水电站的建设与水生生态的平衡发展。澜沧江景洪水电站下游的橄榄坝水电站并不是主要用来发电，而是一个生态环保工程。橄榄坝水电站最大作用是调节景洪水电站水流的下泄，以保证澜沧江水流的平稳。在景洪水电站来水量较大时，橄榄坝水电站可以蓄积一定水量；在来水量较少时，它可以释放蓄积的水量，使下游澜沧江的水流不致大起大落，避免影响航运和生态环境。③ 在海外水电站建设方面，中国在这一时期也积极贯彻企业"走出去"战略目标，在双边合作基础上，进一步推动在湄公河流域的水电设施建设，促进各流域国的经济发展。2011 年 4 月，中国电力建设集团的前身——中国水电集团，与老挝政府签订《南欧江流域梯级水电开发项目特许经营框架协议》，获得南欧江整条流域开发权。南欧江是湄公河西岸最大支流，中国电建分两期在南欧江建设一库七级水电站。该项目成为中国电建在海外推进全产业链一体化战略实施的首个投资项目，也是唯一的中资公司在老挝获得以全流域整体规划和投资开发的水电项目。④ 中国还主动为流域相关国家培训水电项目技术人才，2011 年 9—12 月，中国电力投资集团云南国际电力投资有限公司与缅甸第一电力部合作在云南举办了为期三个月对缅甸水电工程技术人员的免费培训，助力缅甸水电业人才的发展。⑤ 中国在澜湄流域建设水电项目的同时，已经贯彻了可持续发展和合作发展理念。

---

① 《澜沧江—湄公河国际航运简介》，中国新闻网，2011 年 10 月 19 日，http：//www. yn. chinanews. com. cn/pub/special/2011/1019/5519. html；张丹、赵书勇：《综述：澜沧江—湄公河国际航道通航十年成黄金水道》，中国新闻网，2010 年 2 月 3 日，http：//www. chinanews. com/gn/news/2010/02 - 03/2105849. shtml。

② 高志芹等：《糯扎渡水电站进水口叠梁门分层取水研究》，《云南水力发电》2012 年第 4 期。

③ 穆秀英、吴新：《澜沧江流域水电开发及其特点》，《电网与清洁能源》2010 年第 5 期。

④ 周群、蒋雪林：《湄公河流域水电开发：要环保 也要光明》，中国新闻网，2014 年 5 月 5 日，http：//www. chinanews. com/gn/2014/05 - 05/6132169. shtml。

⑤ 刘稚主编：《大湄公河次区域合作发展报告（2011—2012）》，社会科学文献出版社 2012 年版，第 163 页。

　　第六，中国政府对于湄公河航段的航行安全也格外重视。2011年湄公河惨案发生后，中、老、缅、泰四国紧急召开湄公河流域执法安全合作会议，会议通过了《湄公河流域执法安全合作会议纪要》，发表了《关于湄公河流域执法安全合作的联合声明》并达成共识，同意进一步采取有力措施，加大联合办案力度，尽快彻底查清案件案情，依法惩办凶手；为应对湄公河流域安全出现的新形势，同意建立中老缅泰湄公河流域执法安全合作机制，交流情报信息、联合巡逻执法、联合整治治安突出问题、联合打击跨国犯罪、共同应对突发事件；同意尽快通过联合办案、专项治理等方式，共同打击跨国犯罪特别是打击毒品犯罪团伙；尽快开展联合巡逻执法，为恢复湄公河航运创造安全条件。① 2011年12月，中老缅泰湄公河联合巡逻执法联合指挥部在云南西双版纳关累港码头揭牌，标志着四国联合执法警务合作的新平台正式建立。四国同意自2011年12月中旬开始，在湄公河流域开展联合执法，以共同维护和保障湄公河流域安全稳定、促进湄公河流域经济、社会发展和人员交往；同意在中国关累港设立中老缅泰湄公河联合巡逻执法指挥部，四国派驻官员和联络官，根据本国司法管辖权和法律规定协调、交流情报信息，充分协商统一协调各国执法船艇及执法人员开展联合执法工作。② 2012年3月，中老缅泰湄公河联合巡逻执法指挥部首次工作会议在云南景洪举行。会议分析研究了湄公河安全形势，讨论规范了联合指挥部的有关工作，并探讨了进一步推进湄公河联合巡逻执法的工作意见。③ 中国严厉打击威胁航运的犯罪活动，与湄公河相关国家采取联合行动保障运输平安。

三　新时代中国的澜沧江水资源治理政策

　　自党的十八大以来，中国在习近平新时代中国特色社会主义思想的指导下，在国内水资源治理中更加注重遵循可持续发展理念，并与流域国家合作治理澜湄流域水资源相关问题。

---

　　① 邹伟：《中老缅泰湄公河流域执法安全合作会议在北京举行》，中国政府网，2011年10月31日，http://www.gov.cn/ldhd/2011-10/31/content_1982809.htm。

　　② 邹伟、孙铁翔、杨跃萍：《中老缅泰湄公河联合巡逻执法指挥部成立》，中国政府网，2011年12月9日，http://www.gov.cn/jrzg/2011-12/09/content_2016054.htm。

　　③ 公轩：《中老缅泰湄公河联合巡逻执法指挥部举行首次工作会议》，中国公安部网站，2012年3月7日，http://www.mps.gov.cn/n2254098/n2254108/n2254110/c4110013/content.html。

（一）指导思想

澜湄流域联结中国与东南亚。"东北亚、东南亚、中亚是我国周边外交的战略重点，也是我国海外利益集中、交往密切、对外辐射影响力较强的地区。"① 2014 年 5 月 21 日，习近平主席在亚洲相互协作与信任措施会议第四次峰会上发表了题为《积极树立亚洲安全观 共创安全合作新局面》的主旨讲话，首次全面阐述了共同、综合、合作、可持续的"亚洲安全观"。共同，就是要尊重和保障每一个国家安全。综合，就是要统筹维护传统领域和非传统领域安全。合作，就是要通过对话合作促进各国和本地区安全。可持续，就是要发展和安全并重以实现持久安全。② 亚洲安全观指导下的澜湄水资源治理阐释了和平与发展的时代主题，也符合新时代中国对澜湄水资源治理赋予的内涵。

首先，在共同安全方面，不论各国的大小、强弱，流域国家都应该参与其中。流域各国的水资源安全得到有效治理后，将会促进航运、水电开发、灌溉、渔业、防污等方面工作的开展，"一带一路"建设中海外水电开发项目也能得以顺利发展。

其次，综合安全方面，跨境水资源安全属于双源性非传统安全议题，与国家关系、治理模式、外部力量、领土争议等方面存在联系性，③ 与传统安全治理交织。传统的军事安全、政治与经济、生态相互依赖政治之间既有重要的连续性，也存在重大差别。如果大多数乃至所有参与方都期望现状稳定，则保持势力均衡可以使各方共同获益。④ 如果水资源安全出现问题，就可能在民众健康、产业安全等方面引发问题，因水资源环境变化而造成的移民情况也会出现。如果水资源问题得不到有效治理，其外溢效应很有可能对国家综合安全造成负面的影响，非传统安全问题也会引发传统安全问题。

再次，合作安全本质上是国家之间在平等互信的基础上，以和平、多边、合作的方式寻求共同安全和综合安全；在求同存异中通过积极寻求交

---

① 《习近平总书记系列重要讲话读本：关于国际关系和我国外交战略》，新华网，2016 年 5 月 11 日，http://news.xinhuanet.com/world/2016 - 05/11/c_ 128974581. htm。

② 习近平：《积极树立亚洲安全观 共创安全合作新局面——在亚洲相互协作与信任措施会议第四次峰会上的讲话》，《人民日报》2014 年 5 月 22 日第 2 版。

③ 李志斐：《中国跨界河流问题影响因素分析》，《国际政治科学》2015 年第 2 期。

④ ［美］罗伯特·基欧汉、约瑟夫·奈：《权力与相互依赖》，门洪华译，北京大学出版社 2012 年版，第 10—11 页。

流、对话、协商与合作实现共同安全利益，实现同一范围内所有参与者的安全保障。合作安全追求实现的是无排他性安全，[①] 是澜湄水资源治理的关键。湄公河国家与中国相比，不具备经济上的优势，但是从合作安全的角度考虑，湄公河国家和中国在治理旱涝灾害方面存在共同的利益，各国需要协同一致应对安全治理困境，上游国家修建的水利基础设施一定程度上有助于调节下游国家的水资源分配，这需要建立在战略互信与合作安全的基础之上。

最后，可持续安全是澜湄流域水资源治理的目标。可持续安全包括实现安全的可持续性，以及经济、社会的可持续发展。水资源安全治理的实现方式、目标等应当具有可持续性，应当根据经济、社会的发展情况进行符合实际要求的治理活动，另外，水资源安全也应当具有促进经济、社会可持续发展的特征。流域各国在水资源开发的相关政策和法规中都提出了生态保护、防止污染等原则，这与中国倡导的绿色发展理念相一致。可持续安全的目标是要促进各国的可持续发展。澜湄国家作为发展中国家，对经济、社会发展的要求十分迫切，通过绿色、开放的方式，通过在水资源安全方面的合作，澜湄国家得以实现可持续发展。反之，可持续发展程度提高以后，各国的经济、社会发展水平会上升到新的高度，对安全的理解和认同会有更进一步的发展，能够促进澜湄流域水资源治理。

（二）政策措施

中国政府近年来一直对澜沧江水资源的治理十分重视，对于水资源开发、治理的力度逐年增强。2016 年《中共中央关于制定国民经济和社会发展第十三个五年规划的建议》中明确提出："科学论证、稳步推进一批重大引调水工程、河湖水系连通骨干工程和重点水源等工程建设，统筹加强中小型水利设施建设，加快构筑多水源互联互调、安全可靠的城乡区域用水保障网。因地制宜实施抗旱水源工程，加强城市应急和备用水源建设。科学开发利用地表水及各类非常规水源，严格控制地下水开采。推进江河流域系统整治，维持基本生态用水需求，增强保水储水能力。科学实施跨界河流开发治理，深化与周边国家跨界水合作。科学开展人工影响天

---

① 李志斐：《东亚安全机制构建——国际公共产品提供与地区合作》，社会科学文献出版社2012 年版，第 138 页。

气活动。"① 党的十九大报告指出:"必须树立和践行绿水青山就是金山银山的理念,坚持节约资源和保护环境的基本国策,像对待生命一样对待生态环境,统筹山水林田湖草系统治理,实行最严格的生态环境保护制度,形成绿色发展方式和生活方式,坚定走生产发展、生活富裕、生态良好的文明发展道路,建设美丽中国,为人民创造良好生产生活环境,为全球生态安全做出贡献。"② 中国政府在国家层面已经对国内和跨境水资源的治理做出了合理规划,鼓励与周边国家的相关合作。

第一,中国继续深化与湄公河相关国家的水文信息分享。2013 年 8 月 6 日,中国水利部与湄公河委员会在北京续签了《中华人民共和国水利部与湄公河委员会关于中国水利部向湄公河委员会秘书处提供澜沧江—湄公河汛期水文资料的协议》。根据协议,中国政府将继续本着人道主义精神,从加强中国与湄公河流域国家和湄公河委员会的友好关系出发,每年汛期向湄公河委员会提供澜沧江—湄公河水文报汛服务。③ 2020 年 11 月 1 日,中国向湄公河国家提供澜沧江旱季水文信息,至此澜沧江全年水文信息已经对湄公河国家公开。2020 年 11 月 30 日,中国与湄公河五国共同启动了澜湄水资源合作信息共享平台。中国在澜湄合作机制内,以最大的诚意向合作机制内的其他国家提供水文信息,尽可能为下游国家的安全和发展提供数据、信息、知识、经验、技术等方面的便利。

第二,在开拓湄公河航运方面,中国加大联合下游相关国家整治河道力度,促进流域互联互通。2015 年 6 月,中、泰、老、缅四国就《澜沧江—湄公河国际航运发展规划》(以下简称《规划》)达成了共识,计划2025 年将建成从云南思茅港南得坝至老挝琅勃拉邦的长 890 千米的国际航道,可通航 500 吨级船舶,这一航道与泛亚铁路的中线部分实现连接后可成为云南出海的新通道,是中国推进"一带一路"、促进东盟和湄公河

① 《中华人民共和国国民经济和社会发展第十三个五年规划纲要》,新华网,2016 年 3 月17 日,http://www.xinhuanet.com//politics/2016lh/2016 - 03/17/c_ 1118366322_ 9.htm。

② 习近平:《决胜全面建成小康社会 夺取新时代中国特色社会主义伟大胜利——在中国共产党第十九次全国代表大会上的报告》(2017 年 10 月 18 日),人民出版社 2017 年版,第 23—24 页。

③ 《水利部与湄公河委员会在北京续签报汛协议》,人民网,2013 年 8 月 8 日,http://politics.people.com.cn/n/2013/0808/c70731 - 22495764.html。

三角洲经济发展的重要内容之一。① 该《规划》涉及澜湄航道的二期整治工程，涉及中缅 243 号界碑至老挝琅勃拉邦河段，全长 631 千米，包括整治航道、建设港口及支持保障体系等，得到中国—东盟海上合作基金的资助。航道二期整治工程是四国共同建设"一带一路"、加强区域互联互通的重要项目，该工程的实施有助于改善澜沧江—湄公河航运条件、降低运输成本、提升航行安全保障和环保水平。② 2015 年 9 月，四国召开航道二期整治工程前期工作联合工作组第一次会议。航道互联互通的拓展为流域各国进一步开拓合作发展的新领域提供了新的方向。

第三，中国通过与流域相关国家的积极合作，在前期工作的基础上继续加大力度巩固公共安全，并取得了积极成效。2013 年由中方发起建立的中老缅泰"平安航道"联合扫毒行动机制，经过多年发展，特别是从 2015 年四国签订《"平安航道"联合扫毒行动三年规划（2016—2018）》并邀请柬埔寨、越南两国加入以来，机制已更加成熟、行动更加果断、效果更加突出，有力打击并遏制了湄公河流域毒品犯罪活动，维护了整个地区的安全稳定。③ 2016 年 12 月 27 日，湄公河流域执法安全合作机制成立五周年部长级会议在北京举行。中国公安部部长郭声琨、老挝公安部部长宋乔、国防部副部长温西，缅甸内政部副部长昂梭，泰国国家安全院秘书长塔威参会。湄公河流域执法安全合作机制成立五年来，有效维护了地区安全稳定，有力促进了地区繁荣发展，已成为不同国家开展地区执法安全合作的成功典范。中方愿与各方共同努力，弘扬"湄公河精神"，全面深化务实合作，把建设"平安湄公河"作为机制发展的目标，共同建设澜沧江—湄公河综合执法安全合作中心，进一步深化联合巡逻执法、禁毒、反恐和边境管理等各领域合作，努力打造湄公河流域执法安全合作升级

---

① 刘稚主编：《大湄公河次区域合作发展报告（2015）》，社会科学文献出版社 2015 年版，第 147—148 页。

② 《中老缅泰澜沧江—湄公河国际航道二期整治工程前期工作联合工作组第一次会议》，中国交通运输部网站，2015 年 9 月 24 日，http：//zizhan. mot. gov. cn/sj/guojihzs/shuangbianyqyhz_gjs/201509/t20150924_ 1880749. html。

③ 王研：《中老缅泰柬越启动今年第二阶段"平安航道"联合扫毒行动》，新华网，2016 年 9 月 8 日，http：//www. xinhuanet. com//legal/2016 - 09/08/c_ 1119535012. htm。

版，为地区乃至世界的安全繁荣做出更大贡献。①

　　第四，湄公河流域的水电资源开发也是中国与相关国家开展合作的领域。由中国南方电网国际公司与老挝国家电力公司以 BOT 形式（建设、经营、转让）开发的老挝南塔河一号水电站，位于老挝北部波乔省和南塔省的湄公河西岸支流南塔河上，是在"一带一路"倡议下中国开发的第一个境外 BOT 水电项目。总装机容量 16.8 万千瓦，年发电量 7.21 亿千瓦时，按照中老双方 8∶2 的股比共同投资。该项目 2013 年 12 月 28 日正式开工，2019 年年底建成投产发电，总投资 4.47 亿美元，建成之后不仅可为老挝经济建设提供电力，还可向周边国家出口电力，促进老挝北部地区的经济发展。② 大唐（老挝）北本水电有限公司规划承建了老挝北本水电站。北本水电站位于老挝北部乌多姆赛省北本县境内的湄公河上，是湄公河干流梯级开发方案的第一个梯级，以发电为主，兼顾航运。枢纽工程主要包括河床式厂房、泄洪闸、船闸、鱼道及混凝土重力坝等。③ 2016 年 8 月，中国葛洲坝集团股份有限公司同老挝政府正式签署色拉龙 2 号水电站项目开发协议，这是葛洲坝集团在老挝投资的首个水电项目。该项目位于湄公河的二级支流拉龙河上游河段，电站装机容量 35 兆瓦，年发电量约 1.4 亿千瓦时，工程施工总工期为 41 个月，总投资约 7000 万美元。④ 中国企业为湄公河下游国家规划或建设水电项目，一方面有助于中国企业的国际化发展，为"一带一路"国际合作助力；另一方面有力地帮助了流域相关国家利用其国内自然资源，并在工程开发过程中注意环境和生态保护，修建了鱼类洄游通道，促进经济的可持续发展。2017 年 9 月，中国电建在海外全流域投资开发的老挝南欧江项目举行二期一级水电站拉塔亥、惠娄移民新村交接，中国企业为海外水电移民建设新家园，在进行经

---

① 潘洁、刘奕湛：《湄公河流域执法安全合作机制成立五周年部长级会议举行　郭声琨发言》，中国政府网，2016 年 12 月 27 日，http：//www. gov. cn/guowuyuan/2016 - 12/27/content_5153597. htm。

② 和佳、吴睿婕、会晒：《老挝南塔河 1 号水电站预计明年投运 交通基础设施已获直观改善》，新华丝路，2017 年 11 月 20 日，http：//silkroad. news. cn/2017/1120/70260. shtml；商务部驻昆明特派员办事处：《中国南方电网国际公司投资的老挝南塔河一号水电站项目举行特许权协议签字仪式》，中国商务部网站，2014 年 11 月 27 日，http：//www. mofcom. gov. cn/article/resume/n/201411/20141100811688. shtml。

③ 水电总院：《湄公河北本水电站可研报告（修订版）审查会召开》，《中国能源报》2015 年 11 月 23 日第 11 版。

④ 荣忠霞：《中企投资老挝水电站项目建设》，《人民日报》2016 年 8 月 7 日第 3 版。

济发展的同时也考虑到了当地民众的生活保障。2018 年，中国和平发展基金会立项援助柬埔寨茶胶省两县 18 乡建设 200 口水井。该援柬民生公益项目属于"丝路之友·幸福泉"的一部分，2019 年已经建成了一期 144 口水井。水井建成前当地两个县民众生活用水极度缺乏，雨季时通过简陋的蓄水设备收集雨水饮用或保存，旱季通过买水解决生活问题。当地每户家庭旱季买水每月就要花费 10—15 美元，这对并不富裕的当地民众是沉重的经济负担。[①] 另外，海外华人社团组织也在公益事业方面对本国提供帮助，为中国参与境外水资源合作提供了借鉴方式。2018 年 5 月初，柬埔寨桔井省出现群体疑似中毒事件，造成了人员伤亡。在得知桔井省河水受到污染，从而影响当地民众健康后，柬埔寨华人社团柬华理事总会捐献 8 万美元，为当地开凿 47 口水井，解决了当地 2151 户民众的清洁用水问题。该公益行动得到了柬埔寨首相洪森的高度认可与称赞。[②]

第五，中国倡导流域国家主导的地区合作机制。2015 年 11 月，中国倡导的澜湄合作进程启动，2016 年 3 月，中、泰、老、柬、越、缅共同参与的澜湄合作机制正式建立。澜湄合作机制以中国和相关国家共同利益为出发点，强调可持续发展，关注跨境水资源合作。国际合作的现状表明，合作已经成为世界多数国家处理对外关系的重要方式。[③] 湄公河国家与中国相比，不具备经济上的优势，但是从合作安全的角度考虑，湄公河国家和中国在治理旱涝灾害等方面有着共同的利益，各国需要协同一致应对安全治理困境，上游国家修建的水利基础设施有助于调节下游国家的水资源，这需要建立在战略互信与合作安全的基础之上。澜湄六国已在双边层面建立全面战略合作伙伴关系，政治互信不断加强，利益紧密交融，合作基础扎实。[④] 以合作的方式促进澜湄流域水资源治理，寻求合作共赢，流域各国的信任构建就值得重视，需要摒弃零和博弈的思路。澜湄水资源治理的效果具有外溢性，治理得当可促进中国与流域各国在其他相关领域的合作。

[①] 丁子、赵益普：《中国援建水井让柬埔寨茶胶省村民度过严酷旱季，他们表示——"感谢中国朋友帮我们开出了幸福泉"（共建一带一路）》，《人民日报》2019 年 4 月 19 日第 3 版。

[②] 黄如丽、嘉豪、那利：《开凿水井助桔井人民 总理赞赏柬华总会义行》，柬中时报网站，2019 年 4 月 10 日，https：//cc－times.com/posts/4699。

[③] 刘建飞：《构建新型大国关系中的合作主义》，《中国社会科学》2015 年第 10 期。

[④] 《澜沧江—湄公河合作首次领导人会议三亚宣言——打造面向和平与繁荣的澜湄国家命运共同体》，《人民日报》2016 年 3 月 24 日第 9 版。

第二节　湄公河流域国家的水资源治理政策

湄公河流域国家对于跨境水资源治理的态度总体上是积极的，各国通过了相关法律，认可合作发展的路径。但是由于各国利益关注的差异性，以及上下游不对称相互依赖的作用，在合作治理方面也出现了一些尚需提升的内容。

一　对可持续发展合作的认同

湄公河流域五国都通过立法、宣言和实践的方式确认了对流域可持续发展认同。2010 年 6 月在越南河内举行的世界经济论坛东亚峰会上，老挝、越南、柬埔寨、泰国和缅甸领导人一致强调需要重视湄公河水资源的可持续发展、使用、保护和管理。[1] 湄公河流域的自然资源、生态系统和水资源对于湄公河地区的绿色发展十分重要。在具体措施方面，各国除了实施国内政策，在双边或小多边层面还开展了水电、航运、水质提升等方面的合作。

（一）越南

20 世纪 90 年代之前，越南在有关水资源基础设施建设和利用方面还很保守。当时越南还没有形成水资源治理的概念，水资源法律框架较为简单。越南现行《水资源法》的一个很重要的特点就是对水资源和使用者做出了区分。利益相关方的概念也就扩大为水资源的使用者和管理者，而且公众对于环境保护的考量也被纳入水资源治理当中。对于湄公河委员会的成员国而言，越南在国内履行国际协定的义务时，国内的水法也同样重要。[2] 2012 年 12 月，越南通过了新的《水资源法》，其中规定了水资源战略必须符合其经济、社会可持续发展原则，要管控和防止因水资源产生的灾害，加强水务方面的国际合作，以及重视预测气候变化对水资源的影

---

① "Mekong Countries Stress Leadership in Regional Development", Vietnam Ministry of Foreign Affairs, June 6, 2010, http://www.mofa.gov.vn/en/nr040807104143/nr040807105001/ns100607 111712/view.

② Eric Biltonen et al. , "Vietnam: Water Law and Related Legislation for Implementation of IWRM (#112)", Bangkok: International Water Management Institute, pp. 8 – 9.

响，防止对跨境河流造成污染等。① 越南还关注湄公河水量的问题，湄公河从越南入海，水量除对航运、工农业用水存在影响外，湄公河充足的水量对防止海水倒灌侵袭地下水、防止临海地区土地盐碱化有着重要作用。

越南重视与邻国的水资源合作。湄公河委员会越南国家委员会官员2005 年就曾表示，作为湄公河的利益相关方之一，越南需要增加与湄公河委员会其他成员国的合作。② 2011 年 12 月在缅甸首都内比都举行的大湄公河次区域经济合作第四次领导人峰会上，越南总理阮晋勇（Nguyen Tan Dung）也号召为了澜湄次区域共同的发展，需要可持续性地利用湄公河水资源，并且这是未来十年次区域合作发展战略的关键。参会的澜湄次区域其他国家领导人也都认为，可持续利用和管理湄公河水资源对于次区域共同发展会存在直接影响。③ 越南外长范平明（Pham Binh Minh）2015年也表示澜湄上下游国家之间在可持续管理和运用水资源方面的合作对于澜湄合作很重要。④ 越南作为湄公河的入海口国家，中央高原地区和湄公河三角洲都与湄公河的关联较大。越南很关注上游国家在河流上的开发活动，上游国家造成的任何污染都会影响到最下游的越南，因此合作在这种情况下对于越南的收益是最大的。

越南政府设置了更加精细化的治理机构，以贯彻其水资源发展战略。2002 年起越南政府通过自然资源与环境部管理自然资源与环境问题。这项举措使自然资源与环境部包含的国家水资源管理的功能，与农业和农村发展部以及其他部门管辖的公共水资源调配内容进行了区分。越南自然资源和环境部的职责包括：对基本的水资源分配进行调查和发放准入证明，对水资源情况进行调查、编制和评估，建立数据库；实施保护水资源的措

---

① "Law on Water Resources（No. 17/2012/QH13）（Viet Nam）", MRC, Aug. 11, 2012, http：//portal. mrcmekong. org/assets/documents/Vietnamese – Law/Law – on – Water – Resources – (2012). pdf.

② "Viet Nam Urged to Work Closely with Mekong Countries", Vietnam Ministry of Foreign Affairs, April 8, 2005, http：//www. mofa. gov. vn/en/nr040807104143/nr040807105001/ns050406144054/view.

③ "Prime Minister Reiterates Viet Nam's Strong Support for Greater Mekong Subregion Cooperation", Vietnam Ministry of Foreign Affairs, Dec. 23, 2011, http：//www. mofa. gov. vn/en/nr040807104143/nr040807105001/ns111221145809/view.

④ "Deputy PM Highlights Significance of Mekong Countries' Partnership", Vietnam Ministry of Foreign Affairs, Nov. 27, 2015, http：//www. mofa. gov. vn/en/nr040807104143/nr040807105001/ns151113094451/view.

施；支持国家水资源委员会的工作。越南通过水务部门的制度性发展，将水资源治理与资源、环境管理的职责进行了整合，并且将农业用水和污水治理等职责转移到其他机关负责。同时越南在自然资源与环境部内设立水资源管理局。越南根据 1998 年《水资源管理法》设立了国家水资源委员会，以及流域规划管理小组。目前越南已经完成了水资源战略规划、国家水资源战略以及其他一些政府措施的制定与实施。[1] 越南作为地区的粮食出口大国，高度重视保护和管理水资源，并将其作为《越南国家可持续发展战略（2011—2020 年)》和《2020 年前越南国家水资源战略》的重要组成部分。[2]

　　在实践中，越南积极推动与邻国的水资源合作治理工作。越老双边特殊关系指导下的能源合作积极推进，2011 年老挝阿速坡省色可曼 1 号水电站动工建设，该电站是越老两国政府间能源合作计划的重要工程之一。[3] 两国 2011 年签订了色可曼水电站转让合同，有效期为 30 年。该工程项目包括在老挝阿速坡省的两个水电工程，项目距两国边境约 80 千米，设计装机容量为 322 兆瓦，投资总额为 4.416 亿美元。该水电站主要服务于老挝南部和越南的经济、社会发展，水电站以 BOT 方式营建，其中八成电量归越南使用，两成电量供老挝使用。[4] 越南近年来逐渐提升了对于水资源治理的认识，作为下游沿海国家更加重视水资源治理中的可持续发展，并且特别关注气候变化对其水资源安全的影响。越南在开发利用湄公河水电资源方面不具备地理优势，但是积极与邻国合作，通过合作开发老挝的水电工程，进口电能以服务于本国经济、社会的发展。

　　(二) 缅甸

　　在湄公河流域治理方面缅甸参与了互联互通、航运、水生态治理、环境保护等工作。1994 年缅甸水利资源江河发展署就制订了江河维修发展

---

① Nguyen Thai Lai, "Viet Nam: National Water Resources Council", Regional Meeting of National Water Sector Apex Bodies, 18 – 21 May 2004, Hanoi, Vietnam, pp. 1 – 8.

② "Address by H. E Mr. Truong Tan Sang, President of Viet Nam at the Plenary Session on 'Water: a New Global Strategic Resource'", Vietnam Ministry of Foreign Affairs, Sept. 12, 2012, http://www.mofa.gov.vn/en/nr040807104143/nr040807105001/ns120908003447/view.

③ 刘稚主编：《大湄公河次区域合作发展报告 (2011—2012)》，社会科学文献出版社 2012年版，第 261 页。

④ 刘稚主编：《大湄公河次区域合作发展报告 (2011—2012)》，社会科学文献出版社 2012年版，第 205—206 页。

计划的八项工作大纲，包括：促进城市水道改善工作，使市立码头一年四季都能使用；预防城镇堤岸被水冲垮；尽力保护位于边界地区江河；检验跨江大桥，使其长久稳固；在各江河段树立危险水位告示牌；使江水成为四季饮用水和灌溉水源；制定监督江河污染的规划；深化江河航道，增加载重量。[①] 水资源对于粮食生产、民众健康、环境保护等方面非常重要，生态系统对于缅甸旱季清洁用水的供给很关键，生态系统的破坏最终会影响水质和水量。缅甸在认识到了这些情况后，加强水源涵养和相关基础设施的投资建设，并且在乡镇层面促进水资源使用规划以及健康用水的实践。[②]

　　中缅是陆地邻国，缅甸与中国的水电合作具有地缘优势。缅甸向中国输电，而且在国际合作中注重可持续发展。2011 年 12 月，由大唐集团承建的缅甸太平江一期水电站清洁发展机制（CDM）项目获得中国国家发改委批准，该项目也是缅甸第一个 CDM 项目。[③] 2014 年 5 月，中国汉能控股集团与缅甸电力部水电计划司、亚洲世界有限公司在缅甸仰光签署了《关于开发、运营和移交缅甸联邦丹伦江上游滚弄水电项目合资协议》，滚弄水电站是缅甸政府与中国民营企业签署的投资规模最大的项目。缅甸还宣布在萨尔温江上将建造 6 座梯级大坝，由中国、泰国以及缅甸的公司进行合作开发。[④] 泰国也是缅甸的重要水电投资开发国，1997 年缅甸与泰国签署了谅解备忘录，规定到 2010 年泰国向缅甸购电 150 万千瓦。2005 年 6 月，缅甸电力部部长丁图访问泰国时双方达成了合作开发萨尔温江和德林达依流域水电资源的两项协议，主要包括三个项目：大山水电站、哈吉水电站和德林达依水电站。[⑤] 澜湄次区域内多国参与商业投资有助于对

---

① "Myanmar Sustainable Development Plan（2018–2030）", Ministry of Planning and Finance, the Government of the Republic of the Union of Myanmar, April 2018, https://www.mopf.gov.mm/sites/default/files/MSDP%20EN%203‐9‐18.pdf; 贺圣达、李晨阳编著：《列国志·缅甸》，社会科学文献出版社 2010 年版，第 287 页。

② "Myanmar Sustainable Development Plan（2018–2030）", Ministry of Planning and Finance, the Government of the Republic of the Union of Myanmar, Aug. 2018, pp. 1–66.

③ 刘稚主编：《大湄公河次区域合作发展报告（2011—2012）》，社会科学文献出版社 2012 年版，第 222—228 页。

④ 刘稚主编：《大湄公河次区域合作发展报告（2015）》，社会科学文献出版社 2015 年版，第 214—215 页。

⑤ 刘稚主编：《大湄公河次区域合作发展报告（2010—2011）》，社会科学文献出版社 2011 年版，第 267 页。

流域水资源的综合利用。湄公河流域涵盖的缅甸领土虽然不多，但是近年来随着经济发展的需求增加，缅甸逐步加大了与次区域邻国的能源合作，在制定相关发展规划的基础上，积极利用其水力发电优势，在发展清洁能源的理念指导下，请中泰等资金和技术优势国家开发缅甸国内的水电资源，通过清洁能源电力开发和交易促进缅甸经济发展。

（三）泰国

泰国在发展过程中也遇到了电力不足、水资源短缺、水质污染等问题，泰国近年来通过了《第十一个国家经济、社会发展规划》，规划提出，要建设一体化的水资源管理方式，以应对粮食、能源安全的挑战，并减少水灾的发生；修改水资源管理方面的立法，使流域内团体和当地行政组织有权力进行流域管理；政府应当以同样的方式管理不同流域；对旱灾和水灾高风险地区进行重点管理；发展水电体系；建立水资源安全数据体系；预测水量的分配；政府机构、社区和学术界都应监督、促进水质达标。[1] 泰国出于平衡化石能源发展的考量，需要进口老挝的电能，而且泰国工程公司也参与了老挝水电项目的建设，这对于促进泰国经济发展有益。另外，泰国的经济利益和能源安全，对于老挝扩大出口导向型的发电业，以及通过公私金融体系提升泰国的发展起到了至关重要的作用。[2]

泰国与邻国的电力能源合作近年来也呈现增长态势，泰国增加从缅甸购电，水电进口达到 7000 兆瓦。泰国也准备发展成为次区域的电力中心协调国，拟在中国和老挝之外成为次区域的电力发展中心之一，充分发挥湄公河流域水力发电的优势。[3] 泰国作为东南亚地区经济发展水平较好的国家，对于电力的需求度较高。湄公河国家在水能发电领域具有一定优势，泰国通过在邻国投资以及直接进口电力，以缓解本国经济发展中基础设施建设不足的问题。泰国对于可持续发展、提供清洁能源等都很认同，通过国家发展规划对水生灾害进行预防与应对，促进多利益相关

---

① "The Eleventh National Economic and Social Development Plan (2012 – 2016)", National Economic and Social Development Board, Office of the Prime Minister, Thailand, 2011, http：//www. nesdb. go. th/Portals/0/news/academic/Executive% 20Summary% 2011th% 20Plan. pdf.

② Kurt Mørck Jensen and Rane Baadsgaard Lange, *Transboundary Water Governance in a Shifting Development Context*, Copenhagen：Danish Institute for International Studies, DIIS Report 2013, No. 20, pp. 50 – 51.

③ 刘稚主编：《大湄公河次区域合作发展报告（2015）》，社会科学文献出版社 2015 年版，第 278—279 页。

方共同参与水资源治理，促进水质、水量分配等朝着更加合理、均衡的方向发展。

（四）老挝

老挝《水与水资源法》对管理和发展水资源做出了规定：水资源开发活动必须遵循经济社会和环境发展规律、项目本身的规划，要保持好水资源、环境和自然景观，必须防止水资源开发导致的负面影响，水资源开发要受到相关部门的监管。在水电开发过程中，要对水源地、林地、环境、供水、灌溉、水运、渔业和水生生物进行保护，防止洪涝灾害。鼓励公共资源以适当的方式参与建设水坝；水利工程建设中人员搬迁安置的成本需要计入，而且也要防治水污染问题。① 老挝"八五"期间（2016—2020年），水电、制造业、旅游业、农业和服务业是老挝经济增长的主要推动力。② 老挝认为，流域各国都应注重湄公河沿岸的环境保护和可持续发展。水能资源的开发利用直接关系到各国的利益，所以各国应在充分利用水能资源的基础上，合理地考虑其他沿岸国的环境安全与环境利益等问题。沿岸各国应在协调各国利益的前提下，通过各国间的谈判与协商，采取最大程度的国际协作，最终共同实现可持续发展的战略目标。③

老挝与流域国家积极开展了水电能源方面的发展合作。在中国的帮助下，老挝的电网建设水平不断提升，2010年8月，南立1号、2号水电站竣工投产，这是老挝政府和国外公司签订的第一个BOT项目。该项目总装机容量10万千瓦，输出线路电压115千伏，总投资1.49亿美元。④ 2011年11月，中国与老挝首个成功合作的"一带一路"电网项目——230千伏老挝北部电网工程在老挝琅勃拉邦进行通电移交。该项目跨越老挝北部4省，包括4条230千伏线路和4座变电站，合同金额3.02亿美

---

① "Law on Water and Water Resources（Lao PDR）"，MRC，Oct. 11，1996，http：//portal. mrcmekong. org/assets/documents/Lao - Law/Law - on - Water - and - Water - Resources - （1996）. pdf.

② 中国驻老挝使馆经商参赞处：《老挝"八五"规划经济增长目标将达8.5%》，中国商务部网站，2013年5月21日，http：//la. mofcom. gov. cn/article/jmxw/201305/20130500133682. sht-ml.

③ 刘稚主编：《大湄公河次区域合作发展报告（2010—2011）》，社会科学文献出版社2011年版，第258页。

④ 刘稚主编：《大湄公河次区域合作发展报告（2010—2011）》，社会科学文献出版社2011年版，第250页。

元，项目的落成标志着老挝的国家电网主干线基本形成。① 泰国 2014 年
时曾表示，需要加大从老挝进口电力，② 老挝的水电优势也会在邻国的需
求中进一步发挥出来。在此之前，由于老挝的电网没有全国联通，许多偏
远地方还没用上电，这些地区甚至还需要向邻国进口电力，电力成本加大
了当地民众的生活负担。老挝蕴含丰富的水能资源，国家电网的建立为对
外销售电力、国内全面使用电力打下了良好的基础，有助于老挝的经济发
展和民众生活水平提高。老挝从法律方面对水利开发中的水资源保护做出
了明确规定，水能是老挝在经济发展中可以着重利用的重要手段。近年来
通过引进邻国投资开发水能，而且邻国在经济发展中对于电力的需求也在
加大，在遵循环保与可持续发展的前提下进行水能开发，适度平衡环保与
经济发展的需求，老挝的经济发展可以从水能开发中受益。

（五）柬埔寨

柬埔寨 2007 年实施的《水资源管理法》引入了水资源综合管理
（IWRM）理念，强调水资源管理必须遵循以下基本原则：第一，水资源
管理属于政府的重要义务；第二，根据有关数据和信息实施水资源开发和
管理，根据国家水资源规划、经济发展规划、本国和地区环保规划而确保
当前和未来均衡用水；第三，每人都有用水的权利，个人和家庭的用水需
求应得到满足；第四，水资源开发和利用必须高效、可持续而且不危害环
境。③ 根据世界银行的一项报告，柬埔寨约有 2/3 的居民用电得不到保
障。④ 中国水利水电第五工程局有限公司 2010 年 4 月签约承建柬埔寨斯
登沃代水电站主体工程。2015 年 1 月，由中国政府提供优惠贷款建设的
湄公河流域菩萨河 3 号坝与 5 号坝工程已基本完工，项目建成后，水坝蓄
水能力约 5000 万立方米，雨季灌溉面积约 1 万公顷，旱季灌溉面积约

---

① 佘慧萍：《中国老挝首个电网合作项目正式投产》，中国南方电网网站，2015 年 11 月 30
日，http：//www.csg.cn/newzt/2015/xctxzx/ydyl/201601/t20160114_ 131130.html。

② 中国驻泰国使馆经商参赞处：《泰预计向老挝购买额外电力　充足国家储备》，中国商务
部网站，2014 年 9 月 26 日，http：//th.mofcom.gov.cn/article/jmxw/201409/20140900744989.sht-
ml。

③ 中国驻柬埔寨大使馆经商参赞处：《柬埔寨水资源开发现状、存在的问题及我对策建
议》，中国商务部网站，2005 年 12 月 15 日，http：//cb.mofcom.gov.cn/article/zwrenkou/200512/
20051200984714.shtml。

④ "Cambodia and Laos Smooth out Tensions"，EIU，Dec. 10，2018，http：//country.eiu.com/
article.aspx？articleid=1627437346&Country=Laos&topic=Politics&subtopic=Forecast&subsubtopic=
International+relations&u=1&pid=537459637&oid=537459637&uid=1#。

2600 公顷。① 中国电力技术进出口公司承建的基里隆 3 号水电站、中国云南国际经济技术合作公司开发的菩萨省阿代河水电站、越南 JV 公司建设的国公省再阿兰下游水电站等重要项目均获得了柬埔寨政府的批准。邻国与柬埔寨合作开发水能资源，为柬埔寨发展经济提供了清洁、廉价的能源保障。柬埔寨认同水资源综合管理的理念，因为其自身治理能力有限，也引进流域邻国参与水能开发和水资源基础设施建设，通过在双边领域多方面融资参与，在一定程度上提升了抵御水资源风险的能力，也促进了清洁能源的开发利用，为湄公河下游的环保和可持续发展做出了贡献。

　　另外，澜湄流域国家间还就水资源治理积极开展政府间协商。2012 年 10 月，越泰召开第二次联合内阁会议，一致同意提升两国关系为战略伙伴关系，同意不允许任何势力利用本国领土从事损害另一国利益的活动，两国将与湄公河其他国家共同维护湄公河水资源的可持续利用。2012 年 11 月，越南国家主席张晋创（Trúong Tấn Sang）访问缅甸，两国领导人认为湄公河委员会有助于流域各国的水资源可持续利用和管理，越南还表达了希望缅甸早日加入湄公河委员会的愿望。② 柬埔寨政府与湄公河委员会合作，2011 年召开会议研讨如何运用水资源促进国内农业灌溉，柬埔寨水利和气象部门负责项目的实施，在项目的开展过程中，多利益相关方参与治理得到了体现，柬埔寨基层乡村政府参与了实施过程。③ 2016 年 5 月 3 日，中国驻缅甸使馆举行了向仰光省达拉镇缺水民众捐赠饮用水的活动。澜湄流域国家通过双边的沟通、援助，在一定程度上提升了水资源治理的成效，各国定位于可持续发展的水资源合作关系。

　　2000 年 4 月，中、老、缅、泰四国交通部长在缅甸正式签署了《澜沧江—湄公河商船通航协定》，参与湄公河航运。该协定规定，缔约任何一方的船舶均可按照该协定和缔约各方共同制定的有关规则在中国思茅港和老挝琅勃拉邦港之间 886 千米河段自由航行。2001 年 3 月，中老缅泰

---

① 刘稚主编：《大湄公河次区域合作发展报告（2016）》，社会科学文献出版社 2016 年版，第 182 页。

② 刘稚主编：《大湄公河次区域合作发展报告（2012—2013）》，社会科学文献出版社 2013 年版，第 270—271 页。

③ 刘稚主编：《大湄公河次区域合作发展报告（2011—2012）》，社会科学文献出版社 2012 年版，第 193 页。

四国代表签署了《实施四国政府商船通航协定谅解备忘录》，并同意建立澜湄商船通航协调联合委员会。2006 年 9 月 2 日，泰国清盛港与云南景洪港的客运定期班船开通，带动了湄公河沿线旅游业的发展。泰国分别于 2007 年、2008 年完成清盛港改造的一期和二期工程。2008 年 10 月，澜湄航线完成了首次客运，正式实现了全年通航。这带动了泰国转口经济贸易区的建设和发展。① 2011 年老挝总理通邢访问缅甸期间，双方领导人就湄公河安全合作问题进行了商讨。2011 年在湄公河惨案发生后，中国以大局为重，继续推进合作伙伴关系，四国积极参与湄公河航运的联合执法会议等后续活动，联合执法活动开展至今，航运秩序逐步恢复。在小多边领域，流域各国意识到了水资源治理的重要作用，重视可持续发展对于地区安全的积极影响，并采取实际措施支持流域国家的合作治理。

二　国内政策的弱沟通性

在国家层面，湄公河国家都对可持续发展的理念比较认同，而且在双边领域已经开展了一定形式的水资源治理合作。但是由于一国做出的决策没有在机制内进行充分协调，各国之间的沟通效果仍然有待提高。

第一，湄公河下游国家对于可持续发展的认可程度不平衡。越南外交部发言人 2011 年在回答关于在越南上游的澜湄流域建造水坝时表示，澜湄流域国家应该在建设水坝和水电站之前紧密合作，对因修建水利设施引起的影响进行全面细致的评估。他认为在利用水资源时应当为流域国家人民的可持续发展和生态环境着想。② 从他的发言中可以看到，越南作为湄公河最下游国家，对上游国家开发水资源的活动非常关心，对于水利开发的负面影响非常关注。流域国家间在利用水资源时，往往从国内政策的角度出发，而且各国的标准也不尽相同，政策实施的国际沟通是需要加强的方面。越南目前四成的电力来自水力发电，但越南认为发展火电建设可以防范旱季时的发电短缺，也在逐步扩展火电规模。③ 越南在政策实施中仍

---

① 刘稚主编：《大湄公河次区域合作发展报告（2010—2011）》，社会科学文献出版社 2011 年版，第 286 页。

② "FM Spokesperson Remarks on Construction of the Hydro‑power Dams along the Mekong River", Vietnam Ministry of Foreign Affairs, May 16, 2011, http://www.mofa.gov.vn/en/tt_ baochi/pbnfn/ns110421154655/view.

③ 刘稚主编：《大湄公河次区域合作发展报告（2015）》，社会科学文献出版社 2015 年版，第 249—250 页。

然重视火电发展。实际上澜湄流域水能资源丰富，火电会造成环境污染和温室气体排放，不利于应对气候变化。流域国家间的沟通应该进一步加强，从邻国购买电力不意味着能源安全受到影响，而且相关国家一方面支持可持续发展，另一方面又在发展中扩大火力发电项目，这与可持续发展理念有所背离。水电作为清洁能源，应该在次区域之间进行电量的调配。柬埔寨近年来注重水力发电等清洁能源建设。老挝近年来对于以资源为基础的经济发展方式逐渐有所转型，更加注重基于知识的经济发展模式。[①]澜湄流域国家的水资源治理能力和对可持续发展的认识水平应该得到真正关注。

第二，流域各国的互信水平不佳。2011年，中国电力投资集团在伊洛瓦底江兴建的缅甸密松水电站被叫停，至今没有恢复。虽然这座水电站不是在澜湄流域，但是伊洛瓦底江是中缅之间的国际河流，而且中缅也都属于澜湄流域国家。造成这种情况的原因很复杂，包括缅甸国内政治、西方势力、"民地武"、环保组织等方面的因素。但是缅甸单方面中止流域国家的双边合作，实质上是缺乏与相关国家的信任。这种做法不利于流域国家间可持续性地开展跨境水资源治理。水利项目本身造成的影响应该科学评估，建设前需要对各种风险做好完整评估，突然中断合作项目的做法是缺乏国家间信任的表现。

第三，湄公河国家水资源治理的预警能力偏弱。澜湄次区域外国家参与建设流域的水利设施，本应促进各利益相关方治理水平的提升，但是2018年7月，韩国、泰国、老挝共四家公司联合开发的老挝南部阿速坡省桑片——桑南内水电站在连降大雨后溃坝，造成至少26人死亡，6000余人流离失所。韩国企业和老挝政府之间的沟通不畅，大坝预警系统存在缺陷导致当地居民未及时得到通知并安全撤离，在出现了不可修复的堤坝损毁后，大坝最终垮塌。[②] 这与建坝的质量和极端天气都有关系，但是韩国企业应该在出现危机的第一时间与当地政府沟通，提前转移相关民众，

---

① "Policy Trends", in *Country Report – Laos*, The Economist Intelligence Unit, March 10, 2020, p. 11; "Policy Trends", in *Country Report – Cambodia*, The Economist Intelligence Unit, March 10, 2020, p. 7.

② 支彤:《老挝水电站溃坝大坝设计或存在风险》，中国电力新闻网，2018年8月6日，http://www.cpnn.com.cn/sd/gj/201807/t20180726_1081786.html;《老挝水电站溃坝事故一天前就有征兆》，《新华日报》2018年7月26日第10版。

这样可以最大程度减少溃坝带来的后果，而且这次老挝溃坝对于下游柬埔寨的毗邻区域也造成了一定程度的洪灾影响。跨境水资源治理要求国家之间就水文信息等情况进行及时沟通，多数流域国家在治理能力偏弱的情况下，全流域性的合作治理机制也就显得十分必要。

流域国家在双边或者小多边层面的水资源治理主要涉及邻国。相关国家之间就水量分配、水能开发或者水质保证等方面进行合作，各国国内都存在保证本国各项利益的政策法规，在合作中主要基于双方国家的利益。如果相关国家之间的利益与流域总体的利益有所抵触，那么就会导致利益冲突。另外，上游国家在开发水资源时，可能造成不良的外溢效应，比如水资源污染、水利设施造成的水量变化等。全流域各国之间如果没有良好的沟通和信息公开机制，上游国家即便进行的水资源治理是符合科学规律的，下游国家也会产生误解。

第三节　国家层面进行澜湄流域
水资源治理的效果

澜湄国家层面开展水资源的治理，在一定程度上取得了积极效果，会促进本国的经济发展，而且对流域国家之间的协调会产生一定的促进作用，但是没有完全做到真正有效协调利益纷争。

一　流域国家经济发展的提升

澜湄国家作为发展中国家，对经济发展的要求十分迫切，通过绿色、开放的方式和在水资源治理方面的合作，澜湄国家得以实现可持续发展。反之，可持续发展程度提高以后，各国的经济和社会发展水平上升到新的高度，对安全的理解和认同会有更深层次的发展，又能促进流域水资源治理进一步深化。

老挝、柬埔寨等国通过吸收中国等国家的投资，其水电项目和国家电网的发展进入了新阶段。据老挝能源与矿产部的消息，2018 年上半年，老挝从越南、中国和泰国进口的电量下降 2%。老挝逐步加强了水电开发供给国内需求。老挝的水力发电、太阳能发电的潜力巨大，然而由于该国的电网没有完全建成，一些偏远地区需要从邻国进口电力以满足自身的需要，电力进口仍是确保该国电力需求的重要因素。2019 年，老挝计划建设和改造部分输电线路，以确保该国各水电站产出的电量并入其国家电网。此外，老挝计划与越南、中国和泰国加强电网连接，以促进地区能源交易。2018 年上半年，老挝电力收入超过 2.4 亿美元（相当于约 27.85 亿千瓦时电量），同比增长 15.44%，并完成 2018 年计划的 48.85%。老挝 2018 年上半年的电力进口总量为 3.079 亿千瓦时，进口额为 1408 万美元。其中，老挝从越南、中国和泰国分别进口 1402 万千瓦时、2128 万千瓦时和 2.726 亿千瓦时。老挝的水力发电的潜力巨大，然而仍依赖电力进口，未来老挝计划建设和改造部分输电线路，以确保该国各水电站的电力并入国家电网。此外，老挝还计划与越南、中国和泰国加强电网连接，以促进地区能源进出口活动。[1] 老挝国内电网建成后，因老挝蕴含丰富的水能资源，国内很多偏远地区的用电可以得到保证，可以减少从邻国进口电力的情况。2018 年 10 月，装机 40 万千瓦、柬埔寨最大的水电工程——华能桑河二级水电站全部投产发电，年发电量占柬埔寨全国总装机容量的 1/5 以上，并实现以中国标准"走出去"带动"中国技术、设备、管理""走出去"，成为落实"一带一路"倡议的又一典范项目。[2]

中国也在澜沧江的水电开发中获得了经济效益。华能澜沧江水电股份有限公司是开发国内澜沧江段的水电公司，公司已发展成为南方电网及湄公河次区域最大的清洁能源发电企业、云南省培育电力支柱产业的龙头公司和"西电东送"的骨干企业。截至 2018 年年底，华能澜沧江公司总装机容量 2499.28 万千瓦，其中，水电装机 2097.4 万千瓦，占云南水电统调的 40%；在建、筹建装机规模超 1000 万千瓦，保持了"运营一批、建设一批、储备一批"的良好态势。华能澜沧江公司本着"流域、梯级、滚动、综合"的原则，对澜沧江流域实施整体开发。以小湾、糯扎渡为主的澜沧江中下游段规划的"两库八级"项目基本开发完毕；澜沧江上游云南段规划"七级"开发，除古水、托巴外，其余项目 2019 年内实现全部投产；澜沧江上游西藏段规划"一库八级"，目前各梯级电站的前期工作全面进行。公司运营装机容量较 2005 年年末的 125 万千瓦增长 20 倍；年发电量从 2005 年的 66.5 亿千瓦时增至 2017 年的 732.1 亿千瓦时。

---

① 越南通讯社：《2018 年上半年老挝电力进口量略有下降》，南博网，2018 年 9 月 4 日，http://www.caexpo.org/html/2018/info_ 0904/226796.html。

② 罗蓉婵、张轩玮：《华能澜沧江成为南方电网及湄公河次区域最大清洁能源发电企业》，云南网，2018 年 12 月 14 日，http：//yn.yunnan.cn/system/2018/12/14/030138924.shtml。

2010 年，装机 420 万千瓦的小湾水电站提前投产发电，其中 4 号机被授予"全国水电装机突破 2 亿千瓦标志性机组"。2012 年，装机 585 万千瓦的云南省内最大水电站糯扎渡水电站投产发电。2018 年，以黄登 2 号机投产为标志，华能澜沧江公司的水电装机突破 2000 万千瓦，为国家优化能源结构、推动绿色发展以及云南省打造能源支柱产业做出了积极贡献。① 另外，华能澜沧江在开发水电能源过程中与国家的脱贫战略相结合，还在拆迁安置、修建公路等方面尽到了开发建设中的责任。

澜湄流域国家山水相邻，澜沧江—湄公河联系起了流域六国，邻国之间的水资源合作治理对于相关国家的经济发展会起到积极的促进作用。

二　水资源治理的国家间协调

澜湄国家认同自身主导的次区域水资源治理，流域国家间的合作有助于协调利益差异。澜湄流域的国家之间在水资源治理方面进行协调，在一部分项目当中彼此之间能够较好地开展协调。

第一，湄公河部分国家在水利建设方面进行了有效协调。在东萨宏水电项目中，老挝政府出面积极沟通，与邻国充分保持了协商，争取邻国的理解和支持。2015 年 10 月，老挝副总理宋沙瓦·伦沙瓦专门就东萨宏电站项目对柬埔寨进行工作访问，分别会晤了包括首相洪森在内的柬埔寨政府高层领导，重申老挝开发湄公河水力资源不会危害邻国的利益，并保证开发过程中信息透明与公开，同时解释了水电开发对老挝 2020 年摆脱最不发达国家地位目标的重要性。老挝还在项目建设的监督方面加大了投入并提升了重视程度。② 2018 年 12 月柬埔寨首相洪森对老挝进行访问，双方领导人同意在领土争议地区撤出武装力量，并且都不在争议区开展商业活动或者投资。两国政府已经在双边层面开展恢复关系的行动，国家间关系的改善有益于双方在水资源领域的合作。湄公河国家的这些做法有益于各方进一步在双边层面开展利益协调。上下游国家存在不对称的相互依赖关系，作为邻国，国家间必然有领土接壤，也可能产生一些领土等方面的权益冲突。但是邻国之间由于地缘邻近，在开展水资源合作方面也有一些

---

① 罗蓉婵、张轩玮：《华能澜沧江成为南方电网及湄公河次区域最大清洁能源发电企业》，云南网，2018 年 12 月 14 日，http://yn.yunnan.cn/system/2018/12/14/030138924.shtml。

② 刘稚主编：《大湄公河次区域合作发展报告（2016）》，社会科学文献出版社 2016 年版，第 209 页。

便利性，此外，水资源合作的效果也会促进流域国家间关系的发展。

第二，中国在国内开展澜沧江水资源治理的同时，特别注意环境保护，尽最大努力防止对于下游的环境污染。华能澜沧江公司取消了果念梯级水电项目，将乌弄龙电站正常蓄水位从 1943 米降低到 1906 米，有效保护了白马雪山国家级自然保护区。在澜沧江中下游，糯扎渡水电站建成了珍稀动物拯救站、珍稀鱼类增殖站和珍稀植物保护园，并对 11 种国家重点保护植物、群落进行迁地保护；建成糯扎渡等四个人工鱼类增殖放流站，成功繁殖巨𩾌等十余种本地珍稀鱼类。小湾、功果桥、糯扎渡电站先后获得中国水利部授予的"国家水土保持生态文明工程"称号。[①] 上游国家在开发活动中注重环境保护，同样也是开展国家间协调的积极方式。中国作为实力较强的上游国家，拥有着较强的政治和经济水平。但是中国并没有将其转化为权力政治的地区影响，而是通过自律的开发方式，使上游的开发对下游国家的影响降到最低，因此这也是跨境水资源治理的积极合作方式。

第三，中国在开展境外水资源治理的同时，注重社会效益和经济效益的统一。2017 年 4 月，老挝副总理宋赛·西潘敦在视察中国电建投资建设运营的南欧江六级水电站时，对电站建设与运营管理、移民环境、生计恢复和履行企业社会责任方面做出的成绩表示满意，对中国企业在老挝投资建设运营电站，从而促进老挝地方经济发展给予了高度的赞扬。国际河流争端的根源在于对国际河流水体的竞争利用，而竞争利用的原因在于水体权属不明。[②] 虽然当全球公共产品供给不足时，所有国家都会失利，但大国甚至是中等力量的国家，往往可以通过在地方性和国家范围内的公共产品进行投资来弥补这种失利。贫弱的国家不能做出同样的选择，因此当国际合作失败时，损失最大的往往是积贫积弱的国家。[③] 中国在澜湄合作治理过程中提供了较多的公共产品，从国际责任和义务的角度出发，为下游国家的安全与发展创造了更牢固的发展平台。2016 年湄公河流域遭遇

---

① 罗蓉婵、张轩玮：《华能澜沧江成为南方电网及湄公河次区域最大清洁能源发电企业》，云南网，2018 年 12 月 14 日，http：//yn.yunnan.cn/system/2018/12/14/030138924.shtml。

② 王志坚：《水霸权、安全秩序与制度构建——国际河流水政治复合体研究》，社会科学文献出版社 2015 年版，第 151—152 页。

③ ［美］斯科特·巴雷特：《合作的动力——为何提供全球公共产品》，黄智虎译，上海世纪出版集团 2012 年版，第 12 页。

大旱，尽管不是中国的原因，中国在同样遭遇干旱影响的情况下向下游应急补水，极大地缓解了下游的干旱情况。

三　尚未充分解决的水资源纷争

由于澜湄国家在利益发展方面有所差异，关注目标不同，在缺乏有效治理机制的情况下，国家之间由于利益差异造成的治理方式和路径不同，会导致国家之间的纷争很难彻底解决。

首先，临时性的安排在澜湄国家的水资源治理中影响较大。在旱季或者雨季，上游国家对于水资源的调控往往是根据天气等因素做出的临时安排。2010 年澜湄流域由于天气原因出现了较大规模的旱灾，而中国也在考虑了下游国家的利益后，共享了水文信息，但这种做法也往往是临时性的安排。老挝在 2018 年出现溃坝之后，由于预警机制不到位，没能及时撤出民众，不但造成了本国的人员和财产损失，水灾还对邻国柬埔寨造成了危害，导致了大批民众紧急撤离。在应对突发事件的过程中，流域国家或者国家之间在灾害预警，以及危机管理的过程中还显示出一定程度的能力缺位。临时性安排的战略性和系统性不强，而且容易受到其他因素的干扰，因而临时性安排的效果往往不佳，属于被动应对型的水资源治理模式。这种情况发生的原因往往在于国家从自身的角度观察流域的水资源治理，重点放在了本国境内的河段之上，下游国家对于上游造成的影响往往指责、抗议更多，而上游国家的预警往往又不够及时，还缺乏全流域的旱涝预警机制。

流域国家对于共同收益和共同威胁的集体认知是国家进行水资源治理的基础。在国家间相互依赖的澜湄流域，没有哪个国家能够在不影响其他国家的情况下单独开展水资源治理活动。临时性的安排不适合澜湄次区域长期发展的内在需要。地区秩序建构事关地区各国的核心利益，是地区所有国家的共同责任，只有各国共同担负起责任，才有可能确保地区秩序建设的顺利开展。由于大国自身的实力、地区及全球影响力较大，大国应积极扮演协调者的角色，在地区秩序建构中担负起更大责任。[①] 中国凭借自身的实力，更重要的是遵循正确的义利观，在次区域的水资源治理中尽到了大国的责任和义务，帮助下游国家利用自身的资源优势进行可持续性经

---

① 门洪华：《地区秩序建构的逻辑》，《世界经济与政治》2014 年第 7 期。

济发展。

其次，域外行为体介入澜湄水资源治理，影响流域国家内部以及国家间存在的双边安排。域外行为体对于流域的介入范围和程度往往是由其利益所决定。域外行为体本身的治理优势和流域国家水资源治理带来的收益都是域外行为体的考虑因素。这种碎片化的介入治理没有考虑流域整体的利益协调。但是澜湄水资源是贯穿澜湄六国的跨境纽带。只关注流域部分国家的水资源治理，会对整体的治理效果带来不利影响。例如缅甸不是湄公河委员会的成员，由于长期以来缅甸和西方国家的关系，美欧等西方国家没有将促进缅甸水资源开发以带动经济发展作为关注重点，而中国和泰国等流域内国家以共同利益为关注点，在缅甸分别开展了水资源治理方面的投资，开发目的还是促进流域内各国的共同发展和进步。

域外行为体的治理关注点与流域国家会存在一定差异。东亚国家的利益在于保障经济现代化和社会规制化得以顺利完成，以及在与其他国家的合作和地区一体化进程中获得更大收益，这也是发展问题。而美国与流域某些国家开展合作时，其利益关注点并不在于东亚国家的发展利益，其首要关注仍然是维护其全球"领导权"议题。[①] 这就会使东亚国家和美国在利益发展上产生冲突，跟随美国力量发展就会造成利益受损甚至背离的情况出现。其他域外行为体对于澜湄流域和次区域事务的介入也基本是从维护自身利益、地区领导权、治理价值观和模式等方面出发的。

域外行为体对于澜湄水资源治理的介入会影响流域国家间利益协调的效果。"美日印澳"合作是美国在印太地区加强合作的重要框架。作为东南亚地区的近邻，日本、韩国、澳大利亚、印度对于东南亚都较为关注，希望增大与湄公河国家的水资源合作，湄公河流域国家也关系着这些域外国家的安全与经济利益。韩国在老挝修筑的堤坝质量不过关，同样也会影响到流域国家间的利益协调，而且还会造成负外部性，溃坝会对流域内多国的利益造成损害。

最后，流域国家的治理能力和利益重点存在差异，影响国家层面的治理水平。澜湄国家的治理能力不一，对于合作治理澜湄水资源存在一定的难度。老挝在水能发电方面存在优势，但是由于其国家电网尚在建设完善

①　吴莼思：《亚太地区安全架构的转型——内涵、趋势及战略应对》，《国际展望》2015 年第 2 期。

当中，还需要从邻国购买一定的电力帮助国内边远地区供电。而且多数流域国家经济发展水平不高，也制约了流域治理的效果。中国和泰国在水资源治理能力方面在六国中属于较高的层次。具有一定的对外援助能力，能够采取一些援助性的跨境水资源治理方式，帮助邻国进行水资源治理，例如进行水坝和电站的修建。而在治理能力偏弱的国家，主要依靠外界的投入提升自身的治理水平，某种程度上会形成路径依赖，在域外行为体也参与治理的情况下，纷杂的利益导向会影响受援国的治理效果，各种治理模式的相互掣肘也会对治理效果产生不利的影响。

在利益关切方面，中国、老挝等国家由于存在地理方面的优势，可以充分发展水力发电。缅甸的湄公河流域面积较少，国家层面与邻国的合作往往集中在伊洛瓦底江等其他跨境河流，农业种植也是缅甸比较关注的方面。柬埔寨利用自身优势发展淡水养殖，而且柬埔寨和越南的大米种植也是其主要产业。另外，越南中部某些地区是湄公河支流的发源地，在发展经济的同时需要重视环保，否则对于其他下游国家以及其自身的九龙江平原都是负面影响。老挝等国开发水电，在一定程度上会对湄公河下游水中沉积物的水平产生变化，从而对以灌溉和养殖为主的下游国家造成一定影响。如果只是从国家层面来开展治理工作，上下游国家间的利益矛盾很难协调。在协调过程中"一事一议"的做法会比较明显，国家间关系等因素也会影响到临时性协议的效果。

澜湄各国利益不一致，存在不对称相互依赖，国家间也有利益冲突，但是从长远利益出发，应当提倡澜湄国家间的协调一致。澜湄国家非传统安全利益包含跨境水资源治理导致的安全议题。只有在行为体从相互依赖当中获得收益时，相互依赖才会发挥其实现和平的作用。① 目前多种治理机制也已经存在，现有的地区机制当中涉及水资源合作的内容没有做到完全自主化，大湄公河次区域经济合作没有将水资源治理作为中心任务，湄公河委员会的执行力度不够。澜湄水资源治理需要地区国家自主的合作机制，澜湄合作机制引领了未来发展的方向。

---

① Robert Jervis, "Theories of War in an Era of Leading – Power Peace", *American Political Science Review*, Vol. 96, No. 1, March 2002, pp. 1 – 14.

小　结

　　坚持可持续发展原则就是强调人类局部利益和整体利益、当前利益和长远利益的有机统一。① 国家层面进行的澜湄水资源治理在一定程度上促进了流域国家的发展，各国通过认同可持续发展的理念，在国内或与某个邻国进行自主性的开发合作，国家间就水资源治理开展了一定程度的协调。但是在缺乏流域性治理机制参与的情况下，并不能从根本上解决国家层面的纷争。一国单独的努力或者两三个国家进行的合作很难在澜湄全流域产生共鸣的效果。流域国家在邻国之间进行水资源合作，地理位置的临近构成了各国合作的助力要素。但仅仅靠地缘临近来促进合作的开展是不够的。流域国家间的合作具有一定的特殊性，因为河流是作为联系流域国家的共同要素，各流域国之间存在非对称性的相互依赖效应。另外，在共同利益、文化认同等方面因素的影响下，流域国家间需要借助合作机制来解决在治理方面遇到的问题，并且在一定程度上需要全球化的方案。

---

　　① 吴志成、吴宇：《人类命运共同体思想论析》，《世界经济与政治》2018 年第 3 期。

第四章

澜湄次区域层面的水资源治理

澜湄次区域层面的水资源治理需要发挥机制的作用。流域各国在有序的合作机制内对流域的水资源问题进行研判和应对，有利于水资源治理达到较好效果。通过机制化的合作，次区域内的水资源治理会得到一定程度的提升。从澜湄次区域治理机制设立的必要性来看，澜湄流域国家在长期的交往中，深刻认识到机制化的合作是解决水资源问题的可行方式。合作机制可以促进次区域水资源合作，协调水资源冲突，并培育水资源合作文化，对于双边和多边的合作存在积极的促进和维护作用。该次区域涉及水资源的治理机制包括湄公河委员会、大湄公河次区域经济合作、东盟—湄公河流域开发合作、"黄金四角"经济合作、澜湄合作机制以及东盟等。湄公河委员会主要关注水资源治理，澜湄合作机制由于参与主体的全流域性以及其议题内容与水资源的高度相关性，水资源合作是其优先领域之一。在多重治理机制中，核心治理机制的示范效应和对议题的关注程度决定了澜湄水资源治理的效果。

第一节　澜湄流域水资源治理机制 设立的必要性

澜湄次区域层面的水资源治理对于流域各国特别重要，澜湄流域的水资源问题需要流域国家共同、自主参与。在次区域治理过程中，国际机制可以发挥的作用较大。在澜湄流域，存在湄公河委员会、大湄公河次区域经济合作机制、澜湄合作机制等各类机制，这些机制对于水资源的关注重点不尽相同。并且东盟也在关注该地区的水资源治理情况。澜湄次区域国家在长期的交往中，深刻认识到机制化的合作是解决水资源问题较为可行的方式。国际机制的概念由美国学者约翰·鲁杰于 1977 年引入国际政治学界,[①] 罗伯特·基欧汉在总结斯蒂芬·克拉斯纳的观点之上,认为国际机制是指在国际关系的一个既定议题领域中所形成的一系列围绕行为体的预期而形成的隐含或明确的原则、规范、规则以及决策程序。[②] 为了次区域内的水资源治理,澜湄流域国家创设了多种合作治理机制。治理机制涉及利益的相关方广泛,需要解决流域国家间的水资源冲突,而且澜湄水资源合作意识的培育尚需完善。澜湄次区域需要机制参与水资源治理。

一　对次区域水资源合作的促进

国际机制的最主要功能是促进国际合作。机制对合作的贡献,是通过改变国家以自我利益为基础进行的决策来实现的。国际机制对相关国家政府存在价值,因为国际机制为政府间达成相互有利的协议提供了可能性。促进国际机制形成的激励因素取决于共享或者共同利益的存在。形成国际机制的激励因素,在紧密的政策空间中相对更多。随着相互依赖的加大和政策空间密度的增加,各国对国际机制的需求可能会持续增加。[③] 流域各国在水资源多层级治理方面存在广泛的基础与共同利益,澜湄流域已经将各国紧密联系在一起,而且各国在政策执行中都需要合作治理流域水资源问题。

流域国家间建立国际机制,能够对合理利用各国的地下水、跨境河流与湖泊等做出规定,通过各国必须遵守的规则使合作更加顺畅。湄公河流域多数国家对于外部的供水依赖度较高,澜沧江—湄公河又是次区域中最主要的国际河流,如果河流水质或水量出现了问题,各国在水资源使用方面的敏感性会增大,而且脆弱性也会增强,流域国家从域外其他地区得到跨境水资源替代的可能性和成本都比较大。因此流域治理机制对于各国跨境水资源合作需要做出制度性的规范,在设置优先议题、监督监测水文情况、修建大型水利设施的事前评估、危机预防和管理、公平分配水量等方

---

①　John Gerard Ruggie, "International Responses to Technology: Concepts and Trends", *International Organization*, Vol. 29, No. 3, Summer 1975, pp. 557-583.

②　[美] 罗伯特·基欧汉:《霸权之后:世界政治经济中的合作与纷争》,苏长和等译,上海世纪出版集团 2012 年版,第 57 页。

③　[美] 罗伯特·基欧汉:《霸权之后:世界政治经济中的合作与纷争》,苏长和等译,上海世纪出版集团 2012 年版,第 11、80 页。

面都会做出合理的安排。

澜湄六国在跨境水资源治理方面具有广泛的共同利益。保持澜湄流域的水量正常，对流域国家预测因气候变化引起的降水异常、保护水质免于受到工农业生产的影响、开发水电站的同时注意环境和生态保护等都非常重要。这不但对于当前流域国家的发展有影响，而且关系到未来各国的可持续发展。某一国在水资源治理的同时如果遇到了一些问题，这种负外部性很可能会迅速扩散到下游国家。如果是全流域性质的干旱或者洪涝灾害，影响则更大。应对这些问题需要各国加强对共同利益的认同，次区域合作中的机制建设可以促进各国保证共同利益，通过共同参与来巩固与维护各方利益，保证制度的积极作用。澜湄六国虽然对合作治理跨境水资源问题存在较多的共识，但是流域内已经存在的多种合作机制还有需要提升的方面，澜湄流域各国需要克服信息沟通不畅的情况。阻碍信息交流或者向其他各方提供错误信息，会造成在河流谈判中的不确定性，河流水资源分配问题也会变得复杂化。如果流域国家不愿意相互之间告知各自发展规划，在这种情况下，谈判成功的几率就不是很高，因为受影响国家缺少对现有水资源问题造成危害性的评估，从而降低了寻求解决方案的紧迫性，受影响国家还会因为未来利益期待不明朗，降低与各方达成协议的意愿。[1] 国际机制存在积极的作用，它们降低合法交易成本，增加非法交易代价，减少国际行为的不确定性。[2] 澜湄流域各国仍然需要不断深化和扩大合作的理念。在建立和运行合作机制的过程中，各成员国对于彼此利益诉求需要充分沟通，信息沟通对于促进合作有着积极的作用。澜湄流域各国在次区域水资源治理机制内，基本利益诉求具有一定的相似性。可持续发展的水资源治理是各国共同利益所在，围绕着这个中心议题，各国需要借助共同参与的合作平台对各自的治理关切进行真诚沟通，成员国在了解彼此的意愿后，在机制内会进行沟通协商，防止上下游国家在发展问题上存在利益相互影响的情况，但是需要促进可持续发展。各国的水资源政策要防止对政治、安全、经济、文化等方面的合作交流产生负面影响，各国在制定规则过程中需要各方进行谈判，要对规则达成共识。规则必须基于

---

① Marit Brochmann and Paul R. Hensel, "The Effectiveness of Negotiations over International River Claims", *International Studies Quarterly*, Vol. 55, No. 3, 2011, pp. 863 – 864.

② ［美］罗伯特·基欧汉：《霸权之后：世界政治经济中的合作与纷争》，苏长和等译，上海世纪出版集团 2012 年版，第 107 页。

多边的立场，通过平等、互利的协商才可能达成。即使某个国家因多边主义暂时失去某些单边或双边的利益，从长远来看，该国也将获得更大的回报。[①]

二　协调水资源冲突的需要

国际合作需要国家间在政策层面进行相互调整，而不是把合作仅仅看作反映共同利益压倒冲突利益的状态。[②] 澜湄国家间因为发展经济的具体诉求不同，在运用湄公河水资源的具体方式上会存在差异。各国认同可持续的经济发展模式，但是由于各国经济发展水平和经济发展的手段存在差异，再加上对于发展和生态环境保护之间的关系看法不一，流域各个国家或多或少会存在水资源治理方面的差异。这就需要通过多边合作的平台，各国在机制之中进行商议和谈判，协商利益分歧，缩小冲突的维度，以流域整体利益为基础通过合作开展水资源治理。

多边组织的显著作用是推动对机制规则的遵守，隐含的作用是消除管制性机制的短处和消极因素，从而使机制的核心成分更容易被接受。多边主义提供了一个成本相对低的稳定组织形式。[③] 澜湄次区域范围内的各合作机制，有的涵盖流域所有国家，有的涵盖流域部分国家。机制的存在以多边主义为基础，为各国解决利益冲突构建了合作平台。次区域治理机制对于水资源治理的内容都有涵盖，而且参与机制的行为体包含流域各个国家，某些机制的出资方是亚洲开发银行和域外国家，甚至非国家行为体也参与其中。多重治理主体的参与会加大利益冲突的可能性。湄公河流域国家处于中南半岛的关键位置，对于日本、美国、澳大利亚、印度等域外大国和东南亚地区本身都起着关键的地缘战略作用。相关国家、非政府组织和国际组织都对次区域内水资源安全合作保持浓厚的兴趣。个体逐利的理性行为，在很多情况下并不必然保证集体理性的自动实现。[④] 澜湄国家各自追求河流治理的有效性，并非必然导致流域各国治理朝着理性的方向发

---

① 朱锋：《国际关系理论与东亚安全》，中国人民大学出版社 2007 年版，第 449—450 页。

② ［美］罗伯特·基欧汉：《霸权之后：世界政治经济中的合作与纷争》，苏长和等译，上海世纪出版集团 2012 年版，第 11 页。

③ ［美］约翰·鲁杰主编：《多边主义》，浙江人民出版社 2003 年版，第 127、462 页。

④ 苏长和：《全球公共问题与国际合作：一种制度的分析》，上海人民出版社 2009 年版，第 2 页。

展。因此，流域的合作机制就有必要调整和规范澜湄水资源治理。

在澜湄流域搭建的机制平台中，各个利益相关方可以就所在平台的治理关切，参与利益分歧协调。比如在湄公河委员会中，老挝在湄公河干流修建大坝就要遵守其议事规则，与相关方面就修建大坝的必要性和合法性进行沟通，经过听证征得各方同意后，才能够开始修建大坝。在机制内的沟通、谈判之中，各方的利益冲突可以得到解决。上下游国家存在不对称性的相互依赖，就有可能在次区域的国家间关系中产生水资源安全问题和水资源霸权的状态。多边机制的平台作用有助于各成员国在此之中平等协商，通过谈判对利益分歧进行妥协，机制中的谈判需要各方对于既有利益进行研判，适当让渡一些次要利益，从而化解利益冲突，在条件成熟的情况下发展到合作的状态。只有在灵活务实的谈判工作中建立起多边协商性的水资源利用与分配机制和联合应对行动机制，才能真正实现共同分享水资源开发和利用的经济效益。①

澜湄流域曾经长期缺乏成熟的水资源治理机制。湄公河委员会长期以来主要关注流域水资源治理，在治理内容上与新近成立的澜湄合作机制存在相互重叠的内容，成员国也只是湄公河下游国家。大湄公河次区域经济合作等以地区经济发展为主要目标的机制，或多或少地在水资源治理方面也与其他机制存在相互重叠的现象，而且湄公河委员会、大湄公河次区域经济合作等治理机制的实际主导方并不是流域国家。另外，以湄公河委员会为例，其权力安排并没有强制性，各国的委员会也并不隶属湄公河委员会管理。对东盟、东盟地区论坛等以东盟为核心的治理机制而言，水资源问题只是其议题内容的一部分，而且东盟不只是包含湄公河国家，从地域上中国也不是东盟的成员国。东南亚国家的总体实力与日本、美国等大国相比仍然有较大差距，东盟也愿意从大国平衡的角度引入域外大国作为地区权力的竞争者，美国与湄公河国家的合作也是东南亚国家的大国平衡外交的一部分。中国是澜湄流域国家，参与次区域事务是正常的安排。但是美日等域外国家出于各自国家利益的考量，积极介入澜湄水资源合作当中，加之东南亚国家的大国平衡战略，次区域的力量对比就发生了微妙变化，在多方参与的前提下，各方主导的治理机制对于类似议题都存在重叠

---

① 李昕蕾：《冲突抑或合作：跨国河流水治理的路径和机制》，《外交评论》2016 年第1 期。

治理的情况，因此各方都没有能足够主导治理机制的能力。在此背景下，中国和湄公河国家共同倡导成立了澜湄合作机制，以流域国家的力量自主提升治理水平。

防止水资源冲突的发生要求以规则为基础的合作、分水、连续的水资源信息提供和争端解决机制。透明度、合作、分享是建构和平的基础。亚洲需要新的市场机制、公私伙伴关系、创新性的实践和技术、保护和精确的管理，以加强适应性以及可接受的解决方案，以保障持续性增长，为可持续性与和平的环境打开通道。[①] 中国作为湄公河的上游强国，需要更加关注协调与下游国家的关系，并要关注域外行为体在中国周边开展介入式水资源治理的动态。流域国家因为地缘相近，又共处同一流域，需要在合作机制内解决各国之间的利益分歧。东南亚国家倾向于邀请域外大国介入治理，在对外关系中开展大国平衡外交。澜湄全流域的专业性水资源治理机制是澜湄合作机制，中国需要在扩大澜湄合作机制的影响力和参与性方面加大投入力度。在国际社会，不存在具有强制力的法律权威，在机制内，各国可以协调彼此之间的利益，以稳定的制度和规范开展跨境水资源的利用，避免水资源领域的利益纷争外溢到高政治领域，防止流域国家间总体关系受到影响。

三 培育水资源合作文化的要求

治理体系发挥着一种至关重要的公民—政治功能。作为社会的基本制度框架，治理结构建构了意义深远的治理体系，即确定集团及其成员的身份，为日常活动和集体行动提供一种具有目的性的含义。治理体系参与决策过程不但对公平分配社会财富至关重要，而且因为参与作为一种重要的社会—心理功能，有助于加强个人与集体身份之间关系的认同。[②] 澜湄六国已在双边层面建立全面战略合作伙伴关系，澜湄流域水资源治理机制对于培育次区域的水文化、增强合作意识，都有着重要的作用。

流域国家共同的文化认同有助于各国国际责任的实现。水资源治理需要水文化基础上的管理实践和确保人类用水的同情心。良好的水资源治理

---

① Brahma Chellaney, "Water, Power and Competition in Asia", *Asian Survey*, Vol. 54, Number 4, July/August 2014, pp. 621–650.

② ［美］詹姆斯·N. 罗西瑙主编：《没有政府的治理——世界政治中的秩序与变革》，张胜军、刘小林译，江西人民出版社2001年版，第6页。

会使政治稳定、经济平衡和社会团结更加容易实现。① 东亚各国是依法建立起来的，但是国家和社会的关系不但要按正式的法律要求来管理，而且还要依据非正式的社会规范来管理。② 从流域国家身份方面来看，澜沧江流经中国的西南省份，湄公河国家则都属于东南亚陆地国家，次区域内民族众多，跨境民族在临近的国家共同生存发展，各国人缘相通、文缘相通，各国对于水的理解有一定的近似性，这有助于以共同的心态进行水资源治理。

澜湄六国在文化认同方面还需要继续加强。各国虽然是近邻，但是在历史、宗教、文化、民俗等方面还是存在着一定的差异。各国在利益方面存在的差异也影响到了合作文化的构建，例如在澜湄流域修建水电设施引起了下游国家和民间组织的反对。由于历史原因造成了东南亚地区的民族主义强烈，澜湄流域国家之间对于澜湄人文合作存在认知差异。③ 澜湄流域各国家政治互信不足，特别是越南，受近代中越藩属关系及其与中国的南海岛礁争端、双边贸易不平衡等因素影响，越南对中国仍存在戒备之心。各国文化差异和历史矛盾为集体认同的构建设置了障碍。就文化而言，澜湄国家在主体民族、语言、宗教、文字上的同质化程度并不高，文化整合性不强。虽然历史上中南半岛民族国家往往通过战争来增强彼此间的联系和影响，但中南半岛从来没有统一过，再加上高山大河的物理阻隔，因此中南半岛各地文化的发展特点表现为流域型而非区域型。④ 澜湄流域各国需要通过机制化的合作，培育构建水资源合作文化。

一般而言，在水资源问题方面，上游国家往往容易招致下游国家的抱怨。中国在不寻求成为水霸权的情况下，下游国家对于中国的信任度特别需要提升。澜沧江—湄公河流域将六国联系起来，各国在水文化方面具有相近性。从青年开始提升合作认同的做法值得提倡。2016 年"澜沧江—湄公河之约"流域治理与发展青年创新设计大赛决赛在澜沧江源头青海

---

① Janos Bogardi et. al, "Water Security for a Planet under Pressure: Interconnected Challenges of a Changing World Call for Sustainable Solutions", *Current Opinion in Environmental Sustainability*, No. 4, 2011, p. 7.

② ［美］彼得·卡赞斯坦：《地区构成的世界：美国帝权中的亚洲和欧洲》，秦亚青、魏玲译，北京大学出版社 2007 年版，第 231 页。

③ 刘畅：《澜湄社会人文合作：现状与改善途径》，《国际问题研究》2018 年第 6 期。

④ 屠酥：《培育澜湄意识：基于文化共性和共生关系的集体认同》，《边界与海洋研究》2018 年第 2 期。

玉树州杂多县扎曲河畔举行，2017 年澜湄青年创新创业训练营在青海举行。2018 年澜湄青年创新创业训练营在上海举行。通过参与类似活动，各国青年切身体会到了高原环境的脆弱性，而且对于中国长江流域的水资源治理效果会有切身体会。他们会把具有周边共同体意识的环保理念带回各自国家，自觉说明环保对于水资源合作保护的重要性，流域各国青年在活动中促进了彼此合作的意识，通过机制性的合作，促进了流域各国的水文化发展。从根本上说，澜湄水资源治理机制的积极作用发挥，需要流域国家加强彼此间信任与认同，六国文化中都有善治水资源的内容，多层次的民间交流、国家交往可以促进各国将合作发扬光大，在流域水资源合作中发挥其积极效应。流域各国的身份认同也会随着机制化水平的提高而加强。

　　澜湄命运共同体需要澜湄六国人民加强交往，从水资源的角度培育"对生存与福利的共同认同感和归属感，从而建立起某种彼此难以割舍的情感纽带和具有粘合力的文化氛围"①。根据温特的理论，集体身份的塑造有赖于相互依存、共同命运、同质性以及自我约束四个变量。四个变量的水平越高，集体身份越可能构建。② 澜湄六国的联系纽带就是澜沧江—湄公河，各方的相互依赖作用明显，各国都在合作建立澜湄命运共同体，共同应对流域各方面的治理难题，各国又都是发展中国家，都有着反抗外来侵略的历史，具有文化方面的同质性，而且澜湄流域各国在国际社会都以理性国家的身份遵守国际制度，能够约束各方面的行为方式。文化变化并不一定意味着身份已经发生变化。但文化变化要求身份变化，还要求认同的频率和分配超越一个临界点，超过之后，结构的逻辑就会发生变化，成为一种新的逻辑。③ 这意味着，洛克文化有可能转变为康德文化。澜湄流域国家通过次区域合作机制的建设与实践，可以促进次区域文化向着更为友善的方向发展。全面的文化转变比较困难，但是在水资源合作文化方面是比较可行的。水资源治理关系到民众个人的安全与发展，流域各国的水合作文化在合作机制的影响下，会朝着深入落实可持续发展的方向发展。各国之间水资源文化会更加友善，各国会以合作的心态发展流域经

---

　　① 朱锋：《国际关系理论与东亚安全》，中国人民大学出版社 2007 年版，第 402 页。

　　② ［美］亚历山大·温特：《国际政治的社会理论》，秦亚青译，上海人民出版社 2000 年版，第 334 页。

　　③ ［美］亚历山大·温特：《国际政治的社会理论》，秦亚青译，上海人民出版社 2000 年版，第 352 页。

济，减少利益纠纷。澜湄各国需要民众对共同文化和集体身份的建构，"澜湄人"的心态需要国家间合作机制的助力，通过切实的合作促进澜湄意识的身份建构，从而推进水资源合作文化的认同。

促进合作、协调利益冲突以及培育水资源合作文化的发展都有赖于澜湄次区域水资源治理机制的推进。通过机制化的合作，水资源治理可以得到更加规范、有序的发展。水资源治理机制对于澜湄水资源合作发展起着重要的作用。

第二节　澜湄流域水资源治理机制

澜湄流域存在多个涉及水资源治理机制，包括湄公河委员会（MRC）、大湄公河次区域经济合作（GMS）、东盟—湄公河流域开发合作（AMBDC）、"黄金四角"经济合作（Golden Quadripartite Economic Cooperation，QEC）、澜湄合作机制等。湄公河委员会是较为专业的水资源治理机制，澜湄合作机制中将水资源治理也视为优先推进的方向。东盟—湄公河流域开发合作是中日韩与东盟国家共同参与的机制；"黄金四角"经济合作主要是中、老、缅、泰四国在临近区域内加强互联互通、发展经济的战略选择，这些机制虽不以水资源治理为核心，但也涉及流域国家的一些水资源治理议题。

一　湄公河委员会

湄公河委员会成立于1995年，是在20世纪末柬埔寨局势缓和的情况下，湄公河下游的四国——泰国、越南、老挝、柬埔寨——经过长时间的谈判建立的国际组织。其前身是1957年成立的湄公河下游勘察协调委员会（Committee for the Coordination of Investigations of the Lower Mekong Basin）。湄公河委员会主要致力于"保护湄公河流域的环境、自然资源、水生生物及生存条件和生态平衡不受流域内任何开发计划、水及相关资源的利用而引起的污染或其他有害影响"。[①] 中国和缅甸是湄公河委员会的对话伙伴国。湄公河委员会包括理事会、联合委员会和秘书处。每个成员国

---

① 《湄公河流域可持续发展合作协定》，载水利部国际经济技术合作交流中心编译《国际涉水条法选编》，社会科学文献出版社2011年版，第648页。

也有国家湄公河委员会，但是国家委员会与湄公河委员会没有隶属关系，只是负责协调与湄公河委员会的交流合作，并且执行湄公河委员会的政策。目前其出资主体是亚洲开发银行，各成员国的资金只占较少部分，但近年来湄公河委员会逐渐加大了本土化的力度，本地国家出资额度在增加。

湄公河委员会在机制层面关注湄公河水资源治理，其关注的领域一直以水资源为主，包括水质、调水、环境、生态、航运、发电等与水资源相关的各个方面，在一定程度上起到了协调成员国利益平台的作用，特别是对于干流修建水电站的监管等职能方面。湄公河委员会重点关注湄公河下游水资源，近年来对于上游的关注度也在提升。湄公河委员会包括五方面的议程规则：数据和信息交换与分享（PDIES），水资源使用监测（PWUM），告知、事前咨询与协议（PNPCA），维持干流水流量（PMFM）及湄公河水质（PWQ）。

（一）对预防和监测的关注

湄公河水质的优劣对于沿岸各国人民的生活和生产安全至关重要。湄公河流域的老挝、缅甸和柬埔寨属于联合国认定的最不发达国家，这些国家的农业生产在经济生活中占比较高。议程规则中的湄公河水质（PWQ）自 2011 年启动，着重关注技术领域相关的指导方针，通过设立标准以监测水质。在此项议程之中，湄公河委员会主要关注河流的水资源监测，以及可能的紧急响应。此项议程号召湄公河国家对河流水质进行常规监测，并且对可能的水污染制定应急预案。对于取水地点和频率，此项议程都有详细规定，并对民用水质制定了评价标准。在此项议程内，湄公河国家在 48 个河水表层水样收集点采集水样，其中包含干流的 17 个取水点。在每个样品取水站里，每月都要对 12 个指标进行监测，包括水温、盐度、酸碱度等重要的水文指标；另外 6 个指标，包括钙、镁、纳等金属离子，则要在每年的雨季进行监测。水中的含氧量则每月在一些监测站进行抽查。水样在人类健康、水生生物、灌溉使用类别方面分别进行评估，等级分为非常好、好、合格、差、极差五类。[①]

通过这些非常细致的监测手段，湄公河水质情况能够比较细致地被反

---

① "An Introduction to MRC Procedural Rules for Mekong Water Cooperation", MRC, July 2018, http：//www. mrcmekong. org/assets/Publications/MRC – procedures – EN – V. 7 – JUL – 18. pdf, pp. 16 – 17.

映出来，水质变化和跨境河流污染的产生地能够比较精准地确定。这些水文数据对于流域国家也是重要的资料，对于研究河水水质变化和应急处理污染都是宝贵的财富。湄公河水质议程对于预防水质污染和应对风险管控都有着非常重要的经验启示。湄公河下游国家除了在国家和次区域内进行类似的水污染防控安排，还与东盟进行应急污染防控合作。

维持干流水流量（PMFM）议程主要关注湄公河旱季和雨季的水量情况。适度的干流水量对于流域国家人民的生产生活也是十分重要的。维持干流水流量（PMFM）议程需要下游四国在 12 个不同的监测站每天收集水量信息，在雨季时，每天收集到的信息经由湄公河委员会秘书处的分析汇总后，及时发布到网站上，分为正常、稳定、不稳定和极端情况四类。这样公开的数据就达到了早期预警的目的，有助于沿岸地区早做准备，防止大规模灾害的发生。在水量出现不稳定或者极端情况下，湄公河委员会秘书处也会通知相关国家采取措施，根据需要提供技术援助。① 早期预警可以减少因旱涝造成的大规模人员和财产损失，实际上保护了相关国家的人员和财产安全，有助于社会稳定、减少传染病等，防止因水产生的负面效应大规模外溢到社会领域。尽管此项议程主要监测湄公河下游，但在中国与湄公河委员会充分沟通协调的基础上，此项议程仍然有助于对全流域水量评估，以及准确评估建立水电站对水量的影响，最终会提升地区非传统安全治理效果。

中国协助湄公河委员会进行河流水量的预防与监测。中国在 2002 年、2008 年与湄公河委员会签署了《中华人民共和国水利部与湄公河委员会关于中国水利部向湄公河委员会秘书处提供澜沧江—湄公河汛期水文资料的协议》。协议规定，为满足湄公河下游国家防洪减灾需要，由中方向湄公河委员会秘书处提供汛期（每年 6 月 15 日至 10 月 15 日）水文资料（水位和雨量）。中方还向湄公河委员会提供澜沧江报汛站两年的历史水文资料。水文资料由云南省的景洪和曼安两个水文站观测和报送。② 2013 年双方续签了协议。湄公河委员会时任首席执行官和相关国家对中国的做

① "An Introduction to MRC Procedural Rules for Mekong Water Cooperation", MRC, July 2018, http: //www. mrcmekong. org/assets/Publications/MRC – procedures – EN – V. 7 – JUL – 18. pdf, pp. 13 – 14.

② 《中华人民共和国水利部与湄公河委员会关于中国水利部向湄委会秘书处提供澜沧江—湄公河汛期水文资料的协议》，北大法宝网，2018 年 8 月 29 日，http: //www. pkulaw. com/eagn/50b54acdb76d2f1670362202cfbefb8abdfb. html? keyword = % E6% B9% 84% E5% 85% AC% E6% B2% B3% 20。

法表示感谢，认为中国提供水文数据有利于下游制定防洪预案，从而减少生命和财产损失。

（二）事前协商的倡导

告知、事前咨询与协议（PNPCA）议程于 2003 年启动，主要是在修建水电站等生产活动与保护生态环境之间寻求平衡。这项议程要求湄公河下游各国在修建水力发电设施之前，要通过一系列特别的程序。这样做也是为了防止成员国之间出现争端，其议程规则如表 4-1。

表 4-1　　　　　　　告知、事前咨询与协议（PNPCA）

湄公河	季节	水资源运用范围	要求的程序
干流	旱季	跨流域调水	特别协议
		流域内调水	事前咨询
	雨季	跨流域调水	事前咨询
		流域内调水	告知
支流	旱季、雨季	流域内和流域间调水	告知

资料来源："MRC Supports Laos in Advancing National Climate Change Adaptation Planning", MRC, Oct. 5, 2018, http：//www. mrcmekong. org/news - and - events/news/mrc - supports - laos - in - advancing - national - climate - change - adaptation - planning/.

从 1995 年湄公河委员会成立到 2018 年 6 月底，湄公河委员会收到 59 项建立水利基础设施的申请，其中 4 项是事前咨询，没有特别协议项目，在告知程序的 54 项中，50 项是湄公河支流上的项目，4 个项目在干流。这些告知类型的水利项目包括 2010 年柬埔寨的赛桑河（Sesan）水电项目、泰国 1995 年规划的湄南河流域调水项目，以及 2005 年越南提出的达乐省（Dak Lak）大型灌溉项目。仅有的 4 项事前咨询项目都是老挝的湄公河干流水利工程：沙耶武里（2010 年）、东萨宏（2013 年）、北本（2016 年）、帕莱（2018 年）。沙耶武里和东萨宏水电项目最终没有达成联合协议。北本项目最终各方发表了联合声明，号召老挝政府避免、尽可能降低并且应对因修建水利设施而对下游水质造成的潜在不利影响，而且要求湄公河委员会尽到事后监督的责任。[①] 老挝帕莱水电站拟修建在湄公

---

① "An Introduction to MRC Procedural Rules for Mekong Water Cooperation", MRC, July 2018, http：//www. mrcmekong. org/assets/Publications/MRC - procedures - EN - V. 7 - JUL - 18. pdf, pp. 11 - 12.

河干流，2018 年 8 月 8 日湄公河委员会启动了对该 770 兆瓦水电站的告知、事前咨询与协议进程，为期六个月。2018 年 9 月 20—21 日，老挝帕莱水电站的利益相关方就修建水电站可能带来的生态环境影响以及未来流域规划进行了讨论。参加讨论的人员包括民众代表、政府及非政府组织人员、学术界代表、私营企业代表，以及项目开发合作伙伴等。各界提出的建议包括收集鱼类物种信息，在湄公河干流修建大坝的同时为鱼类洄游修建通道，对跨境环境和社会影响进行评估，以及进行累计影响的评价等。2018 年 11 月 6 日，湄公河委员会组织专家，在告知、事前咨询与协议的进程内，通过联合委员会工作组对帕莱水电站的技术评审报告草案进行了讨论，主要关注干流修建水坝对下游的干旱、泥沙沉积的影响，以及预防和应对溃坝的风险。对湄公河流域非传统安全因素的考量和应对有利于地区秩序的稳定发展。2019 年 2 月 17 日，湄公河委员会就帕莱水电站进行了第二次地区利益相关方会议。2019 年 4 月 4 日，湄公河委员会通过声明，完成了为期半年的告知、事前咨询与协议进程。老挝联合委员会成员查森特·伯拉帕（Chanthanet Boualapa）表示："老挝政府致力于应对因修建水电站引起的重大问题，并且欢迎各方进一步的参与，通过信息共享、现场调研以及联合监测，以确保项目不会引起重大的跨境影响并能够使各方得到收益。"①

　　湄公河委员会还通过与其他国家和治理机制的学习交流，不断提升其流域治理和针对干流修建水电项目的告知、事前咨询与协议（PNPCA）

---

① "Starting Date for Pak Lay Hydropower Project Prior Consultation Process Agreed", MRC, Aug. 10, 2018, http：//www. mrcmekong. org/news – and – events/news/starting – date – for – pak – lay – hydropower – project – prior – consultation – process – agreed/； "Stakeholder Forum Debates Proposed Pak Lay Project, Recommends Steps to Strengthen Basin Planning in the Mekong", MRC, Sept. 21, 2018, http：//www. mrcmekong. org/news – and – events/news/stakeholder – forum – debates – proposed – pak – lay – project – recommends – steps – to – strengthen – basin – planning – in – the – mekong/； "Draft Technical Review Report, First Regional Stakeholder Forum Report Deliberated", MRC, Nov. 6, 2018, http：//www. mrcmekong. org/news – and – events/news/draft – technical – review – report – rirst – regional – stakeholder – forum – report – deliberated/； "Stakeholders Continue Debating Pak Lay Project, Offers a Set of Recommendations to Improve It", MRC, Jan. 17, 2019, http：//www. mrcmekong. org/news – and – events/news/stakeholders – continue – debating – pak – lay – project – offers – a – set – of – recommendations – to – improve – it/； "Statement on Prior Consultation Process for Pak Lay Agreed, Joint Action Plans for Pak Beng and Pak Lay Approved", MRC, April 4, 2019, http：//www. mrcmekong. org/news – and – events/news/statement – on – prior – consultation – process – for – pak – lay – agreed – joint – action – plans – for – pak – beng – and – pak – lay – approved/.

议程实施，2019 年 8 月，湄公河委员会派代表赴美国参加了美国密西西比河委员会（Mississippi River Commission）和美国陆军工程兵团举行的公众听证会，并认为公开听证方式对于湄公河委员会未来发挥公开咨询机构的作用以及在多层面拓展活动安排都有积极的参考意义。①

可见，湄公河下游国家在干流修建水利设施的限制条件较多，而且要求层次也较高。此项议程为湄公河下游国家提供了交流平台，防止各国由于修建水利设施而产生对下游国家不利的情况，也防止了因水而引起的地区冲突和外交纠纷。湄公河下游四国在协议范围内就干流修建水电站和调水议题开展合理协商，能够以预防性的手段防范风险。如果湄公河下游某一国没有就干流调水问题与其他成员国达成共识，湄公河委员会以及其他各成员国就会通过外交和公开渠道表达反对意见。当事国也要考虑国际舆论的压力，必须认真面对外部监督压力。这一议事程序会降低地区安全冲突的风险，促使风险能够被化解在萌芽状态。

（三）多边合作平台的作用

湄公河委员会的治理效力体现了多边参与性，包括流域国家政府的参与，非政府组织的参与，出资方的参与。其议事程序中的水资源使用监测（PWUM）议程目前仍然是实验阶段，其有助于多边流域的规划与管理，对湄公河流域的水资源情况进行监测，通过成员国之间信息的提供，有助于流域水资源信息进行全面的把握。该议程有益于规划流域在经济发展过程中的水资源使用量以及化解由于发展而产生的地区矛盾。

数据和信息交换与分享（PDIES）议程是湄公河委员会开展流域治理的基础，只有得到了准确及时的信息，才能对河流水量的情况做出预判，减少损失。成员国有关水利、气象、地形、灌溉、航运、洪水管控、水电、环境、经济和旅游等方面的信息都要和湄公河委员会共享。目前，湄公河共有 45 个自动水利—气象监测站、139 个降水及水层监测站、48 个水质监测站、100 多个渔业监测站，以及 17 个泥沙监测站。② 通过湄公河

---

① "Public Hearing from Mississippi, an Example to Increase Community Participation in a Systematic Structure", MRC, Sept. 24, 2019, http：//www. mrcmekong. org/news－and－events/news/public－hearing－from－mississippi－an－example－to－increase－community－participation－in－a－systematic－structure/.

② "An Introduction to MRC Procedural Rules for Mekong Water Cooperation", MRC, July 2018, http：//www. mrcmekong. org/assets/Publications/MRC－procedures－EN－V. 7－JUL－18. pdf, pp. 5－6.

委员会网站公布的分析数据，湄公河流域相关水文信息实现公开，准确及时的数据是研究工作和风险应对措施的重要保障。

另外，湄公河委员会在多边治理的基础上，支持成员国自身加强治理能力建设，提高自身应对风险的能力。例如，湄公河委员会支持老挝提高应对气候变化风险的能力。通过升级老挝的气候变化信息系统以及将气候变化战略纳入国家机构的战略与发展规划，湄公河委员会支持《老挝国家气候变化适应性规划》的实施。根据预测，到 2030 年湄公河流域的温度将升高 0.8 摄氏度，在未来 40 年，流经老挝万象的湄公河水量将减少 40%。平均每年因洪水产生的湄公河下游地区财产损失达 6000 万—7000 万美元。① 成员国通过自身能力建设，实际上也是在拓展湄公河委员会的多边参与性，各个成员国在治理能力提高以后，实际上促进了湄公河委员会的水资源治理能力，进而通过多边合作应对气候变化、水污染、调水等问题。

（四）信息平台的作用

湄公河委员会通过战略规划、技术信息和行业标准的规范，巩固了其作为湄公河下游地区专业水资源治理平台的地位。湄公河委员会自 2016 年开始执行了 2016—2020 年战略规划，并公布了 2016—2020 年流域发展战略规划。此战略规划包括如下四个关键领域（见表 4 - 2）。

表 4 - 2　　　　　　　　2016—2020 年湄公河委员会战略规划

关键领域 1 全流域性地提升国家规划、项目和资源	对政策制定者和项目规划者提供的以事实为基础的专业知识，增强普遍的理解和运用
	国家规划部门为流域利益的优化而进行环境管理、可持续性的水资源开发
	国家规划和政策实施部门制定并开展水资源、相关资源和项目的开发和管理指南
关键领域 2 加强地区合作	国家委员会有效并全面地实施湄公河委员会议程规则
	成员国间有效对话与合作；跨境水管理的地区伙伴和利益相关方参与的战略互动

① "MRC Supports Laos in Advancing National Climate Change Adaptation Planning", MRC, Oct. 5, 2018, http://www.mrcmekong.org/news - and - events/news/mrc - supports - laos - in - advancing - national - climate - change - adaptation - planning/.

续表

关键领域3 对流域情况进行更好的监测与交流	全流域进行监测、预测、影响评估、成果宣传，以便成员国更好地做出相关决策
关键领域4 精干的流域组织	湄公河委员会转型为更高效的组织

资料来源："The Mekong River Commission Strategic Plan 2016 – 2020"，MRC，March 2016，http：//www. mrcmekong. org/assets/Publications/strategies – workprog/MRC – Stratigic – Plan – 2016 – 2020. pdf.

湄公河委员会已经进行了部分改革，例如近年来先后聘请越南人范遵潘（Pham Tuan Phan）和柬埔寨人安皮哈达（An Pich Hatda）担任首席执行官，本地化的趋势已经显现。湄公河委员会文件、网站内容都是英文版本，重要的文件和消息也都译成了高棉语、老挝语、泰语和越南语，为各国政府提供更为便利的语言服务。湄公河委员会在流域灌溉数据、水电技术标准、环境评估、水运等方面也发布了较为专业的研究报告，在湄公河下游水资源治理的技术标准和数据提供方面是最为有效的专业机构。

二 大湄公河次区域经济合作等机制中的水资源治理

大湄公河次区域经济合作（GMS）、东盟—湄公河流域开发合作（AMBDC）、"黄金四角"经济合作（Golden Quadripartite Economic Cooperation，GQEC）等合作机制是次区域内主要关注经济合作的机制，但区域经济合作也涉及水资源的使用，因此这些机制也涉及水资源治理的内容。

大湄公河次区域经济合作是1992年中国与湄公河五国合作成立的次区域合作机制，亚洲开发银行是主要的出资方。各国在农业、能源、环境、健康与人类资源开发、信息技术、旅游、运输与贸易便利化、城市发展等方面开展合作。[①] 2002年11月，大湄公河次区域经济合作首次领导人会议在柬埔寨金边举行，各成员国签署了《大湄公河次区域电力贸易政府间协议》。次区域的能源发展和联通促进了水力发电事业。2005年5月，首届大湄公河次区域环境部长会议在上海举行。会议的召开有助于加

---

① "Overview of the Greater Mekong Subregion Economic Cooperation Program"，GMS，https：//www. greatermekong. org/overview.

强次区域环境合作中的伙伴关系、促进解决全球和区域性环境问题、促进次区域各国共同发展。各国与会代表表达了改善环境、促进可持续发展的承诺和政治意愿，并期待着与合作伙伴加强联系，寻求多方支持和参与，共同促进大湄公河次区域在环境保护的基础上共同发展。① 截至 2018 年，已经举行了五次大湄公河次区域环境部长会议，第五次清迈会议上各国部长通过了《大湄公河次区域经济合作核心环境项目战略框架与行动计划（2018—2022 年）》，该计划包括超过 5.4 亿美元的重点项目，这些项目旨在促进绿色投资、增强环境合作，从而帮助大湄公河次区域实现可持续性的增长。② 在大湄公河次区域经济合作核心环境规划（CEP）的帮助下，越南政府对《国家电力发展规划（2011—2020 年）》进行了战略环境评估（SEA）。战略环境评估通过减排和运用更多的可再生能源，在 2030 年前会为大湄公河次区域经济合作成员国节省开支及创造经济收益。战略环境评估还在 2012 年引入了针对水电开发的森林环境补偿内容。在老挝和柬埔寨政府的请求下，大湄公河次区域经济合作核心环境规划在 2015 年和 2016 年分别对两国进行了工业污染风险分析，其中包含对国家水资源污染的分析。2015 年，中国云南省和老挝的边境省签署了关于生物多样性合作的备忘录，大湄公河次区域经济合作核心环境规划通过与中国云南省、老挝和缅甸合作，制定 2016 年和 2017 年的管理战略。越南在此项管理战略内，通过了国家森林环境服务支付计划，越南约有 50 万农村人口会从水电和水利公司得到补偿，这些公司资助他们监测和巡视森林水源地。③ 大湄公河次区域经济合作注意到了从经济领域对水资源治理进行补偿。

中国在大湄公河次区域经济合作内注重倡导可持续发展、互联互通。温家宝总理在 2008 年 3 月大湄公河次区域经济合作第三次领导人会议上表示，各个成员国需要妥善处理经济效益与保护环境的关系，合理开发利

---

① 《首届大湄公河次区域环境部长会议在沪举行》，中国水网，2005 年 5 月 26 日，http：// www. h2o - china. com/news/37461. html。

② 毛卫华：《大湄公河次区域各国部长批准新环境议程》，中国日报中文网，2018 年 2 月 2 日，http：//cn. chinadaily. com. cn/2018 - 02/02/content_ 35631983. htm。

③ GMS Environment Operations Center, "Greater Mekong Subregion Core Environment Program: 10 Years of Cooperation", Bangkok, Oct. 2018, https：//www. greatermekong. org/sites/default/files/ gms - cep - 10 - years - cooperation_ 0. pdf, pp. 10 - 48.

用资源，重视生态保护和节能减排，实现次区域合作的可持续发展。① 外交部长王毅在 2018 年大湄公河次区域经济合作第六次领导人会议上强调，中方愿重点推进中老、中泰铁路、中缅陆水联运等重大项目，完善基础设施联通网络。同时把交通走廊和经济走廊建设有机融合，充分释放互联互通振兴经济、改善民生的潜力。中方愿与各国一道，加强政策、规制和标准对接协调，落实跨境运输便利化协定，尽快补足"软联通"的短板，形成全方位、复合型互联互通网络。②

1996 年 6 月，东盟—湄公河流域开发合作（AMBDC）在马来西亚吉隆坡举行首次部长级会议。根据会议通过的框架协定，部长级会议至少每年举行一次，两次部长级会议期间由成员国选派司局级官员举行指导委员会会议。同时确定了基础设施建设、投资贸易、农业、矿产资源开发、工业及中小企业发展、旅游、人力资源开发和科学技术八大合作领域。东盟—湄公河流域开发合作的组织核心是东盟国家加中、日、韩的区域合作格局。③ 该机制主要关注区域互联互通与经济发展，澜湄次区域的水运也属于合作范畴，但作用比大湄公河次区域经济合作稍逊一筹。

1993 年，泰国提出建立"黄金四角"经济合作（QEC），即在中、老、缅、泰之间建立经济合作机制。该机制主要关注大湄公河中上游的航运问题、毒品防治和流域安全。该机制通过促进国家间的航运，最终服务的是经济发展。对机制内的合作安排，各方有着高度的合作共识。泰国努力扩大与周边国家的经贸合作，并通过加强与中国的联系，维护自身在澜湄次区域的战略利益，希望通过此项机制改善湄公河委员会成员国涵盖国家不全面的情况；中国希望借此为西部开发助力；老挝希望借此改善北部地区的贫穷落后；缅甸则期待借此摆脱西方国家制裁压力。④ "黄金四角"

① 《合作的纽带 共同的家园——温家宝在大湄公河次区域经济合作第三次领导人会议上的讲话》，中国共产党新闻网，2008 年 4 月 1 日，http：//cpc.people.com.cn/GB/64093/64094/7067769.html。

② 王毅：《携手书写次区域发展合作新篇章——在大湄公河次区域经济合作第六次领导人会议上的讲话》，中国外交部网站，2018 年 3 月 31 日，https：//www.fmprc.gov.cn/web/wjbzhd/t1547073.shtml。

③ 《大湄公河次区域合作概况》，水电知识网，2007 年 3 月 1 日，http：//www.waterpub.com.cn/info/InfoDetail1.asp?id=4089。

④ 屠酥：《澜沧江—湄公河水资源开发中的合作与争端（1957—2016）》，博士学位论文，武汉大学，2017 年，第 111 页。

经济合作关注经济发展，水资源治理会在相关合作中有所涉及。

流域内还存在其他一些治理机制，但总的来说，这些机制关注的经济合作内容较多，相关国家也在各项机制内开展了一些水务合作，但这些机制涉及的水资源治理内容是属于辅助性的，在成员国和治理效果方面仍有提升的空间。

三　澜湄合作机制的水资源治理

澜湄合作机制是中国与流域国家一道共同建立的。在中国一贯倡导的和平共处五项原则基础上，作为上游国家，中国对于国际河流的跨境治理有了新的理解，澜湄全流域的安全与发展对于次区域以及中国的利益提升都存在积极的作用。从澜湄合作机制的建立和发展来看，中国的跨境水资源治理表现得更加主动，逐步由经略周边转向塑造周边。

2012 年泰国首先提出建立澜湄合作的设想，中国政府敏锐地抓住了这一契机，给予了积极回应。湄公河国家已经开始注意到了既有机制的不足，希望能够在全流域内建立澜湄国家主导的治理机制，从源头上解决水资源分配、使用等方面的矛盾。作为域内国家，泰国是湄公河重要的流经国，泰国对于水电、水资源安全、流域管理等多方面内容都做了安排，[①]对于进口邻国老挝的电力和投资建设水电站也较为积极。[②] 泰国对流域水资源治理的需求存在。中国积极响应湄公河下游国家的请求，作为上游国家，主动倡议提出构建流域整体水资源治理的机制方案，服务于流域整体利益的提升。泰国等其他流域国作为流域治理机制中重要的国家行为体，在湄公河水量分配、修建水电站、防治污染、保护河流生态等方面都是重要的参与方。在当今国际社会，国家仍然是最重要的维护国家利益和地区稳定的行为体。各国政府之间大量有效的政策协调常常是有意义的。机制对合作产生和进步的贡献，是通过改变国家以自我利益为基础进行的决策环境来实现的。国际机制对相关国家政府是有价值的，因为它们为政府彼此达成互利的协议提供了可能。对自身长远利益的追求有助于防止政府仅

---

① "The Eleventh National Economic and Social Development Plan (2012 – 2016)", 2011, http：//www. nesdb. go. th/nesdb_ en/ewt_ dl_ link. php? nid = 3786.

② Kurt Mørck Jensen and Rane Baadsgaard Lange, *Transboundary Water Governance in a Shifting Development Context*, Copenhagen：Danish Institute for International Studies, DIIS Report 2013：20, pp. 50 – 51.

仅关注自身的短期利益。① 澜湄国家在缺乏有效协调的情况下各自追求河流治理的有效性，并非必然导致流域各国治理朝着理性的方向发展。因此，澜湄合作机制就有必要对流域治理进行调整和规范。

表 4 - 3　　　　　　　　　　澜湄合作主要进程（2014—2021）

时间	内容
2014 年 11 月	李克强总理在第十七次中国—东盟领导人会议上提出，中方愿积极响应泰方倡议，探讨建立澜沧江—湄公河对话合作机制
2015 年 11 月	澜湄合作首次外长会议在云南景洪召开，宣布正式建立澜湄合作机制
2016 年 3 月	澜湄合作首次领导人会议在海南三亚召开，澜湄合作机制正式启动
2016 年 12 月	澜湄合作第二次外长会议在柬埔寨暹粒召开
2017 年 3 月	澜湄合作中国秘书处在北京成立
2017 年 9 月	全球湄公河研究中心（中国中心）在北京成立，全球湄公河研究中心及其柬埔寨中心在金边成立
2017 年 12 月	澜湄合作第三次外长会议在云南大理召开
2018 年 1 月	澜湄合作第二次领导人会议在柬埔寨金边召开
2018 年 12 月	澜湄合作第四次外长会议在老挝琅勃拉邦召开
2019 年 12 月	澜湄水资源合作部长级会议在北京召开
2020 年 2 月	澜湄合作第五次外长会议在老挝万象召开
2020 年 8 月	澜湄合作第三次领导人会议以视频形式召开
2021 年 6 月	澜湄合作第六次外长会议在中国重庆召开

资料来源：根据"澜沧江—湄公河合作"网站（http：//www.lmcchina.org/）资料整理。

在澜湄水资源治理领域，中国在经济、技术等方面相对具有一定的优势。在流域国家合作治理过程中，中国帮助下游国家开展治理工作是主要内容，澜湄合作机制一定程度上需要中国的话语权与影响力。中国的水资源合作治理具有命运共同体的意识，因此中国与湄公河国家通过在水资源领域的合作促进次区域整体发展。在澜湄合作机制内，中国为推动与湄公河国家的治理能力建设、增强次区域的合作水平，相继进行了一系列推动国家间水资源治理能力的项目。2017 年 2 月，澜湄水资源合作联合工作

① ［美］罗伯特·基欧汉：《霸权之后：世界政治经济中的合作与纷争》，苏长和等译，上海世纪出版集团 2012 年版，第 9、11、103 页。

组在北京召开了第一次会议；2017 年 3 月，中国—东盟环保合作中心在北京组织了澜湄国家水质监测能力建设研讨会；2017 年 6 月，中国水利部长江水利委员会为了推进中缅水资源合作，邀请缅甸相关人员参加在武汉举办的缅甸高级水资源管理培训班。另外，作为澜湄水资源合作项目之一，中国水利部长江水利委员会为老挝和柬埔寨水利管理人员开设了水利工程硕士研究生班，为相关国家提升水利人才能力建设，促进共同发展；2017 年 8 月，中国水利部为湄公河国家水利管理人员开办了水资源合作城乡供水规划与管理培训班，各国学员在北京和湖北等地进行学习和调研，提升流域国家的治理能力。2018 年 5 月，澜湄水资源合作项目中国水利水电技术标准推广培训班在天津和北京成功举办，来自柬埔寨、老挝、缅甸、泰国、越南的 23 名水利专家和政府官员参加了培训，培训班分享了中国水利水电工程、技术标准体系建设成就和经验，就湄公河国家技术标准进行了交流，为各国提供了技术类公共产品。在制度设计的影响因素方面，国家在议题领域和安排组织间架构方面的策略选择，会影响制度间合作的可信性承诺，进而影响新建立国际组织的生存。制度创设的议题和组织间架构安排对于制度设计的成功非常重要。通过选择网络外部性较低的议题领域以及采取合股、授权和建立战略伙伴等策略建立制度化的组织间架构，有利于塑造制度合作的预期、降低新兴国际组织在成立初期可能面临的外部政治压力。① 澜湄合作机制是第一个流域各国共同参与的治理机制。而且中国作为地区大国，提供了较多的治理类公共产品，为机制的发展和与其他治理机制的互动交流做出了贡献。中国在机制建设中主动布局流域水资源合作平台，尽到了国际责任，而且也与其他治理机制进行相互的沟通，促进地区合作持续发展。

中国处于澜湄流域上游，在水资源利用方面没有对下游产生过多的依赖，但是如果上游国家没有注意水资源利用、分配等方面的工作，就会对下游国家产生较多负外部性，上下游国家之间存在着非对称性相互依赖。国际机制不能超越国家权威和国际政治现实，其作用依赖于对特定环境综合因素的评估。在相互依赖关系中，各方的依赖程度不一，而且绝大多数情况下存在着非对称性，因此，相互依赖对各方自主权的限制程度也不同。相互依赖的这一特点影响着国际机制的脆弱性。相互依赖意味着参与

---

① 刘玮：《崛起国创建国际制度的策略》，《世界经济与政治》2017 年第 9 期。

各方要付出代价，国际机制可以为这些代价提供某种适度的保证，各国在可承受成本的范围内也会接受相应的制度安排。①

国家的确存在互补的利益，因此国家间某种形式的合作具有潜在的共同利益。制度帮助政府通过合作以追寻其自身利益。既然机制依赖于共同利益，还依赖于使集体行动问题得以缓解的具体条件，当数量较少而志趣相投的国家对制定和维护关键规则承担责任时，机制就会发挥最大的作用。② 湄公河处于澜沧江的下游，连接着湄公河五个国家。虽然澜沧江水量只占湄公河水量的一小部分，但是由于东南亚地区旱季和雨季十分明显，旱季的水量问题就成为下游国家关注的焦点。从中国国家利益的角度出发，流域国家共同主导的澜湄合作机制能够对全流域水量的情况进行监控和通报，尽量避免上游对下游的不良影响。水权的分配一直是国际流域治理的难题。中国在上游防治好水流污染，及时通报水文数据，在建立水电站时充分考虑生物多样性保护，在机制层面与下游国家共同协商，能够保证各国利益的协调发展。

四　东盟的水资源治理

东盟层面有关环境、水资源、可持续发展的制度比较完善。东盟在2005 年通过了《东盟水资源管理战略行动计划》。该计划是对东盟成员国应对水资源问题的积极回应。2012 年 7 月，越南自然资源与环境部和东盟秘书处联合举办了第 12 次东盟水资源管理工作组会议。会议的讨论内容包括设立水资源数据管理体系，评估气候变化的风险与影响，提高公众对于水资源管理的意识。③

中国与东盟已经就跨境水资源治理问题开展了合作，通过多层次的区域合作框架，双方共同研究、实施湄公河流域水资源治理。中国在 1997年与东盟共同发表的联合声明中，双方确认在开发湄公河流域方面存在共同的利益，承诺通过促进贸易、旅游和运输领域的活动，加强对沿岸国家

---

① ［美］罗伯特·基欧汉、约瑟夫·奈：《权力与相互依赖》，门洪华译，北京大学出版社2012 年版，译者前言第 12 页。

② ［美］罗伯特·基欧汉：《霸权之后：世界政治经济中的合作与纷争》，苏长和等译，上海人民出版社 2012，第 236—250 页。

③ "ASEAN Enhances Water Resources Management", VietnamPlus, Vietnam News Agency (VNA), July 23, 2012, https://en.vietnamplus.vn/asean-enhances-water-resources-management/37789.vnp.

的支持。① 澜湄国家的经贸往来和互联互通需要水资源治理的参与。在没有加入湄公河委员会的情况下，中国通过东盟与湄公河国家加强水资源合作，是积极探索跨境水资源治理的方式。中国和东盟在合作中通过水资源治理促进地区经贸合作。2002 年《中国—东盟全面经济合作框架协议》确认，湄公河流域是优先开发的领域之一，环境、能源、渔业、林业等与水资源治理较为紧密的行业都属于合作的领域。② 双方水资源合作的范围拓展到了诸多相关领域。

2003 年在印尼巴厘岛通过的《中国—东盟面向和平与繁荣的战略伙伴关系的联合宣言》也强调，各国通过合作联合开发湄公河流域，积极制定并落实有关中期合作规划。③ 2004 年制定的《落实中国—东盟面向和平与繁荣的战略伙伴关系联合宣言的行动计划》，作为 2005—2010 年的"总体计划"，全面深化和拓展双方关系与互利合作。该行动计划强调在大湄公河次区域经济合作（GMS）和东盟—湄公河流域开发合作（AMBDC）框架下加强合作，提出致力于湄公河水资源质量管理和监测；在澜湄水资源利用方面加强信息交流与合作，实现所有沿岸国家的可持续性发展；通过沿岸国之间的磋商，以可持续方式，考虑实施改善澜湄航行安全的措施，同时保护环境及沿岸居民独特的生活方式；考虑进一步扩大湄公河上游航道整治的环境评估，与下游国家分享信息。④ 在 2007 年和 2009 年《中国—东盟领导人宣言》中，各国同意为推进本地区水资源合作，各成员国尽快启动水资源安全的"10 + 1"部长级对话机制，成立预防水危机的协调机构，培训水环境专家，进一步规范双方合作的制度模式，随时准备为减少自然灾害做出积极贡献。⑤ 多中心、多层级的水资源治理在东盟的治理理念中也得到了体现。

---

① 《中华人民共和国与东盟国家首脑会晤联合声明》，中国—东盟中心网站，1997 年 12 月 17 日，http：//www. asean – china – center. org/1997 – 12/17/c＿ 13354347. htm。

② 《中华人民共和国与东南亚国家联盟全面经济合作框架协议（中文译文）》，中国商务部网站，2002 年 12 月 9 日，http：//gjs. mofcom. gov. cn/aarticle/Nocategory/200212/20021200056452. html。

③ 中国外交部亚洲司编：《中国—东盟文件集（1991—2005）》，世界知识出版社 2006 年版，第 190 页。

④ 《落实中国—东盟面向和平与繁荣的战略伙伴关系联合宣言的行动计划》，中国外交部网站，2004 年 12 月 21 日，https：//www. mfa. gov. cn/nanhai/chn/zcfg/t175786. htm。

⑤ 朱新光、张文潮、张文强：《中国—东盟水资源安全合作》，《国际论坛》2010 年第 6 期。

2016 年,《落实中国—东盟面向和平与繁荣的战略伙伴关系联合宣言的行动计划(2016—2020)》确认继续加强澜湄合作、大湄公河次区域合作、东盟—湄公河流域开发合作框架、湄公河委员会机制下各领域的合作,包括执法安全、交通、可持续发展、环保和气候变化、信息通信、水质、水资源的可持续使用和管理、健康、旅游、粮食和农业等领域,支持东盟共同体建设。①《中国—东盟战略伙伴关系 2030 年愿景》也强调要加强环保、水资源管理、可持续发展、气候变化合作,加强落实《中国—东盟环境保护战略(2016—2020)》,支持《东盟社会文化共同体蓝图 2025》等。② 多领域、多机制的合作是东盟治理理念的体现。

总之,东盟对于湄公河流域的水资源治理已经有了参与,东盟在一定程度上作为协调湄公河国家与中国进行水资源合作的平台,帮助协调各治理机制发挥作用。中国和东盟就澜湄水资源治理也已经进行了一定程度的合作,取得了积极成效。

第三节　澜湄流域水资源治理机制的效应

澜湄次区域的水资源治理机制较为丰富,在多种机制的参与下,实际工作中呈现出多样的效果。机制化的合作促进了澜湄流域水资源治理,而且中国作为澜湄流域的重要国家,贯彻正确的义利观,为地区水资源治理提供了公共产品。水资源治理机制的内容仍然有需要完善的方面,而且在多重治理制度并存的情况下,澜湄流域水资源治理的优化发展更为重要。

一　协调合作的平台

澜湄流域水资源治理在次区域层面机制众多,澜湄合作机制涵盖了流域所有国家,是中国倡导下流域六国共同参与的合作机制,虽然水资源合作只是一个方面,但是澜湄合作机制通过水资源治理带动了次区域的多方面发展;另外,多种合作机制在各自领域都促进了次区域水资源合作的成

---

① 《落实中国—东盟面向和平与繁荣的战略伙伴关系联合宣言的行动计划(2016—2020)》,中国外交部网站,2016 年 3 月 3 日,https://www.mfa.gov.cn/web/ziliao_674904/tytj_674911/zcwj_674915/t1344899.shtml。

② 《中国—东盟战略伙伴关系 2030 年愿景》,中国外交部网站,2018 年 11 月 15 日,https://www.fmprc.gov.cn/web/zyxw/t1613344.shtml。

效，机制间的交流也得到发展，湄公河委员会与澜湄合作机制已经开展了交流。湄公河委员会关注领域集中，与澜湄合作机制等其他机制一道可以交流互鉴。

澜湄流域次区域合作现状需要多种次治理机制之间相互学习和交流，进一步体现小多边合作的积极效应。国际合作的最终目的应该是使个体收益的总和接近社会整体的收益，因此合作是增进社会整体利益的积极态度和行动。① 制度的交叠会产生于有益的行动。一些国家由于不满现有体制而创立新的制度，并且相信新制度将会促进现有体制的改革，或者至少在新的支持之下会产生更加有利的结果，从而试图解决与现有体制相关的问题。② 澜湄合作机制的成立对于湄公河委员会进一步发挥积极作用起到了一定效果。湄公河委员会近年来开展了许多有利于下游河流治理的工作，③ 同时加强同域外发展中国家的合作，2017 年同摩洛哥签署了合作备忘录，双方致力于清洁能源和水资源开发利用方面的合作。另外，湄公河委员会对湄公河地区的生态保护和生态旅游持支持态度，并且促进民众，特别是青少年和境外旅游者，对环保和地区生物多样性的认知不断深化。湄公河委员会意图将其总部所在地老挝万象打造成针对旅游者的地区教育中心，旅游者在游览过程中可以直观感受到湄公河水生生物、生态体系的特点。通过乘坐游船航行，旅游者可以看到湄公河生态系统的真实现状。④ 通过多层级的交流合作，湄公河地区的生态保护和水资源治理的重要性也会被更多的人所了解，有利于地区合作治理的开展。

中国与湄公河委员会也开展了多样的合作联系。自 1996 年以来，中国与湄公河委员会连续举行了 24 次对话会。为帮助流域各国防灾减灾，中国自 2003 年起向其无偿提供澜沧江汛期水文数据。中国还与湄公河委

---

① 苏长和：《全球公共问题与国际合作：一种制度的分析》，上海人民出版社 2009 年版，第 45 页。

② ［美］奥兰·扬：《世界事务中的治理》，陈玉刚等译，上海世纪出版集团 2007 年版，第 167 页。

③ "MRC Supports Laos in Advancing National Climate Change Adaptation Planning", MRC, Oct. 5, 2018, http：//www. mrcmekong. org/news – and – events/news/mrc – supports – laos – in – advancing – national – climate – change – adaptation – planning/.

④ "MRC, Morocco Concretize Cooperation, Eying for a Regional Educational Visitor Center in Laos", Oct. 8, 2019, MRC, http：//www. mrcmekong. org/news – and – events/news/mrc – morocco – concretize – cooperation – eying – for – a – regional – educational – visitor – center – in – laos/.

员会及成员国开展了广泛的经验交流、技术培训、实地考察等活动。2010
年、2014 年、2018 年，中国作为对话伙伴，分别由外交部时任副部长宋
涛、水利部时任部长陈雷、水利部部长鄂竟平率团参加第一至第三届湄公
河委员会峰会。① 2017 年 10 月，中国相关机构与湄公河委员会在南京举
行了关于水坝的泥沙控制与管理能力构建和经验分享的学术会议。澜湄水
资源合作中心、湄公河委员会、国际水资源管理研究所（IWWI）共同开
展联合研究项目，关注澜沧江上游大坝对于下游旱涝的影响。联合研究工
作组也对湄公河干流的一些水电设施进行了调研。② 在流域规划中，湄公
河委员会的作用从仅仅强调水电开发和灌溉，扩展到更广泛地关注与水资
源相关的项目方面。其最重要的作用是为湄公河国家提供论坛平台，借此
平台各国能够开展合作并且讨论涉及共同利益的内容。③ 2019 年 8 月，针
对澜湄流域内水资源治理机制存在重叠性，湄公河委员会战略与伙伴关系
专家组邀请了包括澜湄合作机制在内的次区域治理机制代表，就应对多重
机制存在情况下的水资源治理进行研讨。中国作为利益相关方，参与其
中。与会代表同意未来继续定期举行对话，并在相关领域进行战略合作及
联合技术工作，湄公河委员会与澜湄合作机制未来会进行联合研究并加强
信息共享与通报。④ 在 2019 年 12 月举行的澜湄水资源合作部长级会议上，
澜湄水资源合作中心与湄公河委员会秘书处签署了谅解备忘录，其内容主
要包括共享治理经验、交换数据与信息、流域监测、联合评估与研究、知
识管理、培训相关技能等。根据此次会议达成的共识，双方在 2020 年
1—9 月，对澜湄流域 2019 年干旱的原因和造成的影响开展联合调研，并
准备在此基础上，在流域国家间数据和信息的共享和提升、制定明确的交
流方式、中国和湄公河国家间在水坝事务中加强协调性合作等方面提出应

---

① 《中国同湄公河委员会的关系》，中国外交部网站，2019 年 4 月，https：//www. fmprc.
gov. cn/web/gjhdq_ 676201/gjhdqzz_ 681964/mghwyh_ 685210/gx_ 685214/。

② "The MRC Annual Report 2017：Progress& Achievements"，MRC，April 10，2018，http：//
www. mrcmekong. org/assets/Publications/MRC – Annual – Report – 2017 – final.

③ Jeffrey W. Jacobs，"Mekong Committee History and Lessons for River Basin Development"，*The
Geographical Journal*，Vol. 161，No. 2，1995，p. 147.

④ "Mekong Related Regional Cooperation Frameworks Recommend More Joint Efforts，Coordina-
tion to Boost Effectiveness"，Aug. 16，2019，MRC，http：//www. mrcmekong. org/news – and – e-
vents/news/mekong – related – regional – cooperation – frameworks – recommend – more – joint – efforts/.

对建议。① 在澜湄合作机制与湄公河委员会加大交流的背景下，中国在澜沧江进行水利活动的同时，注意及时通知湄公河委员会作出应对。中国贯彻澜湄合作精神，2019 年 4 月在景洪水坝出水量减少的情况下，事先通知了湄公河委员会。湄公河委员会秘书处首席执行官安皮哈达（An Pich Hatda）也认为，中国的事前知会措施有助于下游国家和居民防范风险，并且有助于湄公河干流生产力的最大提升。② 2020 年 1 月初，中国对澜沧江的水力发电设施进行测试，水坝出水量从 1200m³/秒—1400m³/秒减少到约 800m³/秒—1000m³/秒，并将这一情况及时通过水利部告知了湄公河委员会。③ 2020 年 10 月 22 日，中国与湄公河委员会签署协议，同意向湄公河委员会分享全年的澜沧江水文信息数据，数据每天提供两次，包括降水数据和河流水位数据。④ 澜湄合作机制已经通过与其他机制之间的联系开展合作，与其他地区治理机制一道对相关议题进行研究分析，共同对河流的利用开展研究，找出应对风险的解决方案，促进次区域可持续发展。不同的机制之间会有议题的重合性，也会对水资源合作进行重点关注。

　　另外，在合作机制内，双边和小多边的合作也得到了提升和加强。2017 年以来，中国、老挝、缅甸等国共同在金三角附近的敏感水域加强联合巡逻执法，中国执法艇进驻了班相果联络点与老方共同开展船艇训练。⑤ 2017 年 12 月 28 日"澜沧江—湄公河综合执法安全合作中心"正式实体化运行。中老缅泰湄公河联合巡逻执法机制建立以来，四国共同进行了逾百次联合巡逻执法行动，有力地震慑了威胁湄公河航运的犯罪活动。四国执法部门在行动中打击违法犯罪、护航商船，为沿河各国人民挽回经

　　① "MRC Secretariat, LMC Water Center Ink First MOU for Better Upper – Lower Mekong Management", MRC, Dec. 18, 2019, http：//www. mrcmekong. org/news – and – events/news/mrc – secretariat – lmc – water – center – ink – first – mou – for – better – upper – lower – mekong – management/.

　　② "Water Flow in Jinghong of China to Decrease, but without Significant Impact Downstream", MRC, April 8, 2019, http：//www. mrcmekong. org/news – and – events/news/water – flow – in – jinghong – of – china – to – decrease – but – without – significant – impact – downstream/.

　　③ "Mekong Water Levels to Drop Due to Dam Equipment Testing in China", MRC, Dec. 31, 2019, http：//www. mrcmekong. org/news – and – events/news/mekong – water – levels – to – drop – due – to – dam – equipment – testing – in – china/.

　　④ "China to Provide the Mekong River Commission with Year – round Water Data", MRC, October 22, 2020, http：//www. mrcmekong. org/news – and – events/news/china – to – provide – the – mekong – river – commission – with – year – round – water – data/.

　　⑤ 刘稚主编：《澜沧江—湄公河合作发展报告（2018）》，社会科学文献出版社 2018 年版，第 214 页。

济损失共计 1.88 亿元，联合巡逻执法总航程达 5.61 万千米。四国执法部门围绕统一协调行动、强化快速反应、提升执法能力等目标，开展见警行动和深化护航行动，不断完善警务合作机制，强化打击违法犯罪行为。[1]澜湄流域安全合作机构的建立对于增强信息共享、开展流域内联合执法行动、打击毒品走私犯罪、打击跨境人口拐卖等方面取得了积极成效，帮助流域国家走出非传统安全和跨境犯罪的阴霾，为地区国家的经济发展创造了良好的环境。习近平主席 2017 年在访问越南期间，中越双方发表联合声明，同意继续推进在农业、水资源、环境、科技、交通运输等领域的合作。在包括澜湄合作机制在内的双边和多边合作机制内，中越双方将积极开展环境保护、应对气候变化、水资源管理保护和可持续利用合作，加强在防洪减灾领域的技术交流与合作，并扩大文化、新闻媒体、卫生、民间交流等领域的合作。[2]缅甸在遇到电力短缺的情况下，2019 年 5 月缅甸批准了从泰国获得 440 万美元贷款以升级仰光的输电设施，而且缅甸电力与能源部（MOEE）与中国南方电网公司签署了初步协议，拟在 2021 年年底前从中国进口 1000 万兆瓦的电力，以缓解其短期用电困难。[3]缅甸在不能充分开发其水资源优势而发展电力产业的情况下，通过与澜湄次区域内邻国的经济合作，为其国内正常的生产生活构建必要的基础设施平台。

从积极的方面来看，多重治理机制的存在促进了各机制之间互相学习与合作。《联合国 2030 年可持续发展议程》倡导有关水资源治理的合作，其内容大都与清洁用水相关。澜湄流域的多种水资源治理机制都倡导了可持续发展理念。而且机制之间也开展了学习，中国欢迎澜湄水资源合作中心与湄公河委员会之间的合作。[4]中国向湄公河委员会每一两天就提供雨季水文信息，增加了信息提供频率，并且愿意在旱季也提供水文信息，中

---

① 杨文明：《中老缅泰湄公河联合巡逻执法总航程达 5.61 万公里》，《人民日报》2020 年 12 月 7 日第 3 版。

② 《越中联合声明（全文）》，越南通讯社，2017 年 11 月 13 日，https：//zh.vietnamplus.vn/%E8%B6%8A%E4%B8%AD%E8%81%94%E5%90%88%E5%A3%B0%E6%98%8E%E5%85%A8%E6%96%87/72913.vnp。

③ "Myanmar Turns to Thailand and China amid Power Shortage", in *Country Report - Myanmar*, The Economist Intelligence Unit, June 18, 2019, p. 25.

④ "Mekong Lancang Cooperation：China Welcomes MRC's Call for a Closer Tie", MRC, Nov. 7, 2018, http：//www.mrcmekong.org/news - and - events/news/mekong - lancang - cooperation - china - welcomes - mrcs - call - for - a - closer - tie/.

国的做法提升了与湄公河委员会及湄公河下游国家的互信水平。[①] 澜湄国
家将跨境水资源作为抓手,逐步完善治理规则,并体现了中国引领议程设
置的功能。中国已经开始关注多边机制对于国际合作的作用,多边机制是
合作的平台,能够为合作的各方搭建对话的场所。中国倡导的多边合作是
流域各国共同参与的,符合各国法律中对于水资源治理的要义,更加具有
代表性、包容性、开放性、公正性的原则,而且会发挥公益性的作用。澜
湄合作机制通过与其他机制的交流,能够在合作中促进流域整体利益的
提升。

二　可持续性治理的保证

　　中国参与到澜湄合作机制等流域水资源治理机制中,为可持续性治理
的发展贡献自身力量。国际河流争端的根源在于对国际河流水体的竞争利
用,而竞争利用的原因在于水体权属不明。[②] 虽然当全球公共产品供给不
足时,所有国家都会失利,但大国甚至是中等力量的国家,往往可以通过
在地方性和国家范围内的公共产品上进行投资来弥补这种失利。积贫积弱
的国家不能做出同样的选择,因此当国际合作不能达成时,损失最大的往
往是积贫积弱的国家。[③] 然而中国考虑到了流域国家的利益,在澜湄合作
机制内提供了较多的公共产品,从国际责任和义务的角度出发,为下游国
家的安全与发展创造了更可靠的发展环境,保证了澜湄流域水资源治理的
可持续性。2016 年湄公河流域遭遇大旱,尽管不是上游中国的原因,但
中国在克服了自身遭遇干旱的情况下,向下游应急补水,极大地缓解了下
游的干旱情况。中国在国内治理中加大力度,减少并防止污染影响到邻
国。2018 年云南省地表水纳入国家考核的断面水质优良比例为 79%。[④]
中老双方 2017 年签署《老挝金三角经济特区与昆明滇池水务股份有限公
司全面合作框架协议》,滇池水务公司计划在 5 年内投资 3 亿—5 亿元人
民币,主要用于老挝金三角经济特区供排水项目、水资源综合开发利用项

　　① "State of the Basin Report 2018", MRC, Vientiane, Lao PDR, 2019, p. 171.
　　② 王志坚:《水霸权、安全秩序与制度构建——国际河流水政治复合体研究》,社会科学文
献出版社 2015 年版,第 151—152 页。
　　③ [美] 斯科特·巴雷特:《合作的动力——为何提供全球公共产品》,黄智虎译,上海世
纪出版集团 2012 年版,第 12 页。
　　④ 虎遵会、程浩、李发兴:《2018 年云南空气质量优良天数比率为 98.9%》,人民网,
2019 年 1 月 29 日,http://yn.people.com.cn/n2/2019/0129/c378439 - 32590119.html。

目、环保基础设施的合作。[①] 中国也在力所能及的范围内，加大帮扶湄公河国家的力度，提升流域各国的水资源综合治理能力并以此助力澜湄国家减贫事业的开展。在澜湄合作机制的作用下，中国越来越多地促进次区域的可持续发展。

权力不对称可能会产生两种合作结果：一种是水霸权情况下产生的"强迫的自愿合作"；另外一种是流域国家以结盟的方式对抗流域优势国家，使优势国家的权力削弱，结果产生一种新的不平等，甚至使优势国家成为弱势国家。缺乏中国参与的湄公河委员会极大地降低了湄公河协议执行的力度。[②] 与之相反，澜湄合作机制的建立充分考虑到了参与国家的广泛性，流域国家都是机制的成员国，是机制的主人，由于中国是次区域内经济和相关技术方面优势最大的成员国，在很大程度上引领了机制的发展。然而，领导并非意味着赋予特殊收益，而是首先做出妥协、为总体结构利益而表现出远见卓识的特殊责任。[③] 当合作发生时，合作中的每一方都会根据他方行为的改变，对自身行为做出调整。对博弈双方而言，真正的合作增进了博弈双方的回报。[④] 从"一带一路"倡议的实施理念来看，共同利益的拓展是中国未来发展同周边国家关系的重点。跨境水资源治理也需要中国和下游国家建立起共同利益和责任体系，提升流域和次区域国家的整体实力和治理能力。澜湄合作机制建立后，随着具体内容的不断发展，"九龙治水"现象会有逐步改善。不同机制下权利与义务的选择影响跨境安全问题治理。[⑤] 澜湄合作机制是中国与相关国家自主试验进行机制构建和实现国际责任的新方式。

中国作为澜湄六国之一，在次区域内提供水资源治理公共产品，在体现国际责任的同时需要有强大的技术和资金支持。而且这种区域公共产品

---

① 浦美玲：《昆明滇池水务与老挝金三角经济特区签订合作协议》，人民网，2017 年 10 月 17 日，http://yn.people.com.cn/n2/2017/1017/c378439-30836494.html。

② 王志坚：《水霸权、安全秩序与制度构建——国际河流水政治复合体研究》，社会科学文献出版社 2015 年版，第 185—187 页。

③ ［美］罗伯特·基欧汉、约瑟夫·奈：《权力与相互依赖》（第四版），门洪华译，北京大学出版社 2012 年版，第 227 页。

④ ［美］罗伯特·基欧汉：《局部全球化世界中的自由主义、权力与治理》，门洪华译，北京大学出版社 2004 年版，第 169 页。

⑤ 卢光盛、张励：《澜沧江—湄公河合作机制与跨境安全治理》，《南洋问题研究》2016 年第 3 期。

的选择性激励较强，通过积极的激励，中国在国际声望方面的收益会多于付出公共产品的成本。同时，区域公共产品的覆盖范围有地理空间的限制，区域合作对于公共产品的供给更有保障。在区域范围内，国家存在大小和实力强弱等方面的不同，但由于区域内国家数量有限，其交易成本会较低。在区域公共产品的供给中，地缘政治形成的相互制约和地区问题的外部效应，可以防止区域公共产品被"私物化"的可能，各国付出的成本比较清晰，这样就有效防止了公共产品提供中"搭便车"的情况发生。①

三　治理机制设置不完善

由于澜湄水资源治理中部分治理机制主导方是域外国家或组织，而且一些机制的涵盖国家不全面，多重机制的存在一定程度上导致了治理碎片化，因此次区域水资源合作还需要进一步提升。如果澜湄流域缺乏机制化治理，因水而起的矛盾和负面影响会持续增加，其外溢效应就会影响到地区安全发展。湄公河流域包括一半的东盟国家，东南亚是中国开展周边外交的关键区域。目前澜湄流域的水资源安全风险存在，但尚在可控的范围内。水资源合作是中国开展周边外交工作的重点领域，也是推进中国周边地区和平与发展的关键所在，为增进中国与湄公河国家开展国际合作提供了议题平台。

（一）各机制的内在安排有待进一步完善

澜湄区域内部分水资源治理机制的效果不佳，治理机制仍存在有待完善的方面。在澜湄流域，除流域各国对本国河段的治理外，澜湄地区已经存在的治理模式，主要在区域或次区域合作机制下进行，例如大湄公河次区域经济合作（GMS），东盟—湄公河流域开发合作（AMBDC）、湄公河委员会（MRC）。大湄公河次区域经济合作侧重流域各国经济一体化，东盟—湄公河流域开发合作主要涉及基础设施等领域的合作，这类机制对于水资源安全的直接关注度有待提升。湄公河委员会强调对湄公河下游水资源、相关资源以及全流域的综合开发制订计划并实施管理，泰、老、柬、越四国是其成员国，中国和缅甸是其观察员国。湄公河委员会没有将所有

---

① 李志斐：《水问题与国际关系：区域公共产品视角的分析》，《外交评论》2013 年第 2 期。

沿岸国家涵盖在其机制内，而且仅是咨询机构，其经费来源基本是外界资助，因此不免受到外界出资方的影响，在一定程度上体现了域外行为体的意志，为其他国家涉足中国周边事务提供了机会。但中国提出的澜湄合作机制并不排斥其他合作机制，而是要与其他机制一道，互为补充，共同积极参与地区安全治理。

次区域内的合作机制，只有澜湄合作机制和大湄公河次区域经济合作是涵盖了全部流域国家，澜湄合作机制对于水资源治理的关注更多一些，亚洲开发银行对于大湄公河次区域经济合作的资金投入占多数。在"一带一路"、亚洲基础设施投资银行的带动下，澜湄合作机制未来可以体现流域国家主导治理进程的方向。尽管是较为专业的水资源治理机制，湄公河委员会只是涵盖了部分流域国家，而且湄公河委员会的主要出资方不是四个成员国。澜湄合作机制未来在与大湄公河次区域的经济合作中，双方需要加强沟通，避免造成重复性的议题设置。澜湄合作机制设立的时间较短，需要时间进行发展经验的积累。澜湄次区域内水资源治理机制在资金的独立性、治理方式和技术的先进性、参与区域和全球治理的途径等方面都需要进一步完善、充实和提升。

（二）多重机制导致治理碎片化

因缺乏一种强制使各国更改其行为的"超国家"权威，唯一的选择便是国际合作——一种有组织的志愿服务。使制度符合各国利益从而使各国为此而改变自己的行为。为此，人们削弱了阻碍全球公共产品供给的因素并加强了促进供给的动机。[①] 在中国的努力下，中国和流域国家共同对困扰各国的政治、安全、经济、生态等方面的湄公河治理问题做出了新的尝试，积极设立了新的治理机制，2016 年澜湄合作机制正式建立。在此之前已经建立了湄公河委员会等治理机构，澜湄合作机制和湄公河委员会都是集中关注流域水资源相关的治理议题。但是澜湄流域机制对于全流域的治理更为关注，而且是地区国家主导的治理机制。多重治理机制的存在使得澜湄流域相关治理机制之间相互竞争的压力加大，而且流域内机制协调合作的成本也会增加。另外，澜湄流域水资源治理机制众多，会引起成员国挑选制度（forum shopping）的情况。挑选制度的含义是，同时属于

① ［美］斯科特·巴雷特：《合作的动力——为何提供全球公共产品》，黄智虎译，上海世纪出版集团 2012 年版，第 18—19 页。

两个或多个国际谈判等机制平台的国家行为体，享有寻找并选择最符合它们利益平台的机会，这同时为国家在国际合作中的机会主义行为提供了可能性。[①] 一旦不同的制度已经稳定存在，挑选制度的好处至少对于一些重要的国家来说是明显的。[②] 这对于合作机制作用的发挥有着负面影响，影响水资源治理各个机制的效用发挥。对于流域各国而言，不同的机制在水资源治理方面具有不同的优势，同属不同机制的成员国在挑选参与的治理平台时，会根据每次遇到具体议题的情况，参与到对自身利益最大化的合作机制当中。流域国家可以参与到既有的地区合作机制当中，也可能在双边或小多边领域开展合作、应对问题。中、老、缅、泰四国在湄公河通航、拓展航道以及联合执法的问题方面，运用小多边的方式，开展了合作治理。由于地缘位置临近的特点决定了这四国在共同应对航运风险方面有着共同利益，因此四国在小多边层面开展合作。流域国家参与的治理机制众多，又与域外大国纷纷签署合作协议，使得多利益相关方介入流域内的水资源安全治理，机制之间缺乏有效协调，合作的效果也会受到影响。

澜湄流域不仅是中国和东南亚国家进行水资源合作的重要地区，也是中国与其他发展中国家间开展可持续发展与南南合作的直接区域，澜湄水资源合作是中国与周边国家开展安全合作的新实践。在具体落实中，发展与环保的关系需要得到平衡。在多重机制存在的情况下，中国在推动澜湄水资源合作的过程中，创新、协调、绿色、开放、共享的发展理念就十分重要。澜湄流域的水资源治理需要流域六国共同努力，以人类命运共同体理念为最终目标，发展中国家间需要相互帮扶，共同支持彼此开展水资源安全治理，促进可持续发展。流域各国对可持续发展理念的认识逐渐深入，各国遵守水资源治理的法律，运用外交手段进行协调，并倡导共同发展与合作发展。澜湄流域水资源合作体现了发展中国家间可持续发展合作的精神实质。

---

① 李晓霞：《东亚地区多边合作的核心问题与制度的未来建构——基于国际制度复杂性理论的研究》，博士学位论文，吉林大学，2018 年，第 37 页。

② Robert O. Keohane, and David G. Victor, *The Regime Complex for Climate Change*, *Discussion Paper* 2010 – 33, Cambridge, Mass.: Harvard Project on International Climate Agreements, 2010, pp. 4 – 5.

小　结

澜湄流域水资源多层级治理的机制效应从积极方面来看，澜湄合作机制体现中国的国际责任，取得了一定的治理成效，促进了交流与合作。在泰国的倡议下，中国主动响应号召，积极与湄公河国家共同成立澜湄合作机制，这也是流域内第一个由流域国家共同主导的合作机制。澜湄合作机制主要关注流域国家的利益发展，致力于促进流域国家的共同安全与繁荣。然而由于湄公河委员会等治理机制的主导方是域外国家或组织，加之某些合作机制的涵盖国家不全面，多重机制还在一定程度上导致了治理碎片化，机制间作用重叠的现象值得注意，因此次区域水资源合作还需要进一步提升发展层次。治理机制的不断进步是机制的参与方追求的方向。除了机制自身的发展之外，机制之间的协调、发展、互动、学习等都非常重要。在全球化的背景下，澜湄跨境水资源合作也同样需要全球治理加以规范和协调。

第五章

全球治理视域下的澜湄流域
水资源治理

当今国际政治领域的全球化特点突出，全球治理对于世界各国的跨境水资源治理问题提出了新要求，政府间国际组织和非国家行为体都参与了治理。澜湄流域水资源合作也是在全球治理的影响下开展运作的。全球治理的理念与行动对于澜湄国家的水资源合作存在积极的示范和引领作用，提升了澜湄次区域水资源治理的层次与效应。全球治理视域下的澜湄流域水资源治理包括政府间国际组织和国际非政府组织等层面。在政府间国际组织合作层面，可持续发展理念的遵循，全流域整体治理，联合国对澜湄流域水资源治理的参与，澜湄流域水资源与能源、粮食的议题联系都是澜湄流域水资源治理的重要实施路径，并对澜湄流域水资源合作具有支撑作用。国际非政府组织在参与澜湄流域水资源治理当中，也推崇可持续发展方式，并积极倡导合作参与意识。在行动中，国际非政府组织通过民间力量宣传保护跨境水资源的意识，研究分析跨境水资源治理，举办相关学术活动以增加其影响力，以及通过各种方式直接或间接参与影响水利设施建设的活动。

第一节　政府间国际组织与澜湄流域
水资源治理

国际上通行的国际河流治理法规和理念对于澜湄流域的水资源治理具有指导意义。基本上流域各国的法律和次区域机制都以不造成重大损害等国际法规和惯例作为跨境合作的指导理念。这些全球性的理念强化了各国开展跨境水资源治理活动的合法性。但由于国际法不具有强制性，其理念对于合作的指导意义更大一些，实际的约束情况有限。全球治理从参与者、参与方式、原则等多方面，在包括环境保护、可持续发展、人类安全、早期预警、影响评价、争端解决、保护弱势相关方等方面，对流域治理做了原则性的规范。澜湄国家在合作治理水资源问题时，考虑到参与治理的行为体和治理的内容都是多元的，以全球性共识的理念作为基础，通过各国之间的政府间合作，克服双边合作中的困难，以多边合作促进治理的开展。通过遵循保护各相关行为体利益的国际法规，水资源治理为各国发展对外关系助力，尽力消除影响合作治理的因素，降低跨境水资源问题负外部性的存在，以多层级合作治理作为促进国家间关系发展的纽带。

　　目前，《联合国 2030 年可持续发展议程》、国际水资源相关法律、水资源综合管理（IWRM）等国际河流的主流治理理念都对澜湄水资源治理提出了新的要求。在全球治理的视角之下，澜湄流域的水资源治理也应当以全球性的规范作为治理目标。

一　可持续发展理念的遵循

　　澜湄流域水资源多层级治理符合可持续发展的全球治理理念。《联合国 2030 年可持续发展议程》提出可持续发展的目标（SDG）包含 17 个战略目标，其中可持续发展的目标 6 是为所有人提供水和环境卫生并对其进行可持续管理；其他可持续发展目标，如农业、能源、人类生活等多个目标也与水资源安全密切相关。水资源关系到流域各国民众工作和生活的可持续发展，人类的生产生活都离不开水资源，水作为可以循环的可再生资源对于人类的安全至关重要。可持续发展理念已经深入人心，水资源也是可持续发展的重要介质。可持续发展目标的实现需要水资源安全关系的提升。国际法律规范对于澜湄流域水资源治理非常重要。

　　联合国作为世界上各主权国家建立的国际组织，在其宪章中明确指出要"促成国际合作，以解决国际间属于经济、社会、文化及人类福利性质之国际问题，且不分种族、性别、语言或宗教，增进并激励对于全体人类之人权及基本自由之尊重"。[①] 水资源对于《联合国 2030 年可持续发展

---

　　① 《联合国宪章》，联合国网站，http://www.un.org/zh/sections/un-charter/chapter-i/index.html。

议程》的成功实现具有十分重要的作用。① 联合国秘书长古特雷斯 2018
年 3 月在第 72 届联合国大会的高级别会议上发起"国际水行动 10 年"计
划，目的是通过改变水资源管理等措施从而更好地应对水短缺的压力和气
候变化，将现有的水和卫生项目与 2030 年可持续发展目标更好地整合，
并加强水资源合作的政治意愿。②《联合国 2030 年可持续发展议程》的中
心任务是解决全球贫困与推进包容性发展，经济、社会、环境三领域是其
支柱内容，其组织原则是可持续性。③ 该发展议程提出加强国际社会对在
发展中国家开展高效的、有针对性的能力建设活动的支持，以支持各国落
实各项可持续发展目标的国家计划。经济社会发展需要对地球自然资源的
可持续性管理。因此，人类需要坚定信念，保护和可持续利用海洋、淡水
资源以及森林、山地和旱地，保护生物多样性、生态系统和野生动植物；
促进可持续旅游，解决缺水和水污染问题，加强在荒漠化、沙尘暴、土地
退化和干旱问题上的合作，加强灾后恢复能力和减少灾害风险。《联合国
2030 年可持续发展议程》可持续发展目标 6 为所有人提供水和环境卫生
并对其进行可持续管理与跨境水资源治理直接相关。④

　　澜湄流域国家已经在国家和次区域、区域层面通过双边和多边合作开
展了水资源合作治理，但是双边和多边的治理需要全球治理理念进行规
范。澜湄合作是世界上首个率先响应联合国发展峰会通过的《2015 年后
发展议程》的具体行动。⑤ 澜湄合作将成为南南合作一个新典范，也将为
落实《联合国 2030 年可持续发展议程》、构建以合作共赢为核心的新型
国际关系作出积极贡献。⑥ 2018 年 1 月中国政府公布的《澜沧江—湄公河
合作五年行动计划（2018—2022）》旨在促进澜湄沿岸各国经济、社会发

---

① Maggie White, "Building a Resilient Future through Water", Stockholm International Water In-
stitute, June 2018, http：//www. siwi. org/publications/building - resilient - future - water/.

② 尚绪谦：《联合国发起"国际水行动 10 年"计划》，新华网，2018 年 3 月 23 日，ht-
tp：//www. xinhuanet. com/world/2018 - 03/23/c_ 1122580496. htm。

③ 董亮：《2030 年可持续发展议程下"人的安全"及其治理》，《国际安全研究》2018 年
第 3 期。

④ 《变革我们的世界：2030 年可持续发展议程》，中国外交部网站，2016 年 1 月 13 日，ht-
tp：//www. fmprc. gov. cn/web/ziliao_ 674904/zt_ 674979/dnzt_ 674981/qtzt/2030kcxfzyc_ 686343/
t1331382. shtml。

⑤ 唐奇芳：《发挥澜湄合作的示范效应》，《瞭望》2016 年第 12 期。

⑥ 《大力推进澜湄合作，构建澜湄国家命运共同体——纪念澜沧江—湄公河合作启动一周
年》，2017 年 3 月 23 日，https：//www. fmprc. gov. cn/web/wjbzhd/t1448115. shtml。

展，增进各国人民福祉，缩小本地区发展差距，建设面向和平与繁荣的澜湄国家命运共同体。该行动计划致力于将澜湄合作打造成为独具特色、具有内生动力、受南南合作激励的新型次区域合作机制，助力东盟共同体建设和地区一体化进程，促进落实《联合国 2030 年可持续发展议程》。① 联合国的水资源治理以可持续性的理念关注世界范围内的水资源治理问题，并提出进行跨境合作应对水资源问题。澜湄水资源治理作为中国与东南亚国家间的跨境治理议题，以《联合国 2030 年可持续发展议程》的可持续发展目标为任务，通过贯彻全球层面的水资源治理原则，深入推进中国与周边国家以及周边国家之间在专业议题领域的合作。

二　全流域整体治理

在国际法律层面，1966 年 8 月国际法协会公布了《国际河流水利用的赫尔辛基规则》（*The Helsinki Rules on the Uses of the Waters of International Rivers*），这项规则不具备法律效力，但是将公平利用原则首次作为国际河流水利用的基础规则进行了全面论述，② 并提出了国际流域的概念，即"国际流域指跨越两个或两个以上国家，在水泵的分水线内的整个地理区域，包括该区域内流向同一终点的地表水和地下水"。③ 1997 年 5 月 21 日联合国第 51 届大会通过的《国际水道非航行使用法公约》（*UN Watercourses ConventionConvention on the Law of the Non – navigational Uses of International Watercourses*）是国际法领域对于跨境水资源治理的指导性文件，2014 年 8 月该公约已经生效，公约确立了公平合理的利用和参与、不造成重大损害、经常交换数据和资料等原则和义务。中国没有加入，但是中国在国内开展水资源治理时的理念和措施也符合其原则。2004 年国际法协会柏林分会还通过了《关于水资源法的柏林规则》。国际法层面对于跨境水资源治理方面的规定还有很多，强调全流域的跨境治理原则，但是从保护下游国家的利益角度出发，各类公约、规定等对于上游国家的权益保

---

① 《澜沧江—湄公河合作五年行动计划（2018—2022）》，澜沧江—湄公河合作网站，2018 年 1 月 11 日，http://www.lmcchina.org/zywj/t1524906.htm。

② 胡文俊、张捷斌：《国际河流利用的基本原则及重要规则初探》，《水利经济》2009 年第 3 期。

③ 曾彩琳、黄锡生：《国际河流共享性的法律诠释》，《中国地质大学学报》（社会科学版）2012 年第 2 期。

障较弱。

在流域管理方式上，联合国、世界银行等国际组织将水资源综合管理（IWRM）视为指导性的原则。① 美国国际开发署（USAID）将水资源综合管理（IWRM）定义为参与式的规划和实施过程，它是基于将利益相关方聚集在一起，以确定如何满足社会对水和沿海资源的长远需求，同时保持必要的生态服务和经济收益的科学。其有助于保护世界环境，促进经济增长和可持续农业发展，促进参与民主管理，改善人类健康。② 水资源综合管理需要以全新的视角审视水资源的使用和保护，通过系统的、可持续的、全面的方式来对国际流域的水资源开展合作。指导水资源管理的五原则包括：水是有限且脆弱的资源；介入式方法是必要的；强化妇女的作用；水的社会和经济价值需要得到认可；经济有效性、社会公平性和生态体系的三个可持续性必须给予足够重视。在指导流域国家进行谈判沟通方面，有关跨境水资源治理、水资源合作的非零和博弈谈判方式包括水外交谈判方式。只有在科学、政策和政治因素与外交相联系的情况下，水资源问题才会得到可持续性解决。③

表 5 - 1　　　　　　　　　　水外交框架④的关键要素

领域和维度	水以不同的维度（空间、时间、管辖、制度）跨越不同的领域（自然、社会、政治）
水的可用量	虚拟水⑤，蓝水（河流、湖泊和地下水）和绿水（供蒸发和农作物生长需要的土壤中包含的雨水），允许再利用的技术分享和谈判解决问题的方法能够"创造灵活性"，以应对水资源方面的需求

① Shafiqul Islam and Lawrence E. Susskind, *Water Diplomacy: a Negotiated Approach to Managing Complex Water Networks*, New York: REF Press, 2013, p. 6.

② 流域组织国际网等：《跨界河流、湖泊与含水层流域水资源综合管理手册》，水利部国际经济技术合作交流中心等译，中国水利水电出版社 2013 年版，第 9 页。

③ Shafiqul Islam and Lawrence E. Susskind, *Water Diplomacy: a Negotiated Approach to Managing Complex Water Networks*, New York: REF Press, 2013, p. 6, p. 15, p. 317.

④ 水外交框架产生的基础是复杂性理论和非零和谈判。根据水外交框架，将水视作灵活的资源，并且考量水资源治理网络的作用，复杂的水问题就会更加有效地得到管理。See Shafiqul Islam and Lawrence E. Susskind, *Water Diplomacy: a Negotiated Approach to Managing Complex Water Networks*, New York: REF Press, 2013, p. 323.

⑤ 虚拟水是指食品、衣物、汽车等产品在生产和国际贸易过程中的用水量。生产过程中耗水量较多的产品应该由水量充沛的国家生产并出口。See Shafiqul Islam and Lawrence E. Susskind, *Water Diplomacy: a Negotiated Approach to Managing Complex Water Networks*, New York: REF Press, 2013, p. 317.

水系统	水网络由社会和自然因素组成，这些跨界因素在政治视角下以不可预测的方式永远在发生变化
水管理	所有利益相关方需要在每个需要做出决定的阶段参与，包括水问题形成阶段。在实验和监控阶段加大投资是需要采取的重要管理步骤。需要专业化方式促进以合作解决问题
关键分析工具	利益相关方的评估、联合调查、情景规划、调解
谈判协调理论	相互增益方法（MGA）创造价值，适用于集体行为的多方谈判，作为非正式解决方法的调解，都对于非零和谈判至关重要

资料来源：Shafiqul Islam and Lawrence E. Susskind, *Water Diplomacy: a Negotiated Approach to Managing Complex Water Networks*, New York: REF Press, 2013, p. 15.

水外交、水资源综合管理（IWRM）、《国际水道非航行使用法公约》都是全球层面对于水资源治理的理念性规范。国际法和流域治理原则在指导性意义方面更大一些。澜湄国家在开展水资源治理与合作当中，需要遵循全球层面的治理理念，以流域整体性治理为目标，将多元行为体和治理对象充分考量，进行综合全面的流域水资源治理工作。

三　联合国对澜湄水资源治理的参与

以联合国为基础的政府间国际组织对于澜湄流域的水资源治理实践，已经进行了相关参与或研究指导。全球治理视域下政府间国际组织通过多利益相关方的参与，扩展了治理的基础。

首先，湄公河委员会的前身与联合国就存在一些渊源。联合国亚洲及太平洋经济社会委员会（United Nations Economic and Social Commission for Asia and the Pacific—ESCAP）的前身亚洲和远东经济委员会，曾经在湄公河下游的水资源合作中发挥过重要作用。在湄公河开发计划上，亚洲和远东经济委员会是发起者，也是主要行动者和主导者。它通过自己的秘书处、洪水控制局及其他机构，给湄公河开发行动提供了连续性的帮助。[①]在冷战的历史背景下，泰国，以及在1954年日内瓦协议后柬埔寨、老挝和南越都加入了该委员会。从全球层面来看，联合国在冷战初期，从服务

---

① 屠酥：《澜沧江—湄公河水资源开发中的合作与争端（1957—2016）》，博士学位论文，武汉大学，2017年，第35页。

于美国等大国利益出发，对于湄公河次区域的水务合作起到了一定的促进作用。1957 年在美国的促成下，湄公河下游流域调查协调委员会（Committee for Coordination of Investigations of the Lower Mekong Basin）成立。湄公河的开发在 1975 年后经历了转变，联合国开发计划署取代亚洲和远东经济委员会，成为主要的参与者。① 作为全球治理的代表，联合国的机构进一步直接参与了湄公河治理。1977 年湄公河下游协调调查临时委员会（Interim Committee for Coordination of Investigations of the Lower Mekong——IMC）成立，此时的成员国包括柬埔寨、老挝和泰国，但柬埔寨当时受到入侵的影响没有参加实际的活动。直到 1995 年，在国际和地区局势缓和的情况下，湄公河委员会才宣告成立。实际上湄公河下游的水资源合作一直充满了大国的利益竞争，但是联合国相关机构在技术等方面对治理合作提供了一定的帮助。

其次，澜湄水资源治理的具体技术和科学研究领域是联合国机构的关注方面。多数流域组织的建立是以解决洪水或干旱为目的，或者是改善航行情况、改进水电项目等。这些问题只能在流域范围内解决，国家之间的合作需要阻止或解决利益的冲突。水质或生态保护问题其实不是建立流域组织的初衷，但是从 20 世纪 80 年代开始，通过提升流域的作用来治理水质的方式在逐步加强。② 大湄公河次区域经济合作已经发展出了一套机制，在湄公河国家之外，中国云南和广西地方政府，以及联合国开发计划署等机构也参与其中。大湄公河次区域经济合作没有对合作中的机制进行预先限定，只是包含非限定性的协议和基本工作组、部长会议和峰会。③ 联合国环境署在符合可持续发展目标的基础上，制定了《淡水生态体系管理系列框架》，从技术标准方面对水资源在生态循环中的作用做出了

---

① Satoru Akiba, "Evolution and Demise of the Tennessee Valley Authority Style Regional Development Scheme in the Lower Mekong River Basin, 1951 to the 1990s: the First Asian Initiative to Pursue an Opportunity for Economic Integration", *Waseda Business & Economic Studies*, Vol. 46, No. 6, 2010, pp. 93 – 94.

② "A Framework for Freshwater Ecosystem Management, Volume 4: Scientific Background", United Nations Environment Programme, 2018, https://wedocs. unep. org/bitstream/handle/20. 500. 11822/26031/Framework _ Freshwater _ Ecosystem _ Mgt _ vol4. pdf? sequence = 1&is Allowed = y.

③ Oliver Hensengerth, "Transboundary River Cooperation and the Regional Public Good: the Case of the Mekong River Contemporary Southeast Asia", *Contemporary Southeast Asia*, Vol. 31, No. 2, 2009, p. 334.

指导。

相关国际组织和研究机构对湄公河流域水资源治理开展了一些科学研究工作。联合国大学 2009—2010 年开展了湄公河三角洲环境变化项目（Environmental Change in the Mekong Delta）研究，主要分析环境变化的重大事件对人类福祉和生态健康的影响。联合国大学的六个部门都参与其中。该项目对于人类健康和福祉面临的威胁，以及对气候变化造成的生态体系完整性的威胁做出跨学科分析，并对湄公河三角洲重大的水环境变化做出回应。该项目的研究主要是关注柬埔寨和越南的湄公河三角洲地区，这些地区深受人类活动的影响。[1]

最后，联合国对于澜湄流域水生自然灾害和其他非传统安全议题也高度关注。澜湄国家的非传统安全问题往往与流域内水资源治理相关。2011年 10 月，湄公河流域的越南安江省遭遇了暴雨和洪灾，灾后联合国儿童基金会向 7.2 万人提供了 15 天使用的清洁饮用水和卫生设备，包括净水药片、肥皂、油桶和滤水器，还向洪灾地区学生提供了学习用品。[2] 澜湄流域对毒品犯罪的打击可以推动地区安全形势向好发展，湄公河的航运也会因此受益。湄公河流域相关国家的联合执法行动不仅有效打击了"金三角"毒源地的毒品犯罪，也是推动湄公河流域安全稳定的重要保障，是提高湄公河沿岸可持续发展和民众生活水平的务实举措。近年来，中国每年向联合国毒品和犯罪问题办公室提供的禁毒捐款就达 100 万美元。湄公河航道是中、老、缅、泰四国经贸往来的重要纽带，是中国—东盟自由贸易区最重要的运输通道之一。为了有效应对本区域毒品问题的复杂形势和严峻挑战，中方将继续推动、不断完善湄公河流域联合执法行动机制，将"平安航道"联合扫毒行动常态化进行下去，与流域各国进一步探讨在情报交流、联合执法、重大案件、公开查缉等领域开展实质性合作。2016 年 4 月，联合国毒品和犯罪问题办公室驻东南亚及太平洋地区代表杰里米·道格拉斯（Jeremy Douglas）表示，中国积极参与澜湄次区域禁毒的国际合作，多年来与联合国和湄公河各国均保持密切的反毒合作，而且效果显著。道格拉斯建议中国和东盟所有国家要进一步深化反毒合作，

① "Environmental Change in the Mekong Delta", Stockholm International Water Institute, Jan. 20, 2019, http://internationalwatercooperation. org/tbwaters/? project =47.

② 全芳安：《越南湄公河泛滥，造成大范围破坏》，联合国儿童基金会中文网，2019 年 1 月 20 日，https://www.unicef.org/chinese/emerg/vietnam_ 60261. html。

打击毒品和毒源化学物的生产和走私，他充分肯定了中国为湄公河沿岸替代种植提供的有力支持。流域各国在可替代种植与联合反毒方面都要遵循全球治理的理念并加以重视。澜湄流域各国应在社区层面建立卫生服务机制，以有效防止毒品蔓延并确保涉毒人员的治疗康复。同时，各国应为贫穷的农村地区提供替代种植项目，帮助农民实现可持续发展。[①] 澜湄国家的经济、社会发展，在一定程度上有助于降低非传统安全风险、促进社会稳定及流域水资源治理。

四　澜湄水资源与能源、粮食的联系

水资源与能源、粮食"纽带关系"首次被提出是 2011 年在德国波恩召开的"水—能源—粮食安全纽带关系"会议上。会议文件提出了以下观点：第一，将水资源置于所有联系纽带中心考量的位置，并且关注水—粮食—能源安全的联系纽带；第二，未来各因素间互动联系的关键议题得到确认，并且这些议题得到明确的分层排序。[②] 在此之后斯德哥尔摩国际环境研究院（SEI）、联合国亚太经济社会理事会（UNESCAP）、联合国粮农组织（FAO）等国际组织对于该"纽带关系"都从各自的立场进行了阐释。"水—能源—粮食纽带关系"的核心在于综合考量水、能源、粮食三个领域之间的相互关系，并将这一关系纳入决策过程，从而提高综合管理能力，解决当前面临的资源问题，以实现经济、社会的可持续发展。[③]

澜湄水资源治理关系到地区的粮食安全和能源安全。澜湄国家在开展水资源治理的同时，也深刻关注"水—能源—粮食纽带关系"，及时与联合国相关机构合作，并认同联合国与水资源治理有关的理念和规范。中国在湄公河国家优先使用 2 亿美元南南合作援助基金，帮助湄公河国家落实《联合国 2030 年可持续发展议程》所设定的各项目标。[④] 中国以实际行动

---

① 李颖：《联合国官员：中国是湄公河流域禁毒有效合作的关键》，新华网，2016 年 4 月 19 日，http：//www.xinhuanet.com//world/2016 – 04/19/c_ 1118672584.htm。

② Sebastian Biba，"The Goals and Reality of the Water – Food – Energy Security Nexus：the Case of China and Its Southern Neighbours"，*Third World Quarterly*，Vol. 37，No. 1，2016，p. 52.

③ 常远、夏朋、王建平：《水—能源—粮食纽带关系概述及对我国的启示》，《水利发展研究》2016 年第 5 期。

④ 《李克强在澜沧江—湄公河合作首次领导人会议上的讲话（全文）》，新华网，2016 年 3 月 23 日，http：//www.xinhuanet.com/world/2016 – 03/23/c_ 1118421752.htm。

促进了联合国治理理念的实践。2015 年 9 月，习近平主席在联合国发展峰会上提出构建全球能源互联网的倡议。从全球能源安全的战略高度统筹水资源、能源、粮食的紧密关系也是中国在开展对外水资源合作中的重要内容。联合国 2011 年 11 月启动"人人享有可持续能源"倡议（Sustainable Energy for All）。倡议提出三大战略目标，即到 2030 年确保全球普及现代能源服务，能源利用效率翻番，可再生能源在能源消费结构占比翻番。① 中国加入了此项倡议，可以在澜湄水资源合作中加强水资源服务于能源生产的力度。世界银行为了发展水与能源之间的关系，提出了"饥渴能源"倡议，该倡议是一项全球性倡议，旨在帮助各国政府通过以下措施为不确定性的未来做准备：确定能源发展计划与水资源利用之间的合力，对其权衡取舍进行量化；开展跨部门规划试点，以确保能源和水资源投资的可持续性；设计帮助政府协调决策的评估工具和管理框架。② 中国也是该倡议的实施国家之一。③

在粮食安全方面，中国与湄公河相关国家及时沟通动物疫病情况，防止通过水路运输导致动物疫病扩散，造成不必要的损失。2018 年 11 月22—24 日，联合国粮农组织（FAO）与中国农业农村部在北京联合组织召开澜湄区域跨境动物疫病联防联控会议，中国与陆上邻国老挝、缅甸、越南的畜牧兽医主管部门领导和动物疫病防控专家出席会议，共商禽流感、非洲猪瘟等跨境动物疫病防控工作。联合国粮农组织驻华代表马文森（Vincent Martin）博士表示，"中国正在尽最大努力防控非洲猪瘟疫情。非洲猪瘟是当前该区域的重要关注点，各国要联合防控做好应对准备"。老挝、缅甸、越南代表多次对中国及时召开会议，分享经验表示感谢。④2018 年 7 月，中国还与联合国粮农组织签订了"中国—联合国粮农组织大湄公河次区域跨境动物疫病防控"（TADs）南南合作项目协议。中国

① 中华人民共和国驻维也纳联合国和其他国际组织代表团：《联合国"人人享有可持续能源"倡议（SE4ALL）简介》，中国外交部网站，2016 年 3 月 22 日，https：//www. fmprc. gov. cn/ce/cgvienna/chn/nyhz/t1349660. htm。

② 《缺水影响世界各国能源生产》，世界银行网站，2014 年 1 月 20 日，http：//www. shihang. org/zh/news/press－release/2014/01/20/water－shortages－energy－production－worldwide。

③ 鲍淑君等：《水资源与能源纽带关系国际动态及启示》，《中国水利》2015 年第 11 期。

④ 《农业农村部与联合国粮农组织联合举办澜沧江—湄公河区域跨境动物疫病联防联控会议》，中国农业农村部网站，2018 年 11 月 26 日，http：//www. moa. gov. cn/ztzl/fzzwfk/gzdt/201811/t20181126＿6163586. htm。

通过与政府间国际组织机制化的合作，从粮食安全的角度保证了相关国家间的合作，防止由于动植物疫病引起的粮食供应不稳定，并防止对跨境水资源造成不良影响，中国从全球治理的层面促进澜湄流域水资源治理的开展。

全球治理的视角下，政府间国际组织对于澜湄流域水资源治理在理念和措施等方面都进行了指导和参与。通过多利益相关方和综合层面的参与，澜湄流域水资源治理在政府间国际组织层面的重视程度得到了提升。

第二节　国际非政府组织与澜湄流域水资源治理

澜湄流域的水资源治理中，国际非政府组织的参与近年来呈现出活跃发展的态势，遍布世界的国际非政府组织对流域水资源治理保有浓厚的兴趣，从不同的角度出发，在澜湄流域水资源治理中的理念和行为各有特色。国际非政府组织是组织目的与活动范围具有国际性，或机构设置与成员构成具有国际性，抑或其资金、其他主要资源来源或用途具有国际性的非政府组织。其主要特点包括组织性、民间性、非营利性、独立性、志愿性、非宗教性、非政治性、公益性、正当性、国际性等。[①] 澜湄流域水资源治理相关的国际非政府组织包括在发达国家建立的组织，以及澜湄流域国家内建立的国际性活动组织等。

国际非政府组织等社会力量影响地区水资源安全合作的效果。澜湄流域非政府组织较多，东南亚河流网络（Living River Siam）和湄公河水资源、环境与韧性项目组织（Mekong Program on Water, Environment and Resilience）等都是较有影响力的非政府组织。而国际非政府组织从所在国或国际、地区组织的角度出发，在流域内进行调研，结合当地民众的意见，进行分析并得出符合其宣传战略的结论，在湄公河流域出现水资源问题的情况下，国际非政府组织往往指责上游国家在水的使用和相关设施建设中没有注重环境和生态保护，并没有从流域整体的角度研判水资源安全

---

① 王杰、张海滨、张志洲主编：《全球治理中的国际非政府组织》，北京大学出版社 2004 年版，第 10—29 页。

问题形成的原因。非政府组织如果运用得当，可以表达政府不易表达的声音，如果没有对非政府组织作用的预判和引导，那么其结果往往是不利于流域治理的。在行动中，国际非政府组织着力宣传保护跨境水资源的意识，研究分析跨境水资源治理，举办相关学术活动增加其影响力，以及通过各种方式参与了影响建设水利设施的活动。

一　可持续发展方式的推崇

在治理理念方面，国际非政府组织在跨境水资源治理活动中推崇可持续发展方式。每个国家因为国内法律政策的不同，对国际非政府组织的态度都有所不同。跨境水资源治理在澜湄国家间尚属可以控制风险的治理内容，因此通过水资源治理可以帮助地区合作的发展。当前国家、区域层面的治理活动中都采纳了可持续发展的治理理念。国际非政府组织作为贴近民众的组织，从环保的角度对跨境水资源开发活动采取了更为审慎的态度。

世界自然保护联盟（International Union for Conservation of Nature—IUCN）的全球水项目认可对人和自然有利的水资源治理。其职责主要包括在调控人和自然的需求、实施可持续性水资源管理、对水利基础设施中增加投资提供支持。其主要的工作领域包括运用生态系统的方式实施水资源综合管理（IWRM），对水资源进行善治、通过对话构建跨境合作与有效的国家和地方水资源管理，促进可持续和包容性的增长，以改进水资源和粮食安全并增加对气候的适应性等。其主要的项目领域包括水资源治理、实施生态保护的可持续性流域管理、环境基础设施投资。① 世界自然保护联盟与东南亚的国际组织、非政府组织也经常开展合作，推广水资源治理的理念。世界自然基金会的工作领域包括保护全球生物多样性，确保可持续性地利用自然资源，促进降低污染和减少消费中的浪费。② 世界自然基金会近年来每年都发布在湄公河流域新发现的物种情况。据报道，1997年柬埔寨有 200 只淡水豚，2005 年减少到 127 只，2010 年减少到 85 只，目前只剩约 80 只淡水豚生存在柬埔寨桔井省和上丁省境内的湄公河。

---

① "How We Engage"，"Our Work"，International Union for Conservation of Nature，Jan. 22, 2019，https：//www.iucn.org/theme/water/our－work.

② 《WWF 简介》，世界自然基金会中文网，http：//www.wwfchina.org/aboutus.php.

2017 年 1 月，世界自然基金会呼吁保护淡水豚，希望能够保持淡水豚的数量。[①] 非政府组织关注本地区的濒危水生生物，鼓励综合考量水资源开发，以可持续的理念促进跨境水资源治理。

各类国际非政府组织的专业人员从各自利益和观察视角出发，认为在澜湄流域修建水电站会影响生物多样性和粮食生产等。它们的观点虽然是出于可持续发展的角度，但应全面评估受影响的方面，在生态和民众生活可接受程度内保持经济发展和环境的平衡。国际河流组织（International Rivers）东南亚项目总监特兰德姆（Trandem）表示，湄公河上的东萨宏水电站因为改变了水文、渔业和泥沙分布，因此对下游淡水豚的影响巨大。沙耶武里水坝也会影响湄公河中的泥沙含量，对下游的粮食生产会带来负面影响。世界自然基金会（WWF）水电与水坝专家孟建华（Jian - hua Meng）很担忧沙耶武里水坝对下游的影响，认为相关国家没有做到在建设中考虑下游国家的利益。[②] 国际河流组织（International Rivers）东南亚项目总监特兰德姆还认为，2014 年老挝在湄公河委员会发布公开协议前就悄然恢复建坝，对湄公河委员会的议程规则没有完全遵守，而且也没有完全考虑流域各国的利益情况。[③] 湄公河下游非政府组织将发展水电与减贫之间的联系去合法化，将水电开发描绘成对人类安全造成威胁的紧迫性议题，成功吸引了使用水资源的利益攸关方关注大型水电工程，并促使这些行为体考量大型水电工程对人类安全造成的威胁。[④] 澜湄流域发展与生态环境保护的关系需要在可持续发展的框架下得到进一步的研究。

湄公河国家的发展水平普遍较低，从发达国家的角度来看，当地的开发理念和水准与世界先进水平有着较大的差距，因此，国际非政府组织对于当地的水资源治理要求会比各国实际治理能力稍高一些，认为水资源治理的议程规则等程序需要得到严格遵守，它们对于可持续发展也

① 黄耀辉：《世界自然基金会呼吁保护柬埔寨境内湄公河的河豚》，中新网，2017 年 1 月 11 日，https：//news. china. com/international/1000/20170112/30165401. html。

② Michael Sullivan, "Damming the Mekong River: Economic Boon or Environmental Mistake?", NPR, July 4, 2017, https：//www. npr. org/sections/parallels/2014/07/04/327673946/damming - the - mekong - river - economic - boon - or - environmental - mistake.

③ Ame Trandem, "Laos Silently Side - steps Scrutiny of Controversial Mekong Dam Project", The Nation, Oct. 15, 2014, http：//www. nationmultimedia. com/detail/opinion/30245453.

④ 韩叶：《非政府组织、地方治理与海外投资风险——以湄公河下游水电开发为例》，《外交评论》2019 年第 1 期。

有着较为严格的标准，但在一定程度上脱离了当地经济发展的实际需求。

二　合作参与意识的倡导

国际非政府组织在澜湄流域的水资源治理中，其理念包括促进与各方的合作，即号召增进与政府机构的联系，影响官方机构的决策进程，以及促进民众的参与意识等方面。

第一，国际非政府组织对地区国家和政府间国际组织的官方机构施加影响。总部位于泰国的生态恢复基金会（Foundation for Ecological Recovery）关注湄公河下游五国的自然资源环境和当地社区治理。其支持当地的非政府组织和民众团体的网络化，促进交流和联系网络构建，特别关注湄公河干流修建水电设施对民众的影响。[①] 该组织对于东盟地区的非政府组织集会积极参与，关注东盟公民社会论坛（ASEAN Civil Society Conference/ASEAN Peoples' Forum）等民间论坛。2014 年东盟公民社会论坛的声明表示，东盟的地区经济发展趋势会导致严重的跨境问题，这些问题往往由于大型水电设施、外向型工业等引起，这些问题对于民众和生计、土地、自然资源、粮食安全等方面都会造成负面影响，而且可能会引发地区的冲突和不稳定。论坛提出，为了维护全体东盟民众的权利与福祉，应当建立东盟的保护政策，以确保透明度和责任原则，以及所有利益相关方的参与。包括本地居民、原住民、公民社会组织、脆弱性和边缘化群体，在投资和开发项目以及政策的设计、实施、监督等方面应维系其合理的权益。[②] 2014 年，拯救湄公河联盟（Save the Mekong Coalition）在关于因修建东萨宏水电站而致地区国家政府领导人的公开信中，提出民众的意见在湄公河建坝的过程中需要得到充分重视。拯救湄公河联盟认为，湄公河委员会的国家委员会有责任确保在议程规则中，基层社区要保持足够代表性，湄公河沿岸的社区都必须遵守议程规则，湄公河委员会、各成员

---

① "About Us", Foundation for Ecological Recovery, Jan. 23, 2019, http：//www. terraper. org/web/en/about.

② The People's and Civil Society Groups of ASEAN, "Statement of the ASEAN Civil Society Conference/ASEAN Peoples' Forum（ACSC/APF）2014 Advancing ASEAN Peoples' Solidarity Toward Sustainable Peace, Development, Justice and Democratisation", Foundation for Ecological Recovery, March 24, 2014, http：//www. terraper. org/web/sites/default/files/key － issues － content/14158763 54_ en. pdf.

国政府等需要提供足够的资源确保公众有实际意义地参与决策。在决策过程中，官方对基层社区和湄公河流域民众的反应和利益诉求必须要认真加以回应，而且也要明确这些基层意见如何影响最终决策过程。[①]

第二，民众的参与度和影响力也是关注的重点。泰国的生态恢复基金会在 2014 年组织了公众论坛，认为在做出重大决定前，湄公河流域大型水电项目建设需要受影响的基层民众、行业专家共同参与研究。湄公河修建水电站需要各利益相关方共同参与研究。[②] 湄公观察（Mekong Watch）倡导两个目标：一是将因日本资助的湄公河发展项目而受到影响的民众意见传递给日本相关的政策制定者；二是促进政策和制度改革，该组织运用通过研究和学术网络得到的信息支持其政策倡议，认为有必要在发展规划的早期决策阶段，建立一个将当地居民包括在内的决策体系。湄公观察倡导性的工作议题致力于改革现有的决策模式，使基层社区的需求能够在最终决策中得到精准反馈和应有的尊重。[③]

国际非政府组织在表达边缘化群体的诉求时有着重要的作用，但是它们也要面临与地区制度同样的责任问题，能够确保非政府组织真正代表某个利益集团的情况很少见。而且鉴于非政府组织的不同社会地位，狭义地将其定义成由非政府组织代表的民间社会就不真实，也不是本地区所需要的。[④] 国际非政府组织往往受到发达国家的资助，不论总部在发达国家还是湄公河国家的国际非政府组织，都要反映出资机构的利益。湄公河地区修建水坝，在一定程度上可调节地区水量的时空分布，需要辩证分析工程造成的影响。国际非政府组织往往通过议题联系将环保与水资源开发活动挂钩，认为人为的建设活动都会导致地区环境和生态情况受损，在一定程度上对于环保的理念产生了曲解。实际上，国际非政府组织在倡导方面，

---

① "Save the Mekong Coalition Sent a Letter to the Regional Prime Ministers Urging Them to Halt the Prior Consultation Process for the Don Sahong Dam and Addressing Flaws in the PNPCA", Foundation for Ecological Recovery, Sept. 10, 2014, http：//www. terraper. org/web/en/node/1294.

② "Regional Public Forum on the Don Sahong Dam in Lao PDR", Foundation for Ecological Recovery, Feb. 19, 2014, http：//www. terraper. org/web/en/node/14; Laignee Barron, "Public Forum Calls for Halt to Mekong Dams", Feb. 20, 2014, The Phnom Penh Post, https：//www. phnompenhpost. com/national/public – forum – calls – halt – mekong – dams.

③ "Mekong Watch Activities", Mekong Watch, Jan. 24, 2019, http：//www. mekongwatch. org/english/about/index. html.

④ Nathan Badenoch, *Transboundary Environmental Governance: Principles and Practice in Mainland Southeast Asia*, Washington, DC: World Resources Institute, 2002, p. 18.

通过动员社会成员广泛参与，意在较大程度改变现有权力关系，有时是为了维护某一特定社会群体或特定阶级的利益；有时则通过更加自由的方式为整个社会争取权利。国际非政府组织采用多种方式发动民众，对试图维持现状的权力机关施加压力。[1]

国际非政府组织对于湄公河流域的水资源治理积极参与，在促进多利益相关方参与的情况下，号召民间团体在水电站建设中广泛参与意见，意在通过介入评估、表达自身利益诉求、保护弱势群体的利益，促进各方的合作参与。多方合作参与治理，意在通过公开透明的治理决策过程，表达非政府组织在环境和生态保护方面的诉求。它们认为受影响的民众参与决策过程，会提高治理的透明度和公正性。当前国际社会的发展趋势促进了多利益相关方的繁荣发展，国际非政府组织的合作理念也包含促进民间社会作用提升——它们通过促进可持续发展的合作理念，积极倡导民众参与决策。

三 对跨境水资源治理的分析研究

对于湄公河水各类水文、环境情况的分析是相关国际非政府组织的工作任务之一。凭借其广泛的社会参与度和社会活动调研的优势，能够获得研究数据，在相关领域专家的配合下，能够做出分析结果，以支持自身的社会倡导实践。水资源治理涉及较为专业的科技领域议题，需要专业性的科技知识，同时还涉及国际政治领域的议题。国际非政府组织在数据提供和研究方面，能够公开地向各国政府、政府间国际组织等机构提供相关数据和研究结论。

总部设在斯里兰卡的国际水资源管理研究所（International Water Management Institute）开展了南亚和东南亚土地和水资源可持续管理经济激励计划（Economic Incentives for Sustainable Land and Water Management in South and Southeast Asia）（2010—2013），主要分析湄公河下游国家水电发展情况。该项目主要研究在老挝和越南实施利益分享机制的潜力，并研究在柬埔寨、泰国等地的实践经验。该项目主要关注提高民众生活水平和减贫，同时也考虑采取措施促进对土地和水资源更加智慧化的管理，特

① Robyn Wexler、徐莹、Nick Young：《非政府组织倡导在中国的现状》，中国发展简报，2006年9月，http：//www.chinadevelopmentbrief.org.cn/periodical/6-69.html，第3页。

别是对陡坡土地的管理。该项目的成果包括对水电开发能力强的国家采取的利益分享机制、在受水电开发影响的流域进行生产活动等方面进行经济学领域研究等。①

世界自然基金会通过与湄公河委员会等次区域治理机构合作，促进对流域治理有利的国家法律和立法工作的开展，支持流域管理制度性协议的运用，一体化可持续发展、负责任的水利基础设施建设、气候变化的适应性等内容都融入了流域管理当中。该机构也与各国政府开展合作，在管理等实践方面不断创新，并且注重与科学家的沟通，为有效管理而储备必须的科学知识。②

湄公观察、生态恢复基金会等国际非政府组织还不定期出版相关研究报告，通过对调研中得到的情况加以分析，总结出一定的改进措施，以促进流域水资源治理效果的提升。这些报告基本上以英文写作，有的还翻译成湄公河当地国家的语言，如泰语等，便于基层民众及时获取信息。国际河流组织（International Rivers）还开展了对中资公司在湄公河流域修建电站情况的调研，并出版了相关报告，从环境管理、社区与劳工关系、风险管理等方面，对中国的七家投资东南亚地区的水电建设公司进行了评估，其结果对外公开。③ 通过非政府组织的第三方评估，客观上能够使公众更加了解水电开发的利弊以及对环境的影响程度，从而在发展和环保方面为澜湄流域治理进一步寻找适应性方案。

四　学术活动对水资源治理意识的提升

参加学术活动是国际非政府组织在澜湄流域参与水资源治理的重要方式。学术活动能够从科学的角度诠释水资源环境保护等方面的内容，并且通过学术性公开平台，以较为权威的形式宣传其理念，促进民众增强水资源治理的意识。

2013 年 11 月 29 日，由云南省普洱市商务局，云南大学大湄公河次

---

① "Economic Incentives for Sustainable Land and Water Management in South and Southeast Asia", Stockholm International Water Institute, Jan. 20, 2019, http://internationalwatercooperation. org/tbwaters/? project = 68.

② "World Wildlife Fund（WWF）", Stockholm International Water Institute, Jan. 23, 2019, http://internationalwatercooperation. org/tbwaters/? actor = 35.

③ 《国际水电公司环境和社会政策与实践的比照评估》，国际河流组织，2015 年 6 月，http://www. internationalriverschina. org/page/。

区域研究中心和香港乐施会联合主办的第五届"中国（云南）境外投资企业研讨会——企业与社会关系"在云南省普洱市召开。云南的投资对境外投资地的经济和社会发展产生了日益重要影响。此次研讨会旨在搭建中国对外投资的交流平台，专家学者、企业和非政府组织代表能够共同探讨对外投资企业履行社会责任的问题。[①] 通过学术交流，与会代表从专业领域出发，对中国在湄公河流域开发中的企业责任问题进行了研讨。中国在湄公河国家投资中修建水利设施和进行农业投资等都需要大量的水资源支持，对国外水资源依存度普遍较高的湄公河国家来说，通过学术活动促进履行企业责任也是参与跨境水资源治理的方式之一。

2015 年 10 月 27 日，在香港乐施会的支持下，柬埔寨金边皇家大学（Royal University of Phnom Penh）在金边举办"迈向负责任及可持续的中国农业在柬投资"学术研讨会。柬埔寨农业林业渔业署领导参会，水资源治理相关的产业发展协调是柬埔寨关注的重要议题。中国近年来在柬埔寨的农业投资日益增长，乐施会通过组织此次会议，为柬埔寨及中国的政策制定者、学者及民众就此议题开展对话搭建了学术平台，各方通过实证研究、搭建跨境和多利益相关方的对话，探讨如何实现负责任及可持续的农业投资，以推动柬埔寨在可持续发展的基础上减贫，从学术研究的角度对水资源相关产业部门的投资进行了研究分析。

2013 年 6 月 3—4 日，柬埔寨河流联盟（Rivers Coalition in Cambodia）、越南河流网络（Vietnam Rivers Network）以及拯救湄公河联盟（Save the Mekong Coalition）等国际非政府组织在金边组织会议，名为"湄公河等河流的水电大坝：关于跨境河流危机和未来发展的民众声音"（Mekong and 3S Hydropower Dams：People's Voices across Borders on the River Crisis and Way Forward）。包括民间组织、政府官员、学术界等方面的人士参加了会议。与会者在会议上就湄公河干流和支流修建大坝的影响进行了发言，各方对于湄公河水电开发的政策，以及湄公河水电项目设计、发展、实施等保持高度关注。通过各方的交流，会议还对各国政府、湄公河委员会、水电项目开发机构、投资商、新闻媒体、民间组织等各类团体提出了

---

① 《第五届"中国（云南）境外投资企业研讨会——企业与社会关系"召开》，乐施会，2019 年 1 月 25 日，http：//www.oxfam.org.cn/info.php？cid＝149&id＝1382&p＝news。

政策性建议。[1]

2018年12月，在第六届大湄公河水资源、粮食、能源论坛上，国际环境管理中心（International Centre for Environmental Management）作为澳大利亚的非政府组织，主持了一项关于可持续性和韧性的流域环境评估的创新性水资源治理议程，其中包括澜湄流域水资源开发的评估。[2] 通过与专业领域的学者和非政府组织人士的知识分享，湄公河流域国际河流影响的评估经验、解决评估问题的措施、评估工具等都是会议的关键内容，国际非政府组织通过学术交流扩大了自身的权威性影响力。

通过学术性的宣传活动，国际非政府组织搭建了公众参与知识分享的平台，以学术和实践方面的知识进行信息传播，借此宣传了国际非政府组织视域下可持续发展的治理理念，以非官方的角度对开展澜湄水资源治理的方式和理念施加了一定压力，最终促使社会各界在水资源开发时更加关注环保等可持续发展因素。

五　水资源治理的社会动员

国际非政府组织通过直接向政府首脑提出建议、举行反对修建水利设施的游行、参与水资源治理规划等活动，对流域水资源治理进行积极介入和直接参与。

瑞典斯德哥尔摩国际水资源研究所（SIWI）主持了一项联合国开发计划署的共享河流伙伴计划项目，通过对湄公河水资源治理中的非国家行为体进行调查和数据分析，认为应当进一步拓展多利益相关方的合作。[3] 一般来说，非政府组织人员在国家政治利益考量程度比较低的谈判中具有

---

[1]　"Regional Public Forum 'Mekong and 3S Hydropower Dams: People's Voices across Borders on the River Crisis and Way Forward'", Foundation for Ecological Recovery, June 4, 2013, http://www.terraper.org/web/sites/default/files/key - issues - content/1370933026_ en. pdf.

[2]　"ICEM Hosts Session at Annual Greater Mekong Forum on Water, Food and Energy in Yangon", International Centre for Environmental Management, Dec. 6, 2018, http://icem.com.au/icem - hosts - session - at - annual - greater - mekong - forum - on - water - food - and - energy - in - yangon/news/.

[3]　Klomjit Chandrapanya, "Towards a Multi - Stakeholder Platform in the Mekong Basin", Stockholm International Water Institute, June 27, 2017, http://www.siwi.org/publications/towards - multi - stakeholder - platform - mekong - basin/.

更高的影响力。① 2009 年 6 月 18 日，保卫湄公联盟的代表会见了泰国时任总理阿披实，他认为东盟在跨境水资源治理方面的作用包括提供平台，并在此平台上对水坝开发和影响进行讨论。2009 年 10 月，在东盟人民论坛上，保卫湄公联盟等非政府组织向柬埔寨、老挝、泰国、越南的政府首脑提交了带有 23110 人签名的请愿书，请求各国放弃湄公河干流的水电开发计划，并寻求对湄公河影响较小的电力开发项目。请愿书的主要签名者是湄公河附近的居民，还有一部分签名者来自世界各地。② 民众对于水利设施影响水资源治理的效应缺乏客观全面的了解，非政府组织通过自身掌握的信息和知识，可以塑造民意，影响民众对于水资源治理的观点，并引导民众在思想意识上朝着符合国际非政府组织利益的方向发展。

2014 年 3 月 31 日，已经达成协议的中资柴阿润水电站遭到柬埔寨民众的示威抗议。在抗议游行队伍中，部分民间组织人员参与其中，支持当地民众抗议的力量包括西班牙环保活动人士亚历克斯。亚历克斯是"自然母亲"的联合创始人，该组织公开反对柴阿润电站大坝的建设。2015 年 2 月 24 日，柬埔寨首相洪森迫于压力公开承诺，到 2018 年柴阿润电站大坝都不会开工。③ 部分国际非政府组织在一定程度上通过抗议等反对活动，对澜湄流域的水资源合作造成了一些负面效应，影响了正常的水利开发合作。

2017 年 7—8 月，澳大利亚国际环境管理中心参与了一项有关湄公河三角洲越南芹苴市的智慧城市项目。该项目属于世界银行开展的"为了韧性倡议的公开数据"项目，即运用公开的街道地图指导社区以及城市发展规划，通过更新现有的基础设施以及人口情况，促进城市积极适应气候变化和进行防灾减灾。该项目也体现了多方参与的原则，比如湄公三角洲发展研究所（Mekong Delta Development Research Institute – MDI）、芹苴大学气候变化研究所（DRAGON Research Institute for Climate Change of

---

① ［美］米歇尔·M. 贝兹尔、［瑞典］伊丽莎白·科雷尔编：《NGO 外交非政府组织在国际环境谈判中的影响力》，张一罾译，经济管理出版社 2018 年版，第 33—34 页。

② "23000 Signature Petition to Protect Mekong River from Mainstream Dams Sent to Region's Leaders", Foundation for Ecological Recovery, Oct. 19, 2009, http://www. terraper. org/web/en/node/1630.

③ 上海市商务委、荷兰威科集团、走出去智库：《走出去案例：国电柴阿润水电站遭民众抗议搁置》，和讯网，2015 年 9 月 22 日，http：//opinion. hexun. com/2015 – 09 – 22/179375252. html。

Can Tho University）、芹苴市的相关城市管理部门和世界银行都参与了其中。[①] 项目完成后将会大力提升城市治涝能力。澜湄流域非常容易受到极端降水的影响，通过运用技术手段预防水资源风险，国际非政府组织能够直接参与水资源治理的社会活动，帮助流域国家提升治理能力。通过多方参与的形式，各方的合理利益关切能够在协调中得到保证，国际非政府组织的治理效应才能更加积极。

国际非政府组织积极释放自身能力，通过多方面的参与，以其自身利益和观察角度为出发点，影响着澜湄流域水资源治理活动的效应。

第三节　全球治理视域下澜湄流域水资源治理的效应

政府间国际组织和国际非政府组织在参与澜湄流域水资源治理当中，以研究工作和社会参与工作并重的方式，向公众提供研究数据和资源，综合关键知识的差距，并在促进合作治理水资源问题方面开展了实际行动。在提供了积极治理效果的同时，这两类组织也存在着需要提升的方面。

一　可持续发展的平台效应

政府间国际组织在参与澜湄流域水资源治理中，以可持续发展的理念为首要，通过国际合作的平台效应积极促进地区国家和区域组织等多相关方以可持续发展作为治理的目标。跨境水资源问题涉及较多的环境议题。环境领域中的公共问题具有全球性和渗透性。环境问题不局限于特定的国家或地区，而是世界性的议题，关系到整个人类的生存和可持续发展；环境问题的影响是跨越边界的，也是人为的边界所难以阻挡和控制的。[②] 联合国等国际组织在参与澜湄流域的水资源治理活动当中，澜湄流域各国和地区性政府间组织以《联合国 2030 年可持续发展议程》为指导，在澜湄

---

① "New Model for Data Management and Urban Planning Introduced to Government Agencies", International Centre for Environmental Management, Sept. 11, 2017, http：//icem. com. au/new－model－for－data－management－and－urban－planning－introduced－to－government－agencies/climate－change－1/.

② 苏长和：《全球公共问题与国际合作：一种制度的分析》，上海人民出版社 2009 年版，第 6 页。

合作机制等地区性治理机制当中，流域六国强化可持续发展目标，通过治理跨境水资源问题，促进水环境、经济、社会等方面的均衡发展，促进可持续目标的实现。而且政府间国际组织更容易受到欢迎，因为其在尊重和维护国家权力方面更具有稳定性和连贯性，更能为国家参与治理提供舒适感。①

第一，联合国和其他全球层面的政府间国际组织，参与了流域国家或地区组织的河流治理活动，通过资金协助等方式帮助相关国家提升水资源治理能力，国际组织的平台效应为流域国家的水资源治理工作提供了便利。世界银行为湄公河水资源综合管理（IWRM）项目提供了资金支持。2014—2019年，世界银行资助了地区五个主要项目：老挝和泰国的邦亨（Xe Bang Hieng）河和南砍（Nam Kam）湿地管理项目、柬埔寨和老挝的湄公河和色贡（Sekong）河渔业管理项目、柬埔寨和越南的斯雷波克（Srepok）河和桑（SeSan）河次流域水资源管理项目、柬埔寨和泰国的洞里萨湖和宋卡（Songkhla）湖流域联通拓展项目、湄公河三角洲水资源管理项目等。世界银行分别为五个项目提供资金35.4万美元、53.52万美元、35.4万美元、45.7万美元、35.4万美元。② 世界银行为湄公河国家提供资金支持，各国借此平台促进了国家之间对于合作治理水资源的目标。国际组织为政府机构把潜在的联合转化为以直接交往为特征的明确联合提供活动场所。因此，国际组织促进了管理相互依赖所需要的非正式跨政府网络。国际组织决非领导的替代者，但可以有助于领导的发展与培育。③

第二，澜湄流域水资源合作的主体是流域国家，但政府间国际组织在其中扮演重要的角色。在合作安全的引导下，澜湄流域国家克服国家主权、国家领土和国家边界等观念给解决水问题带来的阻碍，走出流域国家

① 毕海东：《全球治理的地域性、主权认知与中国全球治理观的形成》，《当代亚太》2019年第4期。

② "Mekong IWRMP Transboundary Project Data Sheet"，MRC，http：//www.mrcmekong.org/about - mrc/mekong - integrated - water - resources - management - project/transboundary - projects - under - the - m - iwrmp/mekong - iwrmp - transboundary - project - data -sheet/.

③ ［美］罗伯特·基欧汉、约瑟夫·奈：《权力与相互依赖》，门洪华译，北京大学出版社2012年版，第226页。

由于对抗思维所引发的流域地区安全困境，实现国际河流的安全利益共享。① 中、老、缅、泰四国都签署或加入了 2000 年 11 月联合国大会通过的《联合国打击跨国有组织犯罪公约》。《公约》第 27 条中包含下列规定：缔约国应考虑订立关于其执法机构间直接合作的双边或多边协定或安排，并在已有这类协定或安排的情况下考虑对其进行修正。如果有关缔约国之间尚未订立这类协定或安排，缔约国可考虑以本公约为基础，进行针对本公约所涵盖的任何犯罪的相互执法合作。缔约国应在适当情况下充分利用各种协定或安排，包括国际或区域组织，以加强缔约国执法机构之间的合作。② 中、老、缅、泰四国在上述联合国法律规范的框架之下，彻底调查了湄公河惨案，严惩了犯罪凶手，并考虑到了预防犯罪的情况，在 2011 年年底开始对湄公河航道进行联合执法巡航，依托国际法律的平台效应，促进地区水资源治理的安全水平提升，打击有组织犯罪，保护了航道和民众进行湄公河水运的安全。

政府间国际组织和国际法律规范搭建全球层面的合作平台，促进和保障了澜湄地区国家开展水资源治理的法律和资金基础。可持续性的水资源治理在全球治理的支撑之下，在法理和实际操作层面都凸显了国际合作的平台效应，并取得了积极的治理效果。

二　社会参与对治理效果的提升

国际非政府组织在参与澜湄流域水资源治理活动中，比较好地调动了当地民众的参与意识，通过环保等方面的理念强化，使社会各界能够注意到跨境水资源问题的重要性，对澜湄流域的生态可持续发展是有积极意义的。社会组织是民间交流与合作的重要载体。非政府组织的非营利性、组织性、民间性、自愿性等基本特征决定其在对内对外交流当中具有独特优势，能弥补官方交流的不足。③ 非政府组织在权威性和资源力方面较弱，

---

① 王志坚：《水霸权、安全秩序与制度构建——国际河流水政治复合体研究》，社会科学文献出版社 2015 年版，第 163 页。

② 《联合国打击跨国有组织犯罪公约》，联合国公约与宣言检索系统，2000 年 11 月 15 日，http：//www. un. org/zh/documents/treaty/files/A – RES – 55 – 25. shtml；"United Nations Convention against Transnational Organized Crime"，UN，Nov. 15，2000，https：//treaties. un. org/pages/ViewDetails. aspx? src = TREATY&mtdsg_ no = XVIII – 12&chapter = 18&clang = _ en。

③ 覃志敏、雷文艳、魏万青：《NGO 之间应该加强相互借鉴与合作——第一届中国—东盟非政府组织（NGO）研究论坛综述》，《中国社会组织》2016 年第 7 期。

但其跨国性和弱化主权的倾向较强。①

第一，跨境水资源的使用引起的国家间关系问题确实存在，社会也需要非政府组织向民众普及重视此类问题。非政府组织应促进民众在自身生活和生产中保护水资源，防止污染身边的水资源，并注意防止已经在本国造成的用水问题影响到下游国家。这种意识的培养不仅在跨境水资源领域有积极意义，还对公民素质的提高以及和谐社会的构建都有着积极的意义。跨境水资源治理的意识能够深入人心，除依靠国家和政府间国际组织的力量之外，更需要来自民间的国际非政府组织参与。国际性的非政府组织往往在理念方面更加多元，保持着与世界先进治理理念的一致性。尽管在有些方面存在激进的内容，但是在政府的适度引导下，能够促进民众接受合理利用国际河流的理念。湄公河国家的社会发展尚在完善的过程中，民众的利益需要非政府组织进行表达。除本土的非政府组织外，国际非政府组织由于国际影响力和相对独立性更强，其动员民众参与治理有益于澜湄水资源问题得到充分重视。

第二，理念的传承需要数代人的努力，国际非政府组织的志愿性特点保证了它们参与活动时的可持续性，特别是对青少年的教育也是非常重要的，可以在政府的教育作用之外形成有益的补充。湄公观察近年来注意在泰国、老挝、柬埔寨收集民间关于环保等内容的故事，并将这些内容编纂成教学内容，对这些国家的儿童开展传统文化的环保教育，用流域国传统文化引导本国青少年在生活中注意对水资源等自然资源的保护利用。② 以本土的故事引导青少年注重水资源合作治理的意识，是国际非政府组织有益的举措。

第三，国家和政府间国际组织在开展跨境水资源治理的过程中，关注的内容不一定涵盖全面，非政府组织作为官方机构的补充，在一定程度上可以通过调动民间社会对于水资源保护的热情，从可持续发展的角度对防止河流污染、促进生态保护等方面进行参与，不断提醒政府关注跨境水资源污染、合理解决水资源分配等问题。2015 年 9 月，柬埔寨、泰国和越南的 15 人和 10 个国际非政府组织一道进行签名请愿活动，号召湄公河国

---

① 毕海东：《全球治理的地域性、主权认知与中国全球治理观的形成》，《当代亚太》2019年第 4 期。

② "Annual Report"，Mekong Watch，http：//www.mekongwatch.org/english/about/index.html #SEC6.

家政府倾听民意，审视湄公河修建水坝的负面影响。该项声明活动最终完成 4500 多人的签名请愿。[①] 此类民间活动通过调动民众参加抗议活动，对于流域国家政府开发利用湄公河水资源产生了较大的压力，一定程度上促进了国家政府认真考虑水利工程带来的一些负面影响，通过改进工艺水平或加强评估等方式来增强水资源治理的有效性。国际非政府组织的社会压力或许起到了一定作用，在湄公河委员会的会议中，柬埔寨、越南和泰国要求老挝仔细研究湄公河修建水坝对环境影响情况，一些非政府组织人士认为还应该在环境评估中加入对生物多样性的考量。随着湄公河下游国家在非政府组织的影响下对水资源治理的共识性降低，湄公河委员会的外部出资方也降低了预算规模，从 2011—2015 年的 1.15 亿美元减到了 2016—2020 年的 0.53 亿美元。而且湄公河委员会的雇员人数也大幅精简，从约 130 人减少了一半，并且去除了一些次要的职能。[②] 国际非政府组织通过调动流域国家民众参与跨境水资源治理的相关社会活动，将国家间合作应对水资源风险的议题摆在了公众面前，以民众的压力促进官方采取积极有效应对问题的方式。

总之，国际社会官方和非政府组织对于澜湄流域水资源治理的参与和协调，在一定程度上起到了帮助开展跨境治理的作用。在看到积极效应的同时，我们也应注意它们在开展跨境水资源治理当中需要提升的地方。

三　政府间国际组织与流域治理的低结合度

政府间国际组织部分治理理念的实践性不强，参与澜湄流域水资源合作的效果主要停留在间接层面。湄公河委员会是联合国亚太经济社会理事会参与筹建的次区域治理机构，体现了可持续发展的合作理念，但是在覆盖流域国家的全面性方面做得不够，没能在全流域开展水资源合作方面进行进一步的拓展。

第一，全球官方层面对澜湄流域水资源治理的关注中，以国际规范和联合国等机构的内容居多，除湄公河委员会与联合国的渊源之外，地区其

---

① "More than 4,500 Mekong Local People Sign the Statement on Mekong Dams: Awaiting Governments to Confirm Their Attendance at the Mekong People's Forum Next Week", Foundation for Ecological Recovery, Nov. 5, 2015, http://www.terraper.org/web/en/node/1723.

② Igor Kossov and Lay Samean, "Donors Slash Funding for MRC", The Phnom Penh Post, Jan. 14, 2016, https://www.phnompenhpost.com/national/donors-slash-funding-mrc.

他治理机制和流域国家的利益在全球层面的国际机制中没有被强化。澜湄流域的水资源治理活动，往往是地区国家遵从联合国的指导原则，但由于没有强制性措施，其效果也很难评估。联合国层面对于各国的责任约束较多，而对于各国的早期收获等方面内容涉及并不多。澜湄流域水资源合作中涉及可持续发展的三大支柱——经济、社会和环境——在全球层面的协调尚需完善。湄公河国家的经济发展基础较低，地区国家很难完全按照发达国家治理标准进行的合作。全球层面上，对于澜湄流域的专门指导性的水资源合作规范尚需加强，湄公河国家水资源保护的程度和标准也需要进一步明确。

　　第二，全球层面有关水资源、气候、环境、粮食、生态等方面的机制和组织较多，这些机制或组织中大都会涉及水资源治理，从机制重叠、碎片化的角度来看，也会影响地区国家参与合作的效果。国际社会对国际制度的需求，使得治理的议题领域产生了不少制度安排，但目前治理议题交叉重叠，议题领域的制度安排缺乏有效的协调统一，相互间契合程度低。① 许多专业的机制经常共存在于同样的议题领域，这些机制间不存在清晰的等级。在碎片化的条件下，规制因素间的冲突特别容易产生。制度设计支持持续的碎片化，特别是很难在规制因素间创造外部联系时。当利益模式不同时，机制重叠的效应就会显现。② 在地区机制碎片化和行为体利益不同时，地区治理机制复杂性就更明显。通过创制议题焦点并且减少规则创制的转换成本，制度能够在国际关系领域产生从权力为基础到规则为基础的转变。③ 机制复杂性非常适合碎片化的治理形态，在不同机制之间的议题互动联系加大，而且国际社会行为体在各自利益不同的情况下，地区行为体之间的竞争与合作日趋明显，安全议题的治理难度也会提升。联合国环境规划署、联合国开发计划署、联合国粮农组织等相关机构都会发布涉及环境或者经济发展内容的报告，由于水资源的不可替代性，其中这些报告也会涉及跨境水资源治理的问题。联合国已经将每年的3月22日定为世界水日，但是在类似澜湄合作机制的全流域治理机制的安排方面

---

① 卢静：《当前全球治理的制度困境及其改革》，《外交评论》2014年第1期。

② Robert Keohane and David Victor，"The Regime Complex for Climate Change"，*Perspectives on Politics*，Vol. 9，No. 1，2011，pp. 7 – 23.

③ Daniel W. Drezner，"The Power and Peril of International Regime Complexity"，*Perspectives on Politics*，Vol. 7，No. 1，March 2009，pp. 65 – 70.

仍然缺位。多重机制参与跨境水资源治理，会造成政策尺度和连贯性有所不同。每个部门都会从自身的主要治理内容参与治理实践，而跨境水资源议题只是作为参与介质而被涉及。

在全球治理的背景下，澜湄流域国家、次区域水资源治理机制的作用需要统筹，目前政府间国际组织层面对于国家和地区两个层面的监督和评估作用不强，对于解决流域国家因为水坝修建而引起纷争的方式有限，国际组织还没有派驻人员直接参与澜湄流域的相关治理，尚需全面掌握澜湄流域的治理情况并做出评估，在增加强制力监督等方面需要进一步提升。

四　国际非政府组织的弱有序性

国际非政府组织在参与流域水资源治理当中，其出资主体大都是发达国家，一部分机构的总部位于湄公河国家，另外一部分则是位于西方发达国家。湄公河国家中泰国由于国家经济发展水平和开放程度较高，国际非政府组织在此设立分支机构的数量也较多。其他国家的首都或相关重要城市也设有一部分分支机构。然而，由于国际社会不存在统一的管理制度，无政府社会的性质比较明显，湄公河国家的国家治理能力不平均，对于规范非政府组织的行动没有统一的标准，国际非政府组织的综合协调性有待提高。

第一，国际非政府组织对于流域水资源治理的观察角度有些偏颇，不能较为客观地对问题进行评价。2010年和2016年湄公河出现旱情后，部分国际非政府组织认为中国在上游修建水坝和水电设施影响了下游供水的可持续性。而且这些国际非政府组织利用学术活动和社会活动的平台效应积极宣传其理念，影响着大众科学认知湄公河水资源治理。湄公河委员会对于旱灾的原因做出解释后，非政府组织仍然对此不信任，从经验性和部分事实的角度出发，认为中国对于下游旱情的影响更大。国际非政府组织在未来仍需要与政府间国际组织进行合作，科学研判地区水资源治理的问题。

湄公河委员会已经在湄公河下游沿岸地区开展了水质等指标的监测，数据监测的透明性和多方参与性在未来应该进一步加大。政府间国际组织对于水质的监测没有与非政府组织进行沟通，双方在一定程度上对于合作治理相关议题没有程序性的安排。双方合作的机制性前提仍然缺乏，公开沟通与数据信息交流等议题缺乏社会性的倡导背景。政府间国际组织或者国家行为体参与的非政府组织治理活动能够在一定程度上提升治理的权威性和准确性，但非政府组织在人力和财力方面有限，很难较为精准地把握流域的数据监测情况。

第二，非政府组织治理的有序性也有待提升。保卫湄公联盟等组织曾经就反对在湄公河干流修建水电站，以民众联名信的形式反映给下游各国政府，但是事实上以这种形式参与治理并不能有效地解决问题。这种做法只是调动了民众对于环保的热情，出发点是积极的，但是从舆论方面给予下游各国政府相当大的压力，而且流域国家的经济发展水平普遍较低，水能发电属于污染较低的经济发展模式，开发水电会对生态环境造成一定程度的损害，但与火电的污染相比，还是体现了可持续性发展的理念。流域国家的经济发展和环保之间需要找到适当的平衡点，非政府组织的作用应该在协调发展与环保之间开展有序的活动。

越南的国际非政府组织为 1000 多个，援助额约 3 亿美元，开展了2000 多个援助项目，涉及自然资源和饮用水卫生等。[1] 有 1000 多个国际非政府组织长期在缅甸活动。[2] 2011 年柬埔寨登记的国际非政府组织大约有 3000 家。[3] 2013 年泰国的非政府组织约有 3700 家。[4] 2008—2013 年间，来自 21 个国家 170 多个国际非政府组织对老挝的援助超过 3.4 亿美元。[5] 国际非政府组织在湄公河国家的数量多，各国按照国内法律进行监管，但是由于国际非政府组织的活动具有流动性，河流的治理也是跨境的。这就给流域国家统一对国际非政府组织进行监管造成了困难。监管国际非政府组织开展研究、发布报告、实地调研以及进行社会动员等存在较大难度。另外，国际非政府组织对流域国家安全的影响也不容忽视。它们号召民众就水资源开发当中的问题向政府提交公开信或直接参与游行活

---

① 潘妙翠：《越南对外国非政府组织的管理模式研究——以河江省为例》，硕士学位论文，广西大学，2017 年，第 13 页。

② Nyein Nyein, "NGO Registration Law to Be Drafted", The Irrawaddy, Aug. 17, 2012, https：//www. irrawaddy. com/news/burma/ngo - registration - law - to - be - drafted. html.

③ "The Delusion of Progress: Cambodia's Legislative Assault on Freedom of Expression", LICAD-HO Report, Oct. 2011, http：//www. icnl. org/research/library/files/Cambodia/NSDPcambodia. pdf.

④ "The Organizations for the Benefit of the Public", Ministry of Social Development and Human Security, March 26, 2013, www. m - society. go. th/ewt_ news. php? nid =1349.

⑤ 中国驻老挝大使馆经商参赞处：《国际非政府组织五年对老挝援助超 3.4 亿美元》，中国商务部网站，2013 年 10 月 31 日，http：//la. mofcom. gov. cn/article/jmxw/201411/201411007 84137. shtml。

动，从民意的角度对各国政府开展压力活动，在很大程度上影响了项目所在国的国家安全和社会稳定，这种负外部性还会影响项目所在国与开发水利工程公司所属国的官方关系。

因此，科学、有序协调国际非政府组织在澜湄流域国家参与水资源治理非常重要，国际非政府组织在协助治理水资源方面起到了一定作用，但是由于其治理主体的分散性，并且涉及境外机构出资的问题，难免在开展活动中反映出境外行为体的利益考量。

小　　结

可持续性的水资源多层治理在全球治理的支撑之下，在理论和实际操作层面都凸显了国际合作的平台效应，并取得了积极的治理效果。政府间国际组织通过国际合作的平台，积极促进地区国家和区域组织等相关方以可持续发展作为治理的目标。国际非政府组织作为官方作用的补充，通过促进社会民众的广泛参与来加强治理效果。诚然，政府间国际组织和国际非政府组织在参与澜湄次区域水资源治理方面存在需要改进的方面，例如政府间国际组织与流域国家和次区域的结合不够，国际非政府组织的客观性、有序性不足。全球性的规范具有一定程度的广泛性，而澜湄次区域则代表着地区水资源治理的特色。民间力量参与治理的积极性值得肯定，扩大了网络化治理的广泛性，但在专业化的知识与技能习得方面，国际非政府组织也仍然需要重视澜湄流域的水资源特点。在普遍性规范指导下的区域治理，则是需要相互不断调试的合作过程。

第六章

结　　论

　　水资源具有稀缺性的特点，未来仍将是世界各国争夺的主要战略性资源。澜湄流域水资源治理的问题集中在水权分配、水污染、航运安全问题和疫病传播等方面，澜湄流域水资源治理具有流域典型的环境和国际政治特点。全球气候变化、不稳定的水资源关系以及域外行为体的影响导致了澜湄流域水资源问题日益复杂化。澜湄流域的水资源多层级治理议题，有赖于国家间的合作，区域的合作，以及全球层面的合作。超国家、国家与非国家行为体的共同参与对于合作治理也很重要。在多层级治理中，国家层面的水资源治理是基础，通过对国内外水资源治理的统筹、规划与参与，澜湄流域在水资源治理中的基本组成部分得到了保证。澜湄流域涉及的合作机制弥补了流域国家间开展合作的不足，通过机制化的合作促进了国家间合作的效应，但也要注意非国家行为体和机制重叠的影响。政府间国际组织和国际非政府组织通过各自的渠道，从理念和实践方面对澜湄流域水资源合作施加了影响力。在各层面的治理合作中，多种行为体通过不同方式进行了参与，水资源及其相关议题是多层级治理的主要关注内容，各行为体的关系也是交叉重叠，治理的层面也很多，治理结构可以是官方的合作机制，还可以是通过民间治理网络的方式进行。通过研究，我们可以发现以下几点结论。

　　第一，澜湄流域水资源治理具有多层级治理的特点。水资源问题在一定程度上影响了流域国家间关系的发展。国家是水资源治理的基本载体，澜湄国家对于跨境水资源合作的态度总体上是积极的。尽管存在影响着水资源治理的困难，各流域国对于跨境水资源治理也进行了许多有益的尝试。部分下游国家对于上游国家在蓄水与开发水能方面的工作仍然存在疑虑，上游国家对于国内合理利用水资源需要更加重视，尽量减少对敏感性和脆弱性较强的澜湄流域水资源产生负面影响，也要防止负外部性的外溢。澜湄流域水资源治理涉及的行为体、利益相关方较多，因而各方面的利益诉求影响了治理效果。澜湄流域各国都是发展中国家，对于农业用水的需求较大，而且对因水而生的利益有着各自的考量。域外行为体出于各自国家利益的考虑，纷纷积极介入次区域水资源治理。湄公河国家处于中南半岛的关键位置，对于周边大国和东南亚地区本身都起着关键的地缘战略作用。

澜湄合作机制建立后，中国作为机制的主要倡导国和提供地区公共产品最多的流域国家，加强了与湄公河委员会等地区其他水资源治理机制的联系与合作，并联合开展了应对水资源问题的治理实践和研究活动。澜湄合作遵循联合国的相关发展理念，澜湄流域国家、国际组织和相关非政府组织也在实践着可持续发展的理念，并促进了全球治理理念的发展。澜湄流域国家都加入了澜湄合作机制，共同主导了澜湄合作的正确发展方向。水资源合作是澜湄合作的优先方向之一，澜湄合作加强了与其他治理机制的沟通与合作，而且还促进了与国际组织、次国家行为体的交流合作，通过多层次、网络化的联系，澜湄流域水资源治理的效果得到了提升，也代表着未来地区水资源治理的发展方向。澜湄合作需要合理引导域外行为体适当参与地区水资源治理，积极发挥各方的优势能力，并防止各行为体和机制之间的不良竞争，促进地区水资源治理趋于良性发展。全球治理对于澜湄流域水资源治理的支撑作用是存在的，相关国际组织和非政府组织都对次区域内水资源合作有着浓厚的兴趣，已经开始参与澜湄流域水资源合作的实践，可持续发展、合作平台拓展、多种议题联系是澜湄流域水资源治理所需要的，未来也仍有发展的空间。澜湄流域水资源多层级治理的纵向层面包括国家、区域、全球治理，横向层面则包含多行为体参与。多行为体参与的水资源治理会包含一定程度的机制重叠现象，但一些行为体和机制的积极作为也会对流域综合治理水平的提升产生示范效应。

第二，澜湄流域水资源治理涉及的治理机制众多，由于这种情况容易引起多重制度层面的竞争，在一定程度上会影响水资源治理效果和国家间信任的构建。流域国家需要合作解决治理方面遇到的问题，澜湄流域国家对于机制化的合作已经开始了制度化实践，湄公河委员会、澜湄合作机制等都是有益的尝试，多重机制的存在一定程度上导致了治理碎片化。在多重治理机制存在的情况下，各机制在合作、整合等方面的需求也就更加迫切。相比而言，欧洲国家运用多层级治理机制的经验值得借鉴。保护多瑙河国际委员会（ICPDR）是多瑙河沿岸国家成立的最主要的国际组织，通过遵循多瑙河保护公约（Danube River Protection Convention）进行可持续及平衡的流域治理。① 从 19 世纪初至今，多瑙河的合作治理大致经历了以航运为主到水能资源开发利用为主，再到水资源保护为主和全面执行欧盟"水框架指令"的发展阶段。流域风险管理、扩大公众参与、先进技术水平的运用等都是多瑙河流域治理的特点。② 多瑙河流域存在多种形式的合作机制，包括双边合作、子流域多边合作和流域层次的合作、地区及国际层次的合作等。多瑙河管理体制对于沿岸国家的商品交换和对外联系非常重要，在多层级合作治理的背景下，多瑙河沿岸 10 多个国家的经济贸易得以发展。协商与司法解决多瑙河流域的争端也是其治理的特色。③多层级的合作机制使多瑙河的治理专业化水平得到提升，机制的专门化特点较为明显。澜湄流域整体开展多层级治理会面临一些困难，如果将双边和小多边领域的合作与流域整体的治理相结合，尽量化整为零地解决合作难题，对于澜湄流域的多层级治理会有促进。保护多瑙河国际委员会等机制为流域多行为体开展合作和进行谈判提供了有利的场所。澜湄合作等流域水资源治理机制也可以为地区行为体增强沟通和加强互信提供平台的便利性。

　　第三，澜湄合作机制的成立有利于拓展澜湄流域水资源治理的正向外溢效应。澜湄合作机制形成了"3 + 5 + X"的合作框架，即澜湄合作的三大支柱是政治安全、经济和可持续发展、社会人文，五个优先领域为互联互通、产能合作、跨境经济合作、水资源合作、农业和减贫合作，并且为对接其他领域的合作做了预留。澜湄合作形成了多层次、宽领域合作机制，建立了领导人会、外长会、高官会、工作组会四个层级机制。④澜湄合作的建设目标包括产能澜湄、创新澜湄、民生澜湄、绿色澜湄和开

---

　　① "About Us", The International Commission for the Protection of the Danube River（ICPDR），Jan. 25, 2020，http://www.icpdr.org/main/icpdr/about - us.

　　② 胡文俊、陈霁巍、张长春：《多瑙河流域国际合作实践与启示》，《长江流域资源与环境》2010 年第 7 期。

　　③ 徐国冲、何包钢、李富贵：《多瑙河的治理历史与经验探索》，《国外理论动态》2016 年第 12 期。

　　④ 《澜沧江—湄公河合作第二次外长会联合新闻公报》，中国外交部网站，2016 年 12 月 24 日，https://www.fmprc.gov.cn/web/ziliao_ 674904/1179_ 674909/t1426603.shtml。

放澜湄，① 已经取得了一定的成效。2016 年，在澜湄合作首次领导人会议上设立了澜湄合作专项基金，在 5 年内提供 3 亿美元支持澜湄六国的中小型合作项目，为地区经济项目的开展提供了资金保障。中老铁路、中泰铁路、老挝南欧江梯级水电站、柬埔寨暹粒新机场、柬埔寨西哈努克港经济特区、泰国罗勇工业园等都是澜湄合作的成果。截至 2018 年 7 月，柬埔寨西哈努克港经济特区成功引入企业 125 家，其中 107 家已经生产经营，为当地提供了 2.1 万个就业岗位。中泰两国企业合作建设的罗勇工业园是中国首批境外经济贸易合作区之一，目前已有 100 多家企业入驻，泰国员工有 2 万余人，未来将达到 10 万人。2015—2017 年，中国对湄公河国家直接投资由 22.1 亿美元增长至 36.5 亿美元，增长 65%。工程承包新签合同额由 159.9 亿美元增长至 192.1 亿美元，增长 20%。进出口贸易额由 1939.2 亿美元增长至 2239.5 亿美元，增长 15.5%。② 除了经济领域，中国与湄公河国家在教育、卫生、文化、减贫等领域也开展了务实合作。中方主办的"湄公河光明行"活动，让柬埔寨、老挝、缅甸三国近 800 名白内障患者重见光明。近些年来，超过 1.2 万名湄公河国家学生获得中国政府奖学金，3000 多位在职人员赴华参加短期研修培训。澜湄职业教育基地在云南挂牌，已为湄公河五国培养了上万名专业技术人才。③

水资源合作作为澜湄合作机制的一个优先领域，跨境河流作为联系澜湄流域六国的天然纽带，流域国家合理利用跨境水资源可以促进经济发展。国际河流河道基础设施的维护与整治对于流域国家的互联互通有益。互联互通也应当是多层次的，包括公路、铁路和水运全方位的联通。澜湄地区河网密集，存在水运的条件。在澜湄合作的框架下，中老、中泰铁路的修建也在为湄公河国家铁路网的发展助力。昆曼公路已经建成，在一定程度上有助于相关国家的陆路互联互通。水资源合作成为多层次的互联互通格局的一部分，为澜湄流域国家的经济、社会发展提供了基础设施保障。另外，合理开发水电站项目也会提升地区国家的电力收入和民生发展

---

① 章建华、李钢：《王毅谈澜湄合作未来发展六大方向》，新华网，2018 年 12 月 17 日，http：//www.xinhuanet.com/world/2018－12/17/c_ 1210017351.htm。

② 《好邻居是福！这些重大工程项目将造福澜湄国家》，澜沧江—湄公河合作网，2019 年 1 月 7 日，http：//www.lmcchina.org/zyxw/t1627474.htm。

③ 《李克强在澜沧江—湄公河合作第二次领导人会议上的讲话（全文）》，中国政府网，2018 年 1 月 11 日，http：//www.gov.cn/guowuyuan/2018－01/11/content_ 5255425.htm。

水平，可以成为澜湄流域国家经济发展的重要支撑。水电发展造成的环境损失，相比传统的火电项目要低很多，比核电项目的安全风险也要低很多。水流量和河道地势落差是相关国家发展水电项目的优势所在，但在建设中要尽力保护流域生物多样性，修建鱼类洄游通道以及补种植被。经济发展与生态保护的平衡必须要做好。

第四，中国近年来更加重视周边外交与安全，推动与湄公河国家进行水资源合作治理，以跨境水资源治理和澜湄合作为抓手，促进地区秩序向着有利于地区国家利益的方向发展。2017 年中国外交部发布的《中国的亚太安全合作政策》白皮书指出，中国的亚太安全合作理念包括共同、综合、合作、可持续的安全观，以及完善地区安全架构；中国对亚太安全合作的政策主张包括完善现有地区多边机制，巩固亚太和平稳定的框架支撑。地区国家应坚持多边主义，反对单边主义，继续支持地区多边安全机制发展，推动相关机制密切协调配合，为增进相互理解与互信、扩大安全对话交流与合作发挥更大作用。[①] 澜湄合作机制由中国和湄公河国家共同建立，其关注的重点包含地区水资源合作，涵盖了全流域国家，以此带动次区域国家经济、社会等方面的完善，并着眼于流域各国的共同发展。澜湄合作的积极成果表明，其促进了次区域合作的顺利开展。澜湄合作在各重点领域的顺利推进将进一步巩固次区域内日益紧密的经济纽带，优化地区产能分布，形成区域产业链，提升各国在全球价值链中的地位，提高区域整体竞争力。在经济关系取得新发展的情况下，中国与东盟国家的政治安全互信将不断提升。[②] 澜湄次区域覆盖了"一带一路"建设的重要支点城市和地区，涉及"中国—中南半岛经济走廊""两廊一圈""21 世纪海上丝绸之路"等合作倡议。澜湄合作以水资源治理促进地区合作，推动"一带一路"和人类命运共同体建设，并提升地区秩序的发展，搭建澜湄流域水资源治理的可持续发展框架，以全球化的理念践行可持续发展目标。"一带一路"不只是关注经贸领域，还有正向外溢效应。澜湄地区基础设施、产能等方面的发展在"一带一路"的带动下，可以为当地民生发展助力，解决当地就业等方面的问题，通过工程项目实施带动商业环境

---

① 《〈中国的亚太安全合作政策〉白皮书（全文）》，中国外交部网站，2017 年 1 月 12 日，https：//www.fmprc.gov.cn/ce/ceph/chn/zgxw/t1429980.htm。

② 卢光盛、熊鑫：《周边外交视野下的澜湄合作：战略关联与创新实践》，《云南师范大学学报》（哲学社会科学版）2018 年第 2 期。

提升。从共商、共建、共享的角度，加强中国方式的作用，有利于合理的地区秩序的构建。

东南亚地区的秩序发展也会受到域外因素的影响。当前美国大力推行其印太战略，印太战略的实施对澜湄合作、周边命运共同体建设等存在一定程度的影响。2017 年《美国国家安全战略》（*The National Security Strategy of the United States of America*）有关东南亚的内容显示，美国强调与菲律宾和泰国的盟友联系。越南、印尼、马来西亚、新加坡是美国安全和经济发展中的伙伴。东盟和亚太经合组织（APEC）对于促进美国主导的印太秩序具有核心作用。① 2018 年 11 月 20 日获得通过的《东亚和太平洋联合地区战略》（*Joint Regional Strategy：East Asia and the Pacific*）指出，美国要强化与盟国和伙伴国的关系，以增强美国本土和海外的安全。确保印太地区政治和安全制度能够巩固东盟的核心地位，而且能够将美国融入其中。② 美国认为东南亚是印太战略中重要的一环。③ 一方面，随着中国各方面实力的增强，美国对中国的不信任日益增加，把中国视为挑战。美国在东南亚保持前向力、确保地区均势是其战略目标，因此美国重视地缘政治的作用。美国贯彻其建国以来的均势政策，限制中国的崛起。④ 另一方面，从地区战略利益出发，美国在水资源治理方面也对中国展开了攻势。在美国支持和主导下，2017 年启动的湄公河水资源数据倡议（Mekong Water Data Initiative）在改善治理水平和共享水资源数据方面发挥了很大的作用。第十一届湄公河下游行动计划部长级会议通过了一项联合规划，将未来的工作主要集中在两个方面：一是水资源—能源—食品—环境联系纽带，二是人类发展与互联互通。⑤ 美国意图通过水资源领域的介入推行

---

①　"National Security Strategy of the United States of America", The White House, Dec. 2017, https：//www. whitehouse. gov/wp － content/uploads/2017/12/NSS － Final － 12 － 18 － 2017 － 0905 － 2. pdf.

②　State Department － Bureau of East Asian and Pacific Affairs, USAID － Bureau for Asia, "Joint Regional Strategy：East Asia and the Pacific", The U. S. State Department, Nov. 20, 2018, https：// www. state. gov/documents/organization/284594. pdf.

③　Office of the Spokesperson, "U. S. Security Cooperation With Vietnam", The U. S. State Department, Aug. 16, 2018, https：//www. state. gov/r/pa/prs/ps/2018/08/285176. htm.

④　Robert S. Ross, "US Grand Strategy, the Rise of China, and US National Security Strategy for East Asia", *Strategic Studies Quarterly*, Vol. 7, No. 2, 2013, pp. 20 － 40.

⑤　"11th LMI Ministerial Joint Statement", The Lower Mekong Initiative, Aug. 4, 2018, https：//www. lowermekong. org/news/11th － lmi － ministerial － joint － statement.

其在湄公河地区的治理模式，以水资源治理带动地区经济、社会的发展，与中国的"一带一路"开展竞争。美国国务卿蓬佩奥近年来还多次公开表示，中国在澜沧江修建水坝影响了下游国家的水量，并希望通过与湄公河国家的合作应对中国在该地区日益增加的影响力。[①] 事实上，中国近年来加大了与湄公河委员会和湄公河国家的合作力度。澜湄流域近来遭遇严重旱情，中国在自身同样受到旱情之害，在降水量严重不足的情况下，克服困难，紧急增加了澜沧江下泄流量，帮助湄公河国家缓解旱情。中方还将积极考虑同湄公河国家分享全年水文信息。[②] 湄公河委员会秘书处已经成为澜湄流域水资源合作联合工作组观察员，并与澜湄水资源合作中心签署了合作谅解备忘录。[③] 2020 年，中国澜沧江水电站在测试前，将因此导致的水量暂时减少情况通报给下游国家，在澜湄合作机制内，下游的知情权得到了保障，而且中国也正与湄公河委员会联合调研澜湄流域干旱的真正原因。美国对东南亚的政策经常被认为是碎片化的介入。在美中竞争升温的情况下，东南亚国家会成为竞争的焦点地区。[④] 中美在东南亚的竞争是软性的、间接的，为了增进各自利益而在本地区实施政策及行动，并且将竞争性的优势和劣势置入中美与东南亚各国的互动之中。中美在东南亚是"竞争性共存"。[⑤] 与此同时，东南亚国家从实用主义的角度出发，与美国寻求安全合作。东南亚国家存在不同的国家利益，通过大国平衡，以维护自身安全，目的是防范地区国家之间的安全竞争，因此多数国家对于美国在本地区的存在和安全保证都有需求。湄公河国家由中小国家构成，小国在国际安全中依赖于强大邻国或者大国间的实力均衡状态，是国际安

---

① Michael R. Pompeo, "Opening Remarks at the Lower Mekong Initiative Ministerial", The U. S. State Department, Aug. 1, 2019, https：//www. state. gov/opening – remarks – at – the – lower – mekong – initiative – ministerial/; Michael R. Pompeo, "Opening Remarks at the Lower Mekong Initiative Ministerial", The U. S. State Department, Aug. 1, 2019, https：//www. state. gov/opening – remarks – at – the – lower – mekong – initiative – ministerial/.

② 《王毅谈未来澜湄合作重点》，中国外交部网站，2020 年 2 月 21 日，https：//www. fmprc. gov. cn/web/wjbzhd/t1747793. shtml。

③ 《澜湄合作第五次外长会联合新闻公报》，中国外交部网站，2020 年 2 月 21 日，https：//www. fmprc. gov. cn/web/wjbzhd/t1748082. shtml。

④ David Shambaugh, U. S. Relations with Southeast Asia in 2018：More Continuity than Change, Singapore：ISEAS Publishing, 2018, pp. 1 – 27.

⑤ David Shambaugh, "U. S. – China Rivalry in Southeast Asia：Power Shift or Competitive Coexistence?", International Security, Vol. 42, No. 4, 2018, pp. 85 – 127.

全的消费者和依赖者。① 由于域外一些大国在本地区可能没有领土诉求或者扩张历史，小国领导集团在做出与大国安全合作的决定时不容易遭到国内的反对和阻挠；另外，处于实力层级顶层的大国与小国的毗邻国家相比，一般具有明显的实力优势。② 通过水资源方面的治理合作，美国等域外国家仍然能够将湄公河国家置入印太战略的发展当中。中国应当以符合本地区发展规律的方式应对域外国家的影响。

可见，澜湄流域国家面临的水资源治理问题仍然突出，在面对问题的同时，尽管存在自然界的因素，以及国家间利益和权力的纠葛，但造成流域国家水资源问题的原因从根本上说是人类的治理缺位。国家内部的治理、国家间双边的合作固然重要，但是机制化合作的效应更加明显，而且全球治理的理念对于国家间开展机制化治理具有促进作用。中国应当从以下几方面促进澜湄流域水资源多层级治理继续深化发展，推进流域国家与其他利益相关方的务实合作。

第一，澜湄流域国家应当进一步强化多层级合作治理水资源的意识，以澜湄命运共同体的角度审视水资源治理。流域各国参与跨境水资源治理有助于提升国家形象和软实力。澜湄合作机制是发展中国家共同倡导的治理机制，中国作为澜湄流域的上游国家，曾经在水资源问题上遭受的误解较多。中国对湄公河国家的水资源合作互信建设群体应涵盖政府、企业、学者、社区、群众、非政府组织、研究机构、国际主流媒体等。互信合作内容应涉及生态保护与补偿、共同开发与治理、相关基础设施、医疗设备、学校等配套设施建设及相关技术与服务支持等。③ 全球和地区治理机制、国内的相关水资源治理安排应当统筹考虑和推进。在开展水资源治理的过程中，中国应当从对外战略的统一角度进行精细化安排，关注对于当地民生特别有影响力的项目，比如清洁饮用水入户，通过细致入微的工作，帮扶湄公河国家提升治理能力的路径也能更加深入人心。流域各国的跨境水资源政策需要与地区发展规划对接，应在澜湄合作的平台上统一制定和修改流域能源、资源、经济等方面的发展规划，并积极推动流域国家的治理与地区合作机制、国际非政府组织、政府间国际组织的交流与合

---

① 韦民：《小国与国际关系》，北京大学出版社 2014 年版，第 281 页。
② 刘若楠：《次地区安全秩序与小国的追随战略》，《世界经济与政治》2017 年第 11 期。
③ 张励、卢光盛：《从应急补水看澜湄合作机制下的跨境水资源合作》，《国际展望》2016年第 5 期。

作，通过深入交流增进理解，扩大共识与增进合作领域。

第二，澜湄流域国家需要对水资源治理的国内与跨境因素等同重视。人类的进步不仅仅需要改善促进全球公共产品供给的国际制度，而且还需要有效的国内制度供给，国际和国内制度的协调供给能确保国家充分利用和广泛享有公共产品供给的收益。[①] 跨境水资源政策制定尤其是实施要具有一致性，各利益群体、地方和中央政府的战略要保持一致。澜湄流域国家国内各省区市应当以共赢的心态参与治理，上下游地区要合作治理污染、水分配等核心用水问题。跨境河流是从上游向下游流动的资源。因水造成的问题不仅仅困扰着流域各国，在一国内部也会发生。如果中央政府在某地区建立经济特区，当地水资源的使用就会增加，这就会影响地方政府对自然资源的调配使用，甚至会增加该国对国际河流水资源的使用量，影响该国与流域其他国家的正常关系。这样一来，一国内部的利益发展就会对跨境水资源治理的多利益相关方产生影响。在流域内，各行为体的利益实质上是高度相互依赖的。关于水资源的政治议题也会外溢到其他方面。在国家对于环境和生态安全高度重视的条件下，各地区应当以安全治理为核心要务，在遵守法律和法规的基础上，充分发挥多行为体的作用，包括地方各级政府、企业、民间组织甚至是环保志愿者个人的作用，并且应适当发挥机制的作用，合理将多行为体纳入治理体系当中，可考虑以中国的河长制为基础，综合运用多方面的力量，运用多重机制的优势，开展有效治理。

第三，澜湄合作机制与既有地区机制需要共同有序发展。在发展合作理念指引下，尽管澜湄合作机制是由流域各国共同参与，但国际机制具有积淀成本的意义，即便行为体宁愿支持不同的原则、规则和制度时，既有机制仍然能够存续下去。[②] 澜湄合作机制创立之前，流域内双边、多边的水资源治理机制已经存在。中国在未来的工作中，应注意协调与既有的双边、多边机制的关系，并与东盟密切沟通，避免因中国与陆上东盟国家开展合作而使东盟误解其整体性受到影响。大湄公河次区域经济合作机制也可以与澜湄合作机制进行深度合作，协同发挥积极作用。当前，澜湄合作

---

① ［美］斯科特·巴雷特：《合作的动力：为何提供全球公共产品》，黄智虎译，上海世纪出版集团 2012 年版，第 11 页。

② ［美］罗伯特·基欧汉：《霸权之后：世界政治经济中的合作与纷争》，苏长和等译，上海人民出版社 2012 年版，第 102 页。

机制正从培育期进入成长期，中国在推进澜湄合作机制发展的过程中，需要以合作发展的理念促进次区域国家经济、社会、安全等方面治理能力进步，政策议题要充分考虑到下游国家和民众的切身利益，发展中国家的合作共赢是各类机制协调发展的方向。

在澜湄合作机制内，在排除国家安全信息的内容后，流域内水文信息也要及时沟通。中国应协助提升湄公河国家的技术性水资源治理能力，促进流域各国以更加专业化的方式应对与水资源相关的非传统安全威胁，推进可持续发展，进而真正体现发展中国家合作的内涵。另外，中国在海外进行投资开发的同时，也需要正确看待与相关国家的利益分配。中国应从建立国际非政府组织入手，帮助湄公河流域民众开展基础水利设施建设，这样的项目投资不大，但往往会收到良好的社会效果。非政府组织活动形式灵活，能够在政府和企业的工作之外有所补充和升华。在澜湄合作机制内，中国可以首先尝试与老挝、柬埔寨等国家开展涉及水务领域的一些合作，在取得一定经验的情况下，再将成功经验推广到所有成员国。在实施中，要因地制宜，不盲目图规模，以充分适应当地经济和社会发展为宜。

第四，中国可以与相关优势国家在湄公河国家开展水资源合作治理。中国参与澜湄流域水资源合作要注重运用技术性、专业性方式，要定量分析河流水量的季节性变化，并引入海水脱盐、污染治理等世界先进技术，帮助相关国家共同治理，在推广中国技术的同时，在充分调研的基础上，中国可以与发达国家的跨国公司等机构开展技术合作。在碎片化治理机制存在的情况下，多方合作有助于减少碎片化治理的负面效果。美国在流域治理方面具有强大的资金和技术优势，在境外开展水资源治理，客观上使更多的普通民众获得了基本的饮用水安全，他们的卫生环境也得到了改善，发展中国家自主治理水资源的能力、粮食安全、民众健康安全、能源安全等都得到了提升。从积极的方面观察，这在一定程度上缓解了国家、流域、区域的用水竞争，降低了水资源纠纷产生的可能性、潜在不稳定事件的负外部性，并推动了稳定的地区环境构建。[①] 澜湄合作机制在未来的发展中，可以吸收域外行为体参与治理的积极成果。由于发达国家具有技术和理念等方面的优势，中国可以考虑以适当的方式与这些优势国家合作，共同参与国际河流的治理，防止域外行为体单方面介入澜湄流域水资

---

① 李志斐：《美国的水外交战略探析》，《国际政治研究》2018 年第 3 期。

源治理对中国这一主要上游国家产生负面影响。另外，通过技术等方面的学习合作，中国在治理的具体操作能力层面也会得到一定程度的提升。

第五，在治理成果的宣传方面，流域国家都应重视公共外交的作用。中国在未来开展合作时，应注重话语权建设的重要性。对于中国媒体而言，应当准确、及时报道中国在澜湄流域水资源合作中的积极成果，交流的语言要包括湄公河国家语言以及英语等国际通行语言，而且要联合当地媒体进行报道，这样更能以当地民众接受的方式达到传播效果。媒体在进行报道时，要关注专题内容、受众对象，并进行长期报道，充分运用网络传播方式便捷的特点，增加传播渠道。湄公河国家当地民众的反馈还需得到重视，要建立起接收信息和反馈的渠道。另外，公众在水资源合作中也承担着公共外交角色。水资源合作文化也是需要传承和发扬的，澜湄流域各国可以通过共同举办活动，研讨、分享各国关于水资源保护的创新方式。在进行旅游活动当中，澜湄流域国家也可以将水资源文化旅游作为一个重要的活动安排。

参考文献

一 中文部分

（一）中文期刊论文

包广将：《湄公河安全合作中的信任元素与中国的战略选择》，《亚非纵横》2014 年第 3 期。

毕海东：《全球治理的地域性、主权认知与中国全球治理观的形成》，《当代亚太》2019 年第 4 期。

毕世鸿：《机制拥堵还是大国协调——区域外大国与湄公河地区开发合作》，《国际安全研究》2013 年第 2 期。

常远、夏朋、王建平：《水—能源—粮食纽带关系概述及对我国的启示》，《水利发展研究》2016 年第 5 期。

陈丽晖、何大明：《澜沧江湄公河水电梯级开发的生态影响》，载《地理学报》2009 年第 5 期。

陈丽晖、曾尊固、何大明：《国际河流流域开发中的利益冲突及其关系协调——以澜沧江—湄公河为例》，《世界地理研究》2003 年第 3 期。

陈兴茹、王兴勇、白音包力皋：《1962 年以来湄公河流域国家洪灾损失时空分布分析》，《灾害学》2019 年第 1 期。

邓涵：《"峰会年"看澜湄地区制度竞合》，《当代亚太》2019 年第 6 期。

董亮：《2030 年可持续发展议程下"人的安全"及其治理》，《国际安全研究》2018 年第 3 期。

董耀华、姜凤海、戴明龙：《泰国湄公河调水工程研讨与初步咨询》，《水利水电快报》2016 年第 8 期。

樊吉社：《美国外交：从建构规则到颠覆规则》，《人民论坛》2018 年第

34 期。

高志芹、吴余生、赵洪明、董绍尧：《糯扎渡水电站进水口叠梁门分层取
　　水研究》，《云南水力发电》2012 年第 4 期。

高祖贵：《“合作共赢”：新型国际关系的核心思想》，《前线》2017 年第
　　8 期。

关键：《区域安全公共产品供给的“中国方案”——中老缅泰湄公河联合
　　执法合作机制研究》，《中山大学学报》（社会科学版）2019 年第 2 期。

郭延军：《大湄公河水资源安全：多层治理及中国的政策选择》，《外交评
　　论》2011 年第 2 期。

郭延军：《权力流散与利益分享——湄公河水电开发新趋势与中国的应
　　对》，《世界经济与政治》2014 年第 10 期。

郭延军、任娜：《湄公河下游水资源开发与环境保护——各国政策取向与
　　流域治理》，《世界经济与政治》2013 年第 7 期。

郭延军：《“一带一路”建设中的中国周边水外交》，《亚太安全与海洋研
　　究》2015 年第 2 期。

郭延军：《中国参与澜沧江—湄公河水资源治理：政策评估与未来走势》，
　　载复旦大学中国与周边国家关系研究中心编《中国周边外交学刊》
　　2015 年第 1 辑，社会科学文献出版社 2015 年版。

韩叶：《非政府组织、地方治理与海外投资风险——以湄公河下游水电开
　　发为例》，《外交评论》2019 年第 1 期。

贺平：《从“合作”到“事业”：日本在东南亚的水务战略》，《现代日本
　　经济》2015 年第 5 期。

胡文俊、简迎辉、杨建基、黄河清：《国际河流管理合作模式的分类及演
　　进规律探讨》，《自然资源学报》2013 年第 12 期。

胡文俊：《国际水法的发展及其对跨界水国际合作的影响》，《水利发展研
　　究》2007 年第 11 期。

胡文俊、黄河清：《国际河流开发与管理区域合作模式的影响因素分析》，
　　《资源科学》2011 年第 11 期。

胡文俊、张捷斌：《国际河流利用的基本原则及重要规则初探》，《水利经
　　济》2009 年第 3 期。

胡文俊、张捷斌：《国际河流利用权益的几种学说及其影响述评》，《水利
　　经济》2007 年第 6 期。

郇庆治：《区域生态文明建设推进的云南实践：环境政治视角》，《鄱阳湖学科》2019 年第 1 期。

黄炎：《澜沧江—湄公河流域水资源国际合作的动因、基础与路径选择》，《国际法研究》2019 年第 2 期。

姜文来：《"中国水威胁论"的缘起与化解之策》，《科技潮》2007 年第 1 期。

匡洋、李浩、杨泽川：《湄公河干流水电开发事前磋商机制》，《自然资源学报》2019 年第 1 期。

李巍、罗仪馥：《从规则到秩序——国际制度竞争的逻辑》，《世界经济与政治》2019 年第 4 期。

李巍、罗仪馥：《中国周边外交中的澜湄合作机制分析》，《现代国际关系》2019 年第 5 期。

李霞、周晔：《湄公河下游国家水质管理状况与区域合作前景》，《环境与可持续发展》2013 年第 6 期。

李昕蕾：《冲突抑或合作：跨国河流水治理的路径和机制》，《外交评论》2016 年第 1 期。

李昕蕾、华冉：《国际流域水安全复合体中的安全秩序建构——基于澜沧江—湄公河流域水冲突—合作事件的分析》，《社会科学》2019 年第 3 期。

李志斐：《美国的全球水外交战略探析》，《国际政治研究》2018 年第 3 期。

李志斐：《欧盟对中亚地区水治理的介入性分析》，《国际政治研究》2017 年第 4 期。

李志斐：《水问题与国际关系：区域公共产品视角的分析》，《外交评论》2013 年第 2 期。

李志斐：《水资源安全与"一带一路"战略实施》，《中国地质大学学报》（社会科学版）2017 年第 3 期。

李志斐：《水资源外交：中国周边安全构建新议题》，《学术探索》2013 年第 4 期。

李志斐：《中国跨国界河流问题影响因素分析》，《国际政治科学》2015 年第 3 期。

李志斐：《中国周边水资源安全关系之分析》，《国际安全研究》2015 年第 3 期。

刘博、张长春、杨泽川、沈可居:《美国水外交的实践与启示》,《边界与海洋研究》2017 年第 6 期。

刘博:《美国全球水战略分析研究》,《水利发展研究》2017 年第 12 期。

刘畅:《澜湄社会人文合作: 现状与改善途径》,《国际问题研究》2018 年第 6 期。

刘华:《澜湄水资源公平合理利用路径探析》,《云南大学学报》(社会科学版)2019 年第 2 期。

刘建飞:《构建新型大国关系中的合作主义》,《中国社会科学》2015 年第 10 期。

刘玮:《崛起国创建国际制度的策略》,《世界经济与政治》2017 年第 9 期。

刘艳丽等:《基于水利益共享的跨境流域水资源多目标分配研究——以澜沧江—湄公河为例》,《地理科学》2019 年第 3 期。

卢光盛、别梦婕:《澜湄合作机制: 一个"高阶的"次区域主义》,《亚太经济》2017 年第 2 期。

卢光盛、金珍:《"澜湄合作机制"建设: 原因、困难与路径?》,《战略决策研究》2016 年第 3 期。

卢光盛:《湄公河航道的地缘政治经济学: 困境与出路》,《深圳大学学报》(人文社会科学版)2017 年第 1 期。

卢光盛:《区域性国际公共产品与 GMS 合作的深化》,《云南师范大学学报》(哲学社会科学版)2015 年第 4 期。

卢光盛、熊鑫:《周边外交视野下的澜湄合作: 战略关联与创新实践》,《云南师范大学学报》(哲学社会科学版)2018 年第 2 期。

卢光盛、张励:《澜沧江—湄公河合作机制与跨境安全治理》,《南洋问题研究》2016 年第 3 期。

卢光盛、张励:《论"一带一路"框架下澜沧江—湄公河"跨界水公共产品"的供给》,载苏长和主编《复旦国际关系评论第十六辑》,上海人民出版社 2015 年版。

卢静:《当前全球治理的制度困境及其改革》,《外交评论》2014 年第 1 期。

马晓佳:《滇中调水是云南省可持续发展的战略工程》,《人民长江》2006

年第 4 期。

门洪华：《地区秩序建构的逻辑》，《世界经济与政治》2014 年第 7 期。

穆秀英、吴新：《澜沧江流域水电开发及其特点》，《电网与清洁能源》
　　2010 年第 5 期。

潘一宁：《非传统安全与中国—东南亚国家的安全关系——以澜沧江—湄
　　公河次区域水资源开发问题为例》，《东南亚研究》2011 年第 4 期。

朴光姬、李芳：《"一带一路"对接缅甸水资源开发新思路研究》，《南亚
　　研究》2017 年第 4 期。

朴键一、李志斐：《水合作管理：澜沧江—湄公河区域关系构建新议题》，
　　《东南亚研究》2013 年第 5 期。

秦大河、丁永建：《冰冻圈变化及其影响研究——现状、趋势及关键问
　　题》，《气候变化研究进展》2009 年第 4 期。

任远喆：《奥巴马政府的湄公河政策及其对中国的影响》，《现代国际关
　　系》2013 年第 2 期。

孙周亮等：《澜沧江—湄公河流域水资源利用现状与需求分析》，《水资源
　　与水工程学报》2018 年第 4 期。

覃志敏、雷文艳、魏万青：《NGO 之间应该加强相互借鉴与合作——第一
　　届中国—东盟非政府组织（NGO）研究论坛综述》，《中国社会组织》
　　2016 年第 7 期。

唐海行：《澜沧江—湄公河流域的水资源及其开发利用现状分析》，《云南
　　地理环境研究》1999 年第 1 期。

唐奇芳：《发挥澜湄合作的示范效应》，《瞭望》2016 年第 12 期。

屠酥、胡德坤：《澜湄水资源合作：矛盾与解决路径》，《国际问题研究》
　　2016 年第 3 期。

屠酥：《培育澜湄意识：基于文化共性和共生关系的集体认同》，《边界与
　　海洋研究》2018 年第 2 期。

万咸涛：《世界和我国水资源质量工作的进展》，《水利规划与设计》2005
　　年第 4 期。

王丹、刘继同：《中国参与湄公河地区全球卫生合作的基本类型及特点》，
　　《太平洋学报》2019 年第 4 期。

王明国：《国际制度复杂性与东亚一体化进程》，《当代亚太》2013 年第
　　1 期。

韦红:《东盟安全观与东南亚地区安全合作机制》,《华中师范大学学报》
（人文社会科学版）2015 年第 6 期。

韦丽华、于臻:《湄公河多边合作机制下越南与韩国、印度的合作》,《南
洋问题研究》2017 年第 4 期。

吴纯思:《亚太地区安全架构的转型——内涵、趋势及战略应对》,《国际
展望》2015 年第 2 期。

吴志成、李客循:《欧盟治理与制度创新》,《马克思主义与现实》2004
年第 6 期。

吴志成、李客循:《欧洲联盟的多层级治理:理论及其模式分析》,《欧洲
研究》2003 年第 6 期。

吴志成:《全球治理对国家治理的影响》,《中国社会科学》2016 年第
6 期。

吴志成、吴宇:《人类命运共同体思想论析》,《世界经济与政治》2018
年第 3 期。

邢伟:《非传统安全与中国在湄公河国家的海外利益保护》,《东南亚纵
横》2019 年第 4 期。

邢伟:《澜湄合作机制视角下的水资源安全治理》,《东南亚研究》2016
年第 6 期。

邢伟:《美国对东南亚的水外交分析》,《南洋问题研究》2019 年第 1 期。

邢伟:《欧盟的水外交:以中亚为例》,《俄罗斯东欧中亚研究》2017 年
第 3 期。

邢伟:《水资源治理与澜湄命运共同体建设》,《太平洋学报》2016 年第
6 期。

邢伟:《特朗普时期美国与东南亚安全关系研究》,《学术探索》2020 年
第 1 期。

尹君:《美国非政府组织参与湄公河国家社会治理的机制研究》,《南洋问
题研究》2019 年第 3 期。

于宏源、汤伟:《美国环境外交:发展、动因和手段研究》,《教学与研
究》2009 年第 9 期。

余潇枫、王梦婷:《非传统安全共同体:一种跨国安全治理的新探索》,
《国际安全研究》2017 年第 1 期。

曾彩琳、黄锡生:《国际河流共享性的法律诠释》,《中国地质大学学报》

（社会科学版）2012 年第 2 期。

张洁：《东盟版"印太"愿景：对地区秩序变化的认知与战略选择》，《太
　　平洋学报》2019 年第 6 期。

张洁：《美日印澳"四边对话"与亚太地区秩序的重构》，《国际问题研
　　究》2018 年第 5 期。

张励、卢光盛：《从应急补水看澜湄合作机制下的跨境水资源合作》，《国
　　际展望》2016 年第 5 期。

张励、卢光盛：《"水外交"视角下的中国和下湄公河国家跨界水资源合
　　作》，《东南亚研究》2015 年第 1 期。

张励：《水外交：中国与湄公河国家跨界水合作及战略布局》，《国际关系
　　研究》2014 年第 4 期。

张励：《水资源与澜湄国家命运共同体》，《国际展望》2019 年第 4 期。

张云：《东南亚区域安全治理研究：理论探讨与案例分析》，《当代亚太》
　　2017 年第 4 期。

张宗庆、杨煜：《国外水环境治理趋势研究》，《世界经济与政治论坛》
　　2012 年第 6 期。

赵磊：《从世界格局与国际秩序看"百年未有之大变局"》，《中共中央党
　　校（国家行政学院）学报》2019 年第 3 期。

赵晓春：《人类命运共同体引领下的中国外交创新》，《人民论坛·学术前
　　沿》2017 年第 12 期。

周海炜、刘宗瑞、郭利丹：《国际河流水资源合作治理的柔性特征及其对
　　中国的启示》，《河海大学学报》（哲学社会科学版）2017 年第 4 期。

朱宁：《东亚安全合作的三种模式——联盟安全、合作安全及协治安全的
　　比较分析》，《世界经济与政治》2006 年第 9 期。

朱新光、张文潮、张文强：《中国—东盟水资源安全合作》，《国际论坛》
　　2010 年第 6 期。

　　（二）中文著作

毕世鸿等：《区域外大国参与湄公河地区合作策略的调整》，中国社会科
　　学出版社 2019 年版。

毕世鸿：《冷战后日本与湄公河国家关系》，社会科学文献出版社 2016
　　年版。

曹云华主编：《远亲与近邻——中美日印在东南亚的软实力》，人民出版

社 2017 年版。

陈家琪、王浩、杨小柳：《水资源学》，科学出版社 2002 年版。

陈岳、蒲聘：《构建人类命运共同体》（修订版），中国人民大学出版社 2018 年版。

韩爱勇：《在权力政治与自由主义之间——冷战后东亚秩序的理论范式研究》，中央编译出版社 2015 年版。

贺圣达、李晨阳编著：《列国志·缅甸》，社会科学文献出版社 2010 年版。

雷建锋：《欧盟多层治理与政策》，世界知识出版社 2011 年版。

李一平、庄国土：《冷战以来的东南亚国际关系》，厦门大学出版社 2005 年版。

李志斐：《东亚安全机制构建——国际公共产品提供与地区合作》，社会科学文献出版社 2012 年版。

李志斐：《水与中国周边关系》，时事出版社 2015 年版。

刘稚主编：《大湄公河次区域合作发展报告（2016）》，社会科学文献出版社 2016 年版。

刘稚主编：《大湄公河次区域合作发展报告（2011—2012）》，社会科学文献出版社 2012 年版。

刘稚主编：《大湄公河次区域合作发展报告（2015）》，社会科学文献出版社 2015 年版。

刘稚主编：《大湄公河次区域合作发展报告（2010—2011）》，社会科学文献出版社 2011 年版。

刘稚主编：《澜沧江—湄公河合作发展报告（2018）》，社会科学文献出版社 2018 年版。

卢光盛、段涛、金珍：《澜湄合作的方向、路径与云南的参与》，社会科学文献出版社 2018 年版。

卢光盛：《中国和大陆东南亚国家经济关系研究》，社会科学文献出版社 2014 年版。

罗圣荣：《美国对湄公河地区策略的调整与 GMS 合作》，社会科学文献出版社 2019 年版。

沈桂华：《莱茵河流域水污染国际合作治理研究》，中国政法大学出版社 2017 年版。

石源华、祁怀高主编：《中国周边国家概览》，世界知识出版社 2017年版。

苏长和：《全球公共问题与国际合作：一种制度的分析》，上海人民出版社 2009 年版。

苏浩：《从哑铃到橄榄：亚太合作安全模式研究》，世界知识出版社 2003年版。

王杰、张海滨、张志洲主编：《全球治理中的国际非政府组织》，北京大学出版社 2004 年版。

王逸舟：《仁智大国："创造性介入"概说》，北京大学出版社 2018 年版。

王志坚：《国际河流法研究》，法律出版社 2012 年版。

王志坚：《水霸权、安全秩序与制度构建——国际河流水政治复合体研究》，社会科学文献出版社 2015 年版。

韦民：《小国与国际安全》，北京大学出版社 2016 年版。

伍新木主编：《中国水安全发展报告 2013》，人民出版社 2013 年版。

邢广程、李国强主编：《对外关系、和谐边疆与中国战略定位》，社会科学文献出版社 2016 年版。

徐彤武等：《美国公民社会的治理——美国非营利组织研究》，中国社会科学出版社 2013 年版。

徐莹：《欧盟框架下的非政府组织》，中国社会科学出版社 2018 年版。

阎学通：《世界权力的转移：政治领导与战略竞争》，北京大学出版社 2015 年版。

杨原：《大国无战争时代的大国权力竞争：行为原理与互动机制》，中国社会科学出版社 2017 年版。

尹君：《后冷战时期美国与湄公河流域国家的关系》，社会科学文献出版社 2017 年版。

于军、程春华：《中国的海外利益》，人民出版社 2015 年版。

余潇枫主编：《非传统安全概论》，北京大学出版社 2015 年第 2 版。

俞可平主编：《治理与善治》，社会科学文献出版社 2000 年版。

张海滨：《环境与国际关系：全球环境问题的理性思考》，上海人民出版社 2008 年版。

张海滨：《气候变化与中国国家安全》，时事出版社 2010 年版。

张洁主编：《中国周边安全形势评估（2019）：中美博弈与地区应对》，世界知识出版社 2019 年版。

张蕴岭：《在理想与现实之间——我对东亚合作的研究、参与和思考》，
　中国社会科学出版社 2015 年版。

郑先武：《区域间主义治理模式》，社会科学文献出版社 2015 年版。

《中国大百科全书》，中国大百科全书出版社 2009 年第 2 版。

钟飞腾：《发展型安全：中国崛起与秩序重构》，中国社会科学出版社
　2017 年版。

朱道清编：《中国水系辞典》，青岛出版社 2007 年版。

朱锋：《国际关系理论与东亚安全》，中国人民大学出版社 2007 年版。

朱瀛泉等：《全球化背景下安全区域主义研究》，南京大学出版社 2015
　年版。

　　（三）中文译著

流域组织国际网、全球水伙伴编：《跨界河流、湖泊与含水层流域水资源
　综合管理手册》，水利部国际经济技术合作交流中心等译，中国水利水
　电出版社 2013 年版。

水利部国际经济技术合作交流中心编译：《国际涉水条法选编》，社会科
　学文献出版社 2011 年版。

［美］B. 盖伊·彼得斯：《政治科学中的制度理论：新制度主义》，王向
　民、段红伟译，上海人民出版社 2016 年版。

［美］奥兰·扬：《世界事务中的治理》，陈玉刚等译，上海世纪出版集团
　2007 年版。

［美］彼得·卡赞斯坦：《地区构成的世界：美国帝权中的亚洲和欧洲》，
　秦亚青、魏玲译，北京大学出版社 2007 年版。

［美］彼得·卡赞斯坦、罗伯特·基欧汉、斯蒂芬·克拉斯纳编：《世界
　政治理论的探索与争鸣》，秦亚青等译，上海人民出版社 2018 年版。

［美］理查德·罗斯克兰斯、阿瑟·斯坦主编：《地区构成的世界：美国
　帝权中的亚洲和欧洲》，刘东国译，北京大学出版社 2005 年版。

［美］罗伯特·基欧汉：《霸权之后：世界政治经济中的合作与纷争》，苏
　长河等译，上海世纪出版集团 2012 年版。

［美］罗伯特·基欧汉编：《新现实主义及其批判》，郭树勇译，北京大学
　出版社 2002 年版。

［美］罗伯特·基欧汉：《局部全球化世界中的自由主义、权力与治理》，

门洪华译，北京大学出版社 2004 年版。

[美] 罗伯特·基欧汉、约瑟夫·奈：《权力与相互依赖》，门洪华译，北京大学出版社 2012 年版。

[美] 曼瑟尔·奥尔森：《集体行动的逻辑》，陈郁等译，格致出版社 1995 年版。

[美] 米歇尔·M.贝兹尔、[瑞典] 伊丽莎白·科雷尔编：《NGO 外交非政府组织在国际环境谈判中的影响力》，张一罾译，经济管理出版社 2018 年版。

[美] 斯蒂芬·沃尔特：《联盟的起源》，周丕启译，北京大学出版社 2007 年版。

[美] 斯科特·巴雷特：《合作的动力：为何提供全球公共产品》，黄智虎译，上海世纪出版集团 2012 年版。

[美] 西蒙·赖克、理查德·内德·勒博：《告别霸权！全球体系中的权力与影响力》，陈锴译，上海人民出版社 2017 年版。

[美] 小约瑟夫·奈、[加] 戴维·韦尔奇：《理解全球冲突与合作：理论与历史》，张小明译，上海世纪出版集团 2012 年版。

[美] 亚历山大·温特：《国际政治的社会理论》，秦亚青译，上海人民出版社 2000 年版。

[美] 约翰·鲁杰主编：《多边主义》，苏长和等译，浙江人民出版社 2003 年版。

[美] 约翰·伊肯伯里：《大战胜利之后：制度、战略约束与战后秩序重建》，门洪华译，北京大学出版社 2008 年版。

[美] 詹姆斯·N.罗西瑙主编：《没有政府的治理》，张胜军、刘小林等译，江西人民出版社 2001 年版。

[新加坡] 马凯硕、孙合记：《东盟奇迹》，翟崑、王丽娜等译，北京大学出版社 2017 年版。

[英] 阿兰·柯林斯主编：《地区安全复合体与国际安全结构》，高望来、王荣译，世界知识出版社 2016 年版。

[英] 巴瑞·布赞、[丹] 奥利·维夫、[丹] 迪·怀尔德：《新安全论》，朱宁译，浙江人民出版社 2003 年版。

[英] 巴瑞·布赞、[丹] 奥利·维夫：《地区安全复合体与国际安全结构》，潘忠歧等译，上海世纪出版集团 2010 年版。

［英］戈・埃・哈威：《缅甸史》，姚丹译，商务印书馆 1973 年第 2 版。

［英］赫德利・布尔：《无政府社会：世界政治中的秩序研究》，张小明译，上海世纪出版集团 2015 年版。

　　（四）学位论文和重要文件

《变革我们的世界：2030 年可持续发展议程》，中国外交部网站，2016 年 1 月 13 日，http：//www. fmprc. gov. cn/web/ziliao_ 674904/zt_ 674979/dnzt_ 674981/qtzt/2030kcxfzyc_ 686343/t1331382. shtml。

《澜沧江—湄公河合作首次领导人会议三亚宣言——打造面向和平与繁荣的澜湄国家命运共同体》，《人民日报》2016 年 3 月 24 日第 9 版。

《澜沧江—湄公河合作五年行动计划（2018—2022）》，中国外交部网站，2018 年 1 月 11 日，http：//www. lmcchina. org/zywj/t1524906. htm。

《李克强在澜沧江—湄公河合作首次领导人会议上的讲话（全文）》，新华网，2016 年 3 月 23 日，http：//www. xinhuanet. com/world/2016 - 03/23/c_ 1118421752. htm。

李晓霞：《东亚地区多边合作的核心问题与制度的未来建构——基于国际制度复杂性理论的研究》，博士学位论文，吉林大学，2018 年。

《联合国打击跨国有组织犯罪公约》，联合国公约与宣言检索系统，2000 年 11 月 15 日，http：//www. un. org/zh/documents/treaty/files/A - RES - 55 - 25. shtml。

《联合国宪章》，联合国网站，http：//www. un. org/zh/sections/un - charter/chapter - i/index. html。

屠酥：《澜沧江—湄公河水资源开发中的合作与争端（1957—2016）》，博士学位论文，武汉大学，2017 年。

文云冬：《澜沧江—湄公河水资源分配问题研究》，博士学位论文，武汉大学 2016 年。

习近平：《积极树立亚洲安全观 共创安全合作新局面——在亚洲相互协作与信任措施会议第四次峰会上的讲话》，《人民日报》2014 年 5 月 22 日第 2 版。

习近平：《决胜全面建成小康社会 夺取新时代中国特色社会主义伟大胜利——在中国共产党第十九次全国代表大会上的报告（2017 年 10 月 18 日）》，人民出版社 2017 年版。

张励：《水外交：中国与湄公河国家跨界水资源的合作与冲突》，博士学位论文，云南大学，2017 年。

张泽：《国际水资源安全问题研究》，博士学位论文，中共中央党校，2009 年。

《〈中国的亚太安全合作政策〉白皮书（全文）》，中国外交部网站，2017 年1 月 12 日，https：//www. fmprc. gov. cn/ce/ceph/chn/zgxw/t1429980. htm。

二　英文部分

（一）英文期刊论文和研究报告

Aaron T. Wolf, Shira B. Yoffe and Mark Giordano, "International Waters：Identifying Basins at Risk", *Water Policy*, No. 5, 2003.

AB Shrestha et al., *The Himalayan Climate and Water Atlas：Impact of Climate Change on Water Resources in Five of Asia's Major River Basins*, ICIMOD, GRID – Arendal, CICERO, 2015.

Alex Liebman, "Trickle – Down Hegemony? China's 'Peaceful Rise' and Dam Building on the Mekong", *Contemporary Southeast Asia*, Vol. 27, No. 2, 2005.

Andrea Gerlak and Susanne Schmeier, "Climate Change and Transboundary Waters：a Study of Discourse in the Mekong River Commission", *The Journal of Environment & Development*, Vol. 23, No. 3, 2014.

Anoulak Kittikhouna and Denise Michèle Staublib, "Water Diplomacy and Conflict Management in the Mekong：from Rivalries to Cooperation", *Journal of Hydrology*, Vol. 567, 2018.

Bjørn – Oliver Magsig, "Water Security in Himalayan Asia：First Stirrings of Regional Cooperation", *Water International*, Vol. 40, No. 2, 2015.

Brahma Chellaney, "Water, Power and Competition in Asia", *Asian Survey*, Vol. 54, No. 4, 2014.

Christian Bréthaut et al., "Power Dynamics and Integration in the Water – Energy – Food Nexus：Learning Lessons for Transdisciplinary Research in Cambodia", *Environmental Science and Policy*, Vol. 94, 2019.

Christopher Alcantara et al., "Rethinking Multilevel Governance as an Instance of Multilevel Politics：a Conceptual Strategy", *Territory*, *Politics*, *Govern-*

ance, Vol. 4, No. 1, 2016.

Claudia Pahl – Wostl et al. , "Governance and the Global Water System: a Theoretical Exploration", *Global Governance*, Vol. 14, No. 4, 2008.

Daniel W. Drezner, "The Power and Peril of International Regime Complexity", *Perspectives on Politics*, Vol. 7, No. 1, 2009.

David Shambaugh, *U. S. Relations with Southeast Asia in* 2018: *More Continuity than Change*, Singapore: ISEAS Publishing, 2018.

D. Dudgeon, "AsianRiver Fishes in the Anthropocene: Threats and Conservation Challenges in an Era of Rapid Environmental Change", *Journal of Fish Biology*, Vol. 79, No. 6, 2011.

Elke Krahmann, "Conceptualizing Security Governance", *Cooperation and Conflict*, Vol. 38, No. 1, 2003.

Engelke and David Michel, *Toward Global Water Security*, *The Atlantic Council*, 2016.

Eyal Benvenisti, "Collective Action in the Utilization of Shared Freshwater: the Challenges of International Water Resources Law", *The American Journal of International Law*, Vol. 90, No. 3, 1996.

Gary Marks et al. , "European Integration from the 1980s: State – Centric v. Multi – level Governance", *Journal of Common Market Studies*, Vol. 10, No. 3, 1996.

Hyo – Sook Kim, "The Political Drivers of South Korea's Official Development Assistance to Myanmar", *Contemporary Southeast Asia*, Vol. 40, No. 3, 2018.

Janos Bogardi, et. al, "Water Security for a Planet under Pressure: Interconnected Challenges of a Changing World Call for Sustainable Solutions", *Current Opinion in Environmental Sustainability*, No. 4, 2011.

Jeffery W. Jacobs, "The Mekong River Commission: Trans – boundary Water Resources Planning and Regional Security", *The Geographical Journal*, Vol. 168, No. 4, 2002.

Jeffrey W. Jacobs, "Mekong Committee History and Lessons for River Basin Development", *The Geographical Journal*, Vol. 161, No. 2, 1995.

Jens Newig and Tomas M. Koontz, "Multi – level Governance, Policy Implementation and Participation: the EU's Mandated Participatory Planning Approach to Implementing Environmental Policy", *Journal of European Public Policy*, Vol. 21, No. 2, 2014.

Joey Long, "Desecuritizing the Water Issue in Singapore – Malaysia Relations", *Contemporary Southeast Asia*, Vol. 23, No. 3, 2001.

Johan Ekroos et al., "Embedding Evidence on Conservation Interventions Within a Context of Multilevel Governance", *Conservation Letters*, Vol. 10, No. 1, 2017.

John Dore, "Multi – Stakeholder Platforms (MSPS): Unfulfilled Potential", in Louis Lebel et al. eds., *Democratizing Water Governance in the Mekong Region*, Chiang Mai: Mekong Press, 2007.

John Gerard Ruggie, "International Responses to Technology: Concepts and Trends", *International Organization*, Vol. 29, No. 3, 1975.

Jörn Dosch and Oliver Hensengerth, "Sub – Regional Cooperation in Southeast Asia: the Mekong Basin", *European Journal of East Asian Studies*, Vol. 4, No. 2, 2005.

Ken Conca, Fengshi Wu and Ciqi Mei, "Global Regime Formation or Complex Institution Building? The Principled Content of International River Agreements", *International Studies Quarterly*, Vol. 50, No. 2, 2006.

Kim Geheb and Diana Suhardiman, "The Political Ecology of Hydropower in the Mekong River Basin", *Current Opinion in Environmental Sustainability*, Vol. 37, 2019.

Kurt Mørck Jensen and Rane Baadsgaard Lange, *Transboundary Water Governance in a Shifting Development Context*, DIIS Report, No. 20, Copenhagen: Danish Institute for International Studies, 2013.

Liesbet Hooghe and Gary Marks, "Unraveling the Central State, but How? Types of Multi – level Governance", *American Political Science Review*, Vol. 97, No. 2, 2003.

Lynn Kuok, "Security First—the Lodestar for U. S. Foreign Policy in Southeast Asia?", *American Behavioral Scientists*, Vol. 51, No. 9, 2008.

Marit Brochmann and Paul R. Hensel, "The Effectiveness of Negotiations over International River Claims", *International Studies Quarterly*, Vol. 55,

No. 3, 2011.

Marko Keskinen, "Water Resources Development and Impact Assessment in the Mekong Basin: Which Way to Go?", Vol. 37, No. 3, 2008.

Marthe Indset, "Building Bridges over Troubled Waters: Administrative Change at the Regional Level in European, Multilevel Water Management", *Regional & Federal Studies*, Vol. 28, No. 5, 2018.

Marthe Indset, "The Changing Organization of Multilevel Water Management in the European Union. Going with the Flow?", *International Journal of Public Administration*, Vol. 41, No. 7, 2018.

Martina Klime et al., "Water Diplomacy: the Intersect of Science, Policy and Practice", *Journal of Hydrology*, March 2019.

Michele M. Betsill and Harriet Bulkeley, "Cities and the Multilevel Governance of Global Climate Change", *Global Governance*, Vol. 97, No. 2, 2006.

Ministry of Planning and Finance, the Government of the Republic of the Union of Myanmar, *Myanmar Sustainable Development Plan* (2018 – 2030), 2018.

Nathan Badenoch, *Transboundary Environmental Governance: Principles and Practice in Mainland Southeast Asia*, Washington, DC: World Resources Institute, 2002.

Nguyen Thai Lai, "Viet Nam: National Water Resources Council", *Regional Meeting of National Water Sector Apex Bodies*, May 18 – 21, 2004, Hanoi, Vietnam.

Oliver Hensengerth, "Transboundary River Cooperation and the Regional Public Good: the Case of the Mekong River Contemporary Southeast Asia", *Contemporary Southeast Asia*, Vol. 31, No. 2, 2009.

Peter H. Gleick, "Water and Conflict: Fresh Water Resources and International Security", *International Security*, Vol. 18, No. 1, 1993.

Pichamon Yeophantong, "China's Lancang Dam Cascade and Transnational Activism in the Mekong Region: Who's Got the Power?", *Asian Survey*, Vol. 54, No. 4, 2014.

Robert Jervis, "Theories of War in an Era of Leading – Power Peace", *American Political Science Review*, Vol. 96, No. 1, 2002.

Robert Keohane and David Victor, "The Regime Complex for Climate Change", *Perspectives on Politics*, Vol. 9, No. 1, 2011.

Satoru Akiba, "Evolution and Demise of the Tennessee Valley Authority Style Regional Development Scheme in the Lower Mekong River Basin, 1951 to the 1990s: the First Asian Initiative to Pursue an Opportunity for Economic Integration", *Waseda Business & Economic Studies*, Vol. 46, No. 6, 2010.

Scott William David Pearse – Smith, "The Impact of Continued Mekong Basin Hydropower Development on Local Livelihoods", *Consilience: the Journal of Sustainable Development*, Vol. 7, Iss. 1, 2012.

Scott William David Pearse – Smith, " 'WaterWar' in the Mekong Basin?", *Asia Pacific Viewpoint*, Vol. 53, No. 2, 2012.

Sebastian Biba, "China's Continuous Dam – building on the Mekong River", *Journal of Contemporary Asia*, Vol. 42, Iss. 4, 2012.

Sebastian Biba, "Desecuritization in China's Behavior towards Its Transboundary Rivers: the Mekong River, the Brahmaputra River, and the Irtysh and Ili Rivers", *Journal of Contemporary China*, Vol. 23, No. 85, 2014.

Sebastian Biba, "The Goals and Reality of the Water – Food – Energy Security Nexus: the Case of China and Its Southern Neighbours", *Third World Quarterly*, Vol. 37, No. 1, 2016.

Shaun Narine, "US Domestic Policies and America's Withdrawal from the Trans – Pacific Partnership: Implications for Southeast Asia", *Contemporary Southeast Asia*, Vol. 40, No. 1, 2018.

Shlomi Dinar, "Scarcity and Cooperationalong International Rivers", *Global Environmental Politics*, Vol. 9, No. 1, 2009.

Simona Piattoni, "Multi – level Governance: a Historical and Conceptual Analysis", *Journal of European Integration*, Vol. 31, No. 2, 2009.

Timo Menniken, "China's Performance in International Resource Politics: Lessons from the Mekong", *Contemporary Southeast Asia*, Vol. 29, No. 4, 2007.

V. Masson – Delmotte et al. eds., *Global Warming of 1. 5℃. An IPCC Special Report on the Impacts of Global Warming of 1. 5℃ above Pre – industrial Levels and Related Global Greenhouse Gas Emission Pathways, in the Context of*

Strengthening the Global Response to the Threat of Climate Change, *Sustainable Development*, *and Efforts to Eradicate Poverty*, Geneva: World Meteorological Organization, 2018.

V. R. Barros et al. eds., *Climate Change* 2014: *Impacts*, *Adaptation*, *and Vulnerability. Part B: Regional Aspects. Contribution of Working Group II to the Fifth Assessment Report of the Intergovernmental Panel on Climate Change*, Cambridge, United Kingdom and New York, U. S.: Cambridge University Press, 2014.

（二）英文著作

Brahma Chellaney, *Water*, *Peace*, *and War: Confronting the Global Water Crisis*, Lanham: Rowman & Littlefield Publishers, 2015.

David Reed ed., *Water*, *Security and U. S. Foreign Policy*, New York: Routledge, 2017.

Dhirendra Vajpeyi ed., *Water Resource Conflicts and International Security: a Global Perspective*, Lanham: Lexington Books, 2014.

Lee Poh Onn eds., *Water Issues in Southeast Asia: Present Trends and Future Directions*, Singapore: Institute of Southeast Asian Studies, 2013.

Rinus Penninx et al. eds., *The Dynamics of International Migration and Settlement in Europe: a State of the Art*, Amsterdam: Amsterdam University Press, 2006.

Shafiqul Islam and Lawrence E. Susskind, *Water Diplomacy: a Negotiated Approach to Managing Complex Water Networks*, New York: REF Press, 2013.

Shlomi Dinar and Ariel Dinar, *International Water Scarcity and Variability: Managing Resource Use Across Political Boundaries*, Oakland: University of California Press, 2017.

（三）英文报纸和网站资料

"Address by H. E Mr. Truong Tan Sang, President of Viet Nam at the Plenary Session on 'Water: a New Global Strategic Resource'", Vietnam Ministry of Foreign Affairs, Sept. 12, 2012, http://www. mofa. gov. vn/en/nr040807104143/nr040807105001/ns120908003447/view.

"A Framework for Freshwater Ecosystem Management, Volume 4: Scientific Background", United Nations Environment Programme, 2018, https://

wedocs. unep. org/bitstream/handle/20. 500. 11822/26031/Framework _ Freshwater_ Ecosystem_ Mgt_ vol4. pdf? sequence = 1&isAllowed = y.

Ame Trandem, "Laos Silently Side – steps Scrutiny of Controversial Mekong Dam Project", The Nation, Oct. 15, 2014, http: //www. nationmultime-dia. com/detail/opinion/30245453.

"An Introduction to MRC Procedural Rules for Mekong Water Cooperation", MRC, July 2018, http: //www. mrcmekong. org/assets/Publications/ MRC – procedures – EN – V. 7 – JUL – 18. pdf.

"Cambodia and Laos Smooth out Tensions", EIU, Dec. 10, 2018, http: // country. eiu. com/article. aspx? articleid = 1627437346&Country = Laos&topic = Politics&subtopic = Forecast&subsubtopic = International + relations&u = 1&pid = 537459637&oid = 537459637&uid = 1#.

Council of the European Union, "A Global Strategy for the European Union", European Union External Action, Aug. 10, 2018, https: //eeas. europa. eu/headquarters/headquarters – homepage/49323/global – strategy – europe-an – union_ en.

Council of the European Union, "Council Conclusions on EU Water Diploma-cy", European Union External Action, Nov. 19, 2018, http: //data. con-silium. europa. eu/doc/document/ST – 13991 – 2018 – INIT/en/pdf.

Council of the European Union, "EU Provides Emergency Relief to Flood Vic-tims in Myanmar", European Union External Action, Aug. 24, 2018, ht-tps: //eeas. europa. eu/headquarters/headquarters – homepage/49675/eu – provides – emergency – relief – flood – victims – myanmar_ en.

Council of the European Union, "EU Provides 1. 5 Million in Assistance to Victims of Tropical Cyclone Mora in Bangladesh and Myanmar", European Union External Action, July 6, 2017, https: //eeas. europa. eu/headquar-ters/headquarters – homepage/29402/eu – provides – % E2% 82% AC – 15 – million – assistance – victims – tropical – cyclone – mora – bangladesh – and – myanmar_ en.

Council of the European Union, "European Union Brings Relief to the Victims of Typhoon Damrey in Vietnam", European Union External Action, Dec. 13, 2017, http: //eueuropaeeas. fpfis. slb. ec. europa. eu: 8084/delegations/vietnam/37296/european – union – brings – relief – victims – ty-phoon – damrey – vietnam_ en.

Council of the European Union, "The EU Commits 6 Million for Disaster Preparedness in South and Southeast Asia", European Union External Action, Aug. 3, 2018, https://eeas. europa. eu/headquarters/headquarters – homepage/49124/eu – commits – %E2%82%AC – 6 – million – disaster – preparedness – south – and – southeast – asia_ en.

Council of the European Union, "The European Union Brings Relief to the Victims of the Xepian – Xe Nam Noy Dam Tragedy", European Union External Action, July 31, 2018, http://eueuropaeeas. fpfis. slb. ec. europa. eu: 8084/delegations/lao – pdr/48981/european – union – brings – relief – victimsxepian – xe – nam – noy – dam – tragedy_ en.

"Deputy PM Highlights Significance of Mekong Countries' Partnership", Vietnam Ministry of Foreign Affairs, Nov. 27, 2015, http://www. mofa. gov. vn/en/nr040807104143/nr040807105001/ns151113094451/view.

"Economic Incentives for Sustainable Land and Water Management in South and Southeast Asia", Stockholm International Water Institute, Jan. 20, 2019, http://internationalwatercooperation. org/tbwaters/? project =68.

"Environmental Change in the Mekong Delta", Stockholm International Water Institute, Jan. 20, 2019, http://internationalwatercooperation. org/tbwaters/? project =47.

"Global Water and Development", USAID, Aug. 16, 2018, https://www. usaid. gov/sites/default/files/documents/1865/Global – Water – and – Development – Report – reduced508. pdf.

"ICEM Hosts Session at Annual Greater Mekong Forum on Water, Food and Energy in Yangon", International Centre for Environmental Management, Dec. 6, 2018, http://icem. com. au/icem – hosts – session – at – annual – greater – mekong – forum – on – water – food – and – energy – in – yangon/news/.

ICIMOD, GRID – Arendal, CICERO, "The Himalayan Climate and Water Atlas: Impact of Climate Change on Water Resources in Five of Asia's Major River Basins", May 15, 2016, http://www. grida. no/_ cms/OpenFile.

aspx？ s = 1&id = 1812.

Igor Kossov and Lay Samean，"Donors Slash Funding for MRC"，The Phnom Penh Post，Jan. 14，2016，https：//www. phnompenhpost. com/national/ donors – slash – funding – mrc.

"IWRM – Based Basin Development Strategy 2016 – 2020"，MRC，June 1，2016，http：//www. mrcmekong. org/assets/Publications/strategies – work- prog/MRC – BDP – strategy – complete – final – 02. 16. pdf.

Jeroen Warner，"Multi – stakeholder Platforms：Integrating Society in Water Resource Management?"，SciELO，May 26，2016，http：//www. scielo. br/scielo. php？ script = sci _ arttext&pid = S1414 – 753X2005000200 001&lng = en&nrm = iso&tlng = en.

Klomjit Chandrapanya，"Towards a Multi – Stakeholder Platform in the Mekong Basin"，Stockholm International Water Institute，June 27，2017，http：// www. siwi. org/publications/towards – multi – stakeholder – platform – mekong – basin/.

Laignee Barron，"Public Forum Calls for Halt to Mekong Dams"，Feb. 20，2014，The Phnom Penh Post，https：//www. phnompenhpost. com/nation- al/public – forum – calls – halt – mekong – dams.

"Law on Water and Water Resources（Lao PDR）"，MRC，Oct. 11，1996，http：//portal. mrcmekong. org/assets/documents/Lao – Law/Law – on – Water – and – Water – Resources – （1996）. pdf.

"Law on Water Resources（No. 17/2012/QH13）（Viet Nam）"，MRC，Aug. 11，2012，http：//portal. mrcmekong. org/assets/documents/Viet- namese – Law/Law – on – Water – Resources – （2012）. pdf.

Maggie White，"Building a Resilient Future through Water"，Stockholm Inter- national Water Institute，June 2018，http：//www. siwi. org/publications/ building – resilient – future – water/.

Marcus DuBois King，"Water，U. S. Foreign Policy and American Leader- ship"，The George Washington University，Aug. 13，2018，https：//el- liott. gwu. edu/sites/g/files/zaxdzs2141/f/downloads/faculty/king – water – policy – leadership. pdf.

"Mekong Countries Stress Leadership in Regional Development"，Vietnam Min-

istry of Foreign Affairs, June 6, 2010, http: //www. mofa. gov. vn/en/
nr040807104143/nr040807105001/ns100607111712/view.

Michael Sullivan, "Damming the Mekong River: Economic Boon or Environ-
mental Mistake?", NPR, July 4, 2017, https: //www. npr. org/sections/
parallels/2014/07/04/327673946/damming – the – mekong – river – eco-
nomic – boon – or – environmental – mistake.

"MRC Secretariat Affirms Mekong Basin Size, Length", MRC, Dec. 18,
2018, http: //www. mrcmekong. org/news – and – events/events/mrc – sec-
retariat – affirms – mekong – basin – size – length/.

"MRC Supports Laos in Advancing National Climate Change Adaptation Plan-
ning", MRC, Oct. 5, 2018, http: //www. mrcmekong. org/news – and –
events/news/mrc – supports – laos – in – advancing – national – climate –
change – adaptation – planning/.

"Myanmar Sustainable Development Plan (2018 – 2030)", Ministry of Plan-
ning and Finance, the Government of the Republic of the Union of Myanmar,
April 2018, https: //www. mopf. gov. mm/sites/default/files/upload_ pdf/
2018/08/MSDP%20%5BEN%5D%2023. 08. 2018. pdf.

"National Security Strategy of the United States of America", The White
House, Dec. 2017, https: //www. whitehouse. gov/wp – content/uploads/
2017/12/NSS – Final – 12 – 18 – 2017 – 0905 – 2. pdf.

"New Model for Data Management and Urban Planning Introduced to Govern-
ment Agencies", International Centre for Environmental Management, Sept.
11, 2017, http: //icem. com. au/new – model – for – data – management –
and – urban – planning – introduced – to – government – agencies/climate –
change – 1/.

Nguyen Khac Giang, "New Rule – Based Order Needed to Save the Mekong",
East Asia Forum, March 29, 2016, http: //www. eastasiaforum. org/
2016/03/29/new – rule – based – order – needed – to – save – the – mekong.

Nyein Nyein, "NGO Registration Law to Be Drafted", The Irrawaddy, Aug.
17, 2012, https: //www. irrawaddy. com/news/burma/ngo – registration –
law – to – be – drafted. html.

"Prime Minister Reiterates Viet Nam's Strong Support for Greater Mekong Subregion Cooperation", Vietnam Ministry of Foreign Affairs, Dec. 23, 2011, http://www. mofa. gov. vn/en/nr040807104143/nr040807105001/ns11122 1145809/view.

"Regional Public Forum 'Mekong and 3S Hydropower Dams: People's Voices across Borders on the River Crisis and Way Forward'", Foundation for Ecological Recovery, June 4, 2013, http://www. terraper. org/web/sites/default/files/key – issues – content/1370933026_ en. pdf.

Richard Cronin et al., "Letters from The Mekong: a Call for Strategic Basin – Wide Energy Planning in Laos", The Stimson Center, 2016, https://www. stimson. org/sites/default/files/file – attachments/Letters – Mekong – Call – Strategic – Basin – Energy – Planning – Laos. pdf.

"SERVIR – Mekong Introduction Card", Asian Disaster Preparedness Center, Aug. 16, 2018, https://servir. adpc. net/sites/default/files/public/publications/attachments/SERVIRMekong% 20Intro – compressed. pdf.

"The Delusion of Progress: Cambodia's Legislative Assault on Freedom of Expression", LICADHO Report, Oct. 2011, http://www. icnl. org/research/library/files/Cambodia/NSDPcambodia. pdf.

"The Eleventh National Economic and Social Development Plan (2012 – 2016)", National Economic and Social Development Board, Office of the Prime Minister, Thailand, 2011, http://www. nesdb. go. th/Portals/0/news/academic/Executive% 20Summary% 20of% 2011th% 20Plan. pdf.

"The Mekong River Commission Strategic Plan 2016 – 2020", MRC, March 2016, http://www. mrcmekong. org/assets/Publications/strategies – workprog/MRC – Stratigic – Plan – 2016 – 2020. pdf.

"The MRC Annual Report 2017: Progress and Achievements", MRC, April 10, 2018, http://www. mrcmekong. org/assets/Publications/MRC – Annual – Report – 2017 – final.

"The Organizations for the Benefit of the Public", Ministry of Social Development and Human Security, March 26, 2013, www. m – society. go. th/ewt_ news. php? nid = 1349.

The US National Intelligence Council, "Global Water Security", Office of the Director of National Intelligence, Feb. 2, 2012, https://www. dni. gov/

files/documents/Newsroom/Press% 20Releases/ICA _ Global% 20Water% 20Security. pdf.

The World Bank, "Annual Freshwater Withdrawals, Agriculture (% of total freshwater withdrawal)", June 12, 2018, https: //data. worldbank. org/ indicator/ER. H2O. FWAG. ZS? end = 2007&locations = KH – MM – LA – TH – VN&start = 1987&type = points&view = chart.

"United Nations Convention against Transnational Organized Crime", UN, Nov. 15, 2000, https: //treaties. un. org/pages/ViewDetails. aspx? src = TREATY&mtdsg_ no = XVIII – 12&chapter = 18&clang = _ en.

"US Government Global Water Strategy 2017", USAID, Dec. 23, 2018, https: //www. usaid. gov/sites/default/files/documents/1865/Global _ Water_ Strategy_ 2017_ final_ 508v2. pdf.

"Viet Nam Urged to Work Closely with Mekong Countries", Vietnam Ministry of Foreign Affairs, April 8, 2005, http: //www. mofa. gov. vn/en/ nr040807104143/nr040807105001/ns050406144054/view.

"Water and Development Strategy", USAID, Aug. 13, 2018, https: // www. usaid. gov/what – we – do/water – and – sanitation/water – and – development – strategy.

"World Wildlife Fund (WWF)", Stockholm International Water Institute, Jan. 23, 2019, http: //internationalwatercooperation. org/tbwaters/? actor = 35.

索　引

后　　记

　　回首三年的博士学习生涯，我感慨良多。在硕士研究生毕业十年后重返校园，以定向生的身份进行博士阶段学习，这对自己各方面都是挑战。在老师和同学们的鼓励下，我顺利完成了课程、考试和毕业论文等各项学习要求。

　　我要向我的导师高祖贵教授表达谢意。高老师的教学、科研和管理工作非常忙，但是对我的学术指导十分认真、细致，而且告诫我在工作的同时要尽量多争取时间进行学术研究，进而提高自己的学术能力。高老师对我毕业论文的指导工作非常关心，从论文参考文献的阅读、整理，到论文开题、框架的设计，以及对论文的多次修改直至定稿，都倾注了大量的心血。非常感谢高老师的指导！国际战略研究院和研究生院的其他老师在我博士学习阶段的指导和帮助也很大，各位老师在课程教授、答疑解惑等方面对我学习水平和信心的提高都有着非常大的助力，在此向各位老师致以最衷心的感谢！

　　我在博士学习阶段，同样要承担着工作单位繁重的工作任务，我还要向中国社会科学院亚太与全球战略研究院的各位领导和同事们表达谢意，大家的支持和帮助督促我不断前进，按时完成了学业。社科院内外多位领导和同事对我学习能力的提升也提供了很多帮助，在此向曾经帮助过我的各位老师致谢！

　　在博士学习期间，同学们对我的帮助和鼓励也很大，我的思路和视野得到了很大程度的开拓，感谢各位同学！我的父母一直在默默支持着我在学术研究的道路上不断前进，感谢爸爸妈妈一直以来对我的爱！

此刻我思绪万千，写下了这些感谢的话语。在这个变化的世界中，我认为科学、严谨的学术态度不能变。未来的学术道路仍会充满挑战，我会在学术研究的道路上继续前进，不负生命中需要感谢的大家和自己！

邢伟

2020 年 6 月 6 日于北京